江苏水文精细化管理

JIANGSU HYDROLOGY FINE MANAGEMENT

江苏省水文水资源勘测局　编著

河海大学出版社
HOHAI UNIVERSITY PRESS
·南京·

内容简介

本书以提高水文业务工作质量和效率为目标，立足江苏水文精细化管理实践，从管理任务、管理标准、管理流程、管理制度和管理考核“五大管理”着手，以“细、准、精、实、严”为原则，建立起涵盖水文站网、水文测验、实验室检测、水文信息传输与存储、水文分析评价和水文预测预报“六项内容”的精细化管理体系。

本书适用于从事水文水资源、水利工程、水环境保护等专业的工程技术人员，也可作为生产、科研相关科技工作者的学习和参考用书。

图书在版编目(CIP)数据

江苏水文精细化管理 / 江苏省水文水资源勘测局编著. —南京 ：河海大学出版社，2022.8
ISBN 978-7-5630-7600-0

Ⅰ. ①江… Ⅱ. ①江… Ⅲ. ①水文学②水资源管理—研究—江苏 Ⅳ. ①P33②TV213.4

中国版本图书馆 CIP 数据核字(2022)第 124907 号

书　　名 江苏水文精细化管理
书　　号 ISBN 978-7-5630-7600-0
责任编辑 成　微
特约校对 徐梅芝
封面设计 徐娟娟
出版发行 河海大学出版社
地　　址 南京市西康路 1 号(邮编:210098)
电　　话 (025)83737852(总编室)　(025)83787769(编辑室)　(025)83722833(营销部)
经　　销 江苏省新华发行集团有限公司
排　　版 南京布克文化发展有限公司
印　　刷 南京工大印务有限公司
开　　本 787 毫米×1092 毫米　1/16
印　　张 15
字　　数 258 千字
版　　次 2022 年 8 月第 1 版
印　　次 2022 年 8 月第 1 次印刷
定　　价 100.00 元

《江苏水文精细化管理》编审委员会

主任委员：张劲松

副主任委员：辛华荣

委　　员：王文辉　马　倩　孙永远　耿建萍　高祥涛　童　建　唐运忆

主　　编：张劲松

执行主编：辛华荣

副 主 编：马　倩　王　萍　方　瑞　王美玲　刘俊杰　钱　进　郭红丽

编写人员：（按姓氏笔画排序）

万晓凌　马余良　王　成　王　丽　王聪聪　孔繁璠　田　立　冯胜男　司存友　刘　淼　纪小敏　李　凯　李　盟　李天淳　吴　芳　何　健　张　雪　陆　隽　陆小明　陈　宁　陈　磊　陈文权　陈寅达　赵永俊　胡金龙　闻　亮　姚允龙　聂　青　栾承梅　黄　炜　曹晓宁　崔彦萍　谢运山

统　　稿：孔繁璠　马　倩

前言

水文，为涉水事务和经济社会发展提供基础数据和决策支撑，具有基础性、公益性、科技性特征。

准确识变，风劲帆满立潮头。随着全球气候变化日趋严峻，经济社会发展日新月异，水资源条件深刻变化，水文在保障经济社会发展中的作用日益突出。江苏水文紧扣水文测报和水域监测两项重点任务，勇当耳目尖兵，善做参谋助手，提升支撑保障能力，为水安全保障、水资源保护、水环境治理、水生态修复、水生境监控和江苏经济社会高质量发展做出重要贡献。

科学应变，蹄疾步稳迈新程。党的十八大以来，针对脱贫攻坚、城市管理、社区治理等问题，习近平总书记开出了“精细化管理”的良方，为各行各业提升管理水平提供根本遵循、指明奋进方向。经过六十余年的发展，江苏水文站网管理体系完善、实验室管理标准齐全、水文测报流程明晰、分析评价指标健全、数据管理层级分明，已经形成较为成熟的行业管理模式。鉴于已有良好基础，我们提出水文精细化管理理念，加强顶层设计，注重体系构建，持续推进实施，在行业管理方方面面进行有益尝试，打开了新格局，取得了新成效，在传统水文行业现代化蝶变的过程中，激发了新活力。

主动求变，改革创新勇争先。本书基于江苏水文精细化管理实践，从管理任务、管理标准、管理流程、管理制度和管理考核“五大管理”着手，紧扣水文站网、水文测验、实验室检测、水文信息传输与存储、水文分析评价和水文预测预报“六项内容”，以“细”为纲，以“准”定则，以“精”立业，以“实”行政，以“严”对标，全面、系统地展示江苏水文精细化管理体系。依托水文精细化管理，江苏水文更加注重规范监测管理和数据采集传输，更加注重提升分析评价和预测预报水平，更加注重深化数据开发应用和丰富信息服务产品。水文行业的管理创新，彰显出重要的理论意义和实践价值。

走过千山万水，仍需跋山涉水。《江苏水文精细化管理》的出版，是实践智慧的阶段性总结，更是漫漫征途上的又一个起点。倡导推行水文精细化管理模式，是江苏水文锐意进取、创新创造的奋斗底色，也是推动水文现代化建设的必由之路。由衷希望精细化管理在江苏水文落地生根、开花结果，为新阶段水利高质量发展提供更加坚强有力的支撑。由衷希望本书能为全国水文行业管理提供可以复制、可供借鉴的经验，能为水文行业管理研究机构和专家学者打开新的视角和思路，提供有益帮助。

编著者

2022 年 5 月

目录

第一章 概述

1.1 基本情况

江苏省水文水资源勘测局(江苏省水利网络数据中心)(以下简称省水文局)是负责全省水文行业管理的省水利厅直属县处级事业单位。1954年我省成立省级水文机构,统管全省水文工作,1956年更名为江苏省水利厅水文总站,1984年更名为江苏省水文总站,1996年更名为江苏省水文水资源勘测局,2005年增挂"江苏省水利网络数据中心"牌子。

省水文局的工作职责主要包括:(1)受厅委托负责全省水文行业管理;监督执行国家有关水文行业、水利通信与信息化的技术标准(规范)及相关政策法规,并拟定本省实施细则或补充规定。(2)承担水利信息化规划的编制工作,具体指导全省水利信息化业务建设,承担省级水利信息化建设项目和信息系统的建设和管理工作。(3)组织拟定并监督实施全省水文事业发展规划和有关专业规划;为防灾减灾、水事纠纷、水行政案件裁决提供有关水文水资源方面的技术支持。(4)组织拟定并具体实施本省国家基本水文站网的规划、建设和管理及水文测报设施现代化建设;负责全省水文信息的收集、处理、监视以及水雨情分析和水文预报。(5)负责水文水资源勘测调查评价资格审核或认证,负责水文资料使用审定。(6)承担全省主要江河湖库及地下水水量与水质的监测、分析和评价;组织开展水资源监测与调查评价工作;参与编制水资源公报,负责编制地下水季报和年报;组织开展重点水功能区水质监测和突发性水污染事故跟踪监测,负责编制全省水质简报和重点水功能区通报。(7)负责省厅网管中心、全省水利信息骨干网、重要水利数据库、重要应用系统的运行、维护和管理工作;承担为省级防汛抗旱服务的通信系统的运行管理工作。(8)指导全省无线电管理工作;受厅委托负责省水利厅无线电管理办公室的日常工作和全省水利系统省级无线电台站的管理工作。(9)协同有关部门编制全省水土保持生态环境监测站网的规划;具体承担全省水土保持生态环境信息的监测、分析评价和年报编制。(10)负责全省水文、水利通信与信息化科研以及安全生产、精神文明建设工作。(11)承担省水利厅交办的其他工作。

省水文局机关内设14个科(室),下设13个省辖市分局(副处级)和1个省水土保持生态环境监测总站(副处级)共14个直属单位。13个分局下设40个县级水文机构,即14个城区监测中心(正科级)和26个县(市)监测中心(副科级)。6个省属水利工程管理处(以下简称管理处)设水文管理机构(正科级)。

江苏水文基本建成覆盖全省的地表水和地下水、水质和水量、水生态和水土保持等内容的站网体系,负责监测的项目包括:(1)全省主要江河湖库的水位、流量、水质;(2)全省浅层地下水及国家地下水工程的深浅层地下水的水位、水质;(3)全省水土保持监测,等等。截至2018年底,全省共有各类监测站点5 365处,包括:基本水文站151处、水位站137处、雨量站237处、水质监测站2 227处、地下水监测井1 138眼、泥沙站21处、水面蒸发站36处、墒情站27处、省级以上各类报汛站996处(部分与基本站重复)、水土保持站16处,以及中小河流专用水文站98处、水位站156处、雨量站125处等。站网基本达到布局合理、控制有效的要求,站网功能已由传统的单一功能向多功能扩展。

江苏水文初步形成驻测与巡测、常规监测与应急监测相结合的水文水生态监测体系,走航式ADCP广泛应用于全省流量测验,H-ADCP、超声波测流系统、手持电波流速仪等先进仪器设备也得到应用;建成了符合标准、平台统一的实时信息采集系统,全省359个省级以上报汛站、653个资料整编站、852座小型水库预警站、523个国家地下水自动监测站、205条中小河流范围内的水文站全部实现自动测报;自动采集站点达到2 756个,监测项目包括雨量、地表水水位、地下水水位、墒情、闸位、风速、风向、报警及运行状态等水文水生态信息,数据完整率超过99%;在太湖地区、通榆河输水干线及主要省界河道上,共建设了37个水质自动监测站。全省水质监测中心配备价值近1亿元的水质水生态监测仪器,具备向社会提供水,土壤、底质与沉积物,水生生物及海洋生物体共四大类174项参数检测的第三方公证数据能力,实现了地表水109项全覆盖、地下水常规39项与非常规51项的监测能力。

江苏水文通过长期设站观测,全省地表水积累了近7万站年的资料,地下水积累了2万站年的资料,水质积累了近4万站年的资料。基本建成了历史水文、实时雨水情、地下水、水质等数据库,在全省范围初步形成了体系完整、内容丰富、实用性较强的数据存储管理和服务体系。基本完成水利地理信息服务平台、实时雨水情分析评价系统、水情综合业务系统、水文信息共享与发布平台、水资源评价业务系统建设,为全省水安全保障、水资源保护、水环境改善、水生态修复、水工程运行提供了科学的信息支撑和决策依据。

未来,江苏水文将以习近平新时代中国特色社会主义思想为指引,积极践行"节水优先、空间均衡、系统治理、两手发力"的治水思路,牢固树立新发展理念,紧紧围绕"强富美高"新江苏建设要求和"高质量发展走在前列"目标定位,以全面推进水文服务能力与水文现代化建设为统领,以"水利工程补短板、水利行业强监管、系统治水提质效"为总基调,以高标准发展为导向，以提升水文监测能力为重点，以科技引领为动力，完善水文监测站网，改扩建现有5 000余处监测站点，新建一批专项水文监测站，实施一批水量水质水生态一体的自动监测站，提升水文监测能力，推进无接触式先进自动监测仪器的应用，新增改造一批水文实验室（站）、监测中心、水情中心，增配购置省市县应急监测设施设备，建设水旱灾害防御能力提升工程等九大水利业务应用系统。建成水量水质水生态一体化的全覆盖集约站网体系、驻测巡测实验室检测一体化的全要素智慧监测体系、无线射频移动公网卫星通信一体化的“天空地”高效传输体系、监测预警预报一体化的多方位精准服务体系及持续运行长效服务一体化的多渠道投入保障体系，探索一条具有中国特色、时代特征、江苏特点的水文现代化发展道路，为江苏经济社会高质量发展提供更加坚实的支撑保障。

1.2 精细化管理总体要求

精细是一种极限过程，是永无止境的追求过程。精细化管理是一种意识、一种观念、一种认真的态度、一种精益求精的文化，是一个全员管理、全过程管理的全面化管理模式。精细化管理是将管理任务逐一分解、量化，使每一项工作内容都能看得见、摸得着、说得准，使每一个问题都有专人负责，其基本原则为“精、准、细、严”，核心在于实行刚性的制度、规范人的行为、强化责任的落实，目标是管理任务精确、高效、协同和持续高质量完成。

水文精细化管理是在执行国家有关法律、法规、规章和相关行业标准、规范和规程的基础上，找准水文管理中的关键问题和薄弱环节，梳理细化水文管理任务，建立覆盖全面、行之有效的岗位职责、工作标准、操作流程、规章制度、考核机制的管理体系，在对水文管理任务和目标进行分解、细化和落实的过程中，严格遵循管理标准、管理流程与管理制度，并对照管理考核要求，既使水文的中心工作有效贯彻，又全方位地调动每一个职工掌握业务知识、熟练操作技能、形成良好工作习惯的积极性，确保提高工作质量和效率，提升水文系统整体行动力和执行力，使全省各项水文工作得以全面、有效的贯彻落实。

1. 指导思想

积极践行“节水优先、空间均衡、系统治理、两手发力”十六字治水思路，以提高标准化、规范化、科学化、流程化为目的，以精细化为手段，以信息化为载体，完善各项管理制度和工作标准，建立起水文各项业务工作全过程、全环节、全方位的精细化管理体系，全面提升全省水文系统管理水平和服务能力，从根本上提升工作质量和服务效率。

2. 工作目标

（1）树立精细化管理理念。牢固树立精细化管理的理念，做到精确定位、精密运行、紧密衔接、精准执行。要用制度管理，按程序办事，拿台账说话，形成目标计划化、措施具体化、流程规范化、行为标准化、检查有据化的完整闭合链。

(2) 建立精细化运行体系。通过推行精细化管理，制定一系列操作程序、工作流程、服务标准，实现目标任务精细化、岗位职责精细化、时间节点精细化、方法措施精细化和规章制度精细化，达到优化流程、创新模式、完善制度、提高工作效率的目的。

(3) 健全精细化管理机制。按照权责明确、行为规范、监督有效、保障有力的要求，进一步健全和完善管理机制，在工作实践中不断探索新方法，优化新模式，把推行精细化管理中的好做法、好经验变成经常性的行为，通过健全制度的方式固定下来，努力形成符合水文管理实际的精细化管理长效机制。

3. 基本原则

(1) 分级分类。建立立体清单式管理，分级分类精细梳理并推进各项任务完成。精细化管理涉及全省水文系统，建立省局、中心站和实验室、测站和实验操作三个层级的精细化管理体系，并从水文站网、水文测验、实验室检测、水文信息传输与存储、水文分析评价、水文预测预报等六大管理任务方面逐项落实。

(2) 逐步推进。根据全省水文工作实际情况，围绕重难点问题，抓关键环节，实现重点突破。省局全面制定工作方案，做好顶层设计，从细化落实管理任务着手，科学规范管理标准、明晰固化管理流程、强化执行管理制度、健全完善管理考核，分局实行以点带面、循序渐进的工作模式，不断拓展精细化管理内涵，延伸精细化管理范围，将精细化管理推广到水文管理工作的各个方面，最终实现精细化管理的全覆盖。在全省精细化管理推广过程中，结合实施情况，加强对推进精细化管理工作的总结和实际成效的评估，注重学习交流，借鉴成功经验和做法，改进工作方法，提高工作实效。

(3) 创新手段。在工作推进过程中，将信息化作为水文管理精细化的技术支撑，借助信息化管理手段，应用信息化建设成果，广泛使用应用系统、APP 和大数据分析，加强管理和业务平台建设和推广应用，加强已有成果的深度加工和择优选用，按照精细化管理相关要求，通过先进的信息技术强化过程控制、规范管理行为、提高工作成效，促进水文管理精细化落地生根。

(4) 注重实效。充分利用现有规范化管理成果，不搞重复建设。紧密结合全系统各专业质量管理体系要求，坚持着眼于细节，建立量化的标准、规范的流程、严格的制度和易于执行的考核程序，注重针对性和可操作性。按照持续渐进、不断提高的要求，把精细化管理的理念、方法长期贯穿于工作之中，从易到难、由浅入深，持续改进和创新，促进水文工作管理水平不断提升。

1.3 精细化管理重点工作

水文精细化管理主要从管理任务、管理标准、管理流程、管理制度、管理考核等方面着手，做到岗位有职责、工作有标准、执行有制度、作业有流程、考核有依据，全面提高我省水文工作的执行力和工作效率。

1. 细化落实管理任务

以“细”为纲，细化分解任务和目标。一方面要对工作任务进行横向和纵向细化，将水文系统工作任务按合理的逻辑结构和工作时间顺序分解成若干组成部分、工作单元，每个部分或单元再进行下一级拆分，直到不必再分的操作细节为止。另一方面要制订各岗位各项具体工作的作业指导手册或任务书，形成系列作业操作流程，对操作者进行标准作业的正确指导，以便快速、准确、高效、安全地完成作业。

2. 科学规范管理标准

以“准”定则，系统建设管理标准体系。主要包括以下三方面：一是技术标准。技术标准是指在水文工作过程中的各种技术条件，包括监测内容与条件，计算、评价、预测预报、信息传输等的方式与方法。如设备标准、计量检验标准、安全技术标准等。标准的形式可以是规范、守则、操作卡、作业指导书等。二是管理标准。涉及技术管理、质量管理、计划管理、人事管理、财务管理、设备管理、实体管理以及标准化管理等。标准的形式可以是计量管理标准、审核及质量记录管理标准、经济合同管理标准等。三是工作标准。指对各部门、单位的各类人员的基本职责、工作要求、考核办法所做的规定，包括职责权利、工作程序、办事细则、考核标准等。最终建立起以技术标准为主体核心，以管理标准为支持，以工作标准为保障的标准化体系。

3. 明晰固化管理流程

以“精”立业，实现规范流程闭环管理。对典型性、规律性较强的工作，实行“过程化管理”和“结果化管理”相结合的方式，加强过程控制，实现闭环状态运行。重点针对水文站网、水文测验、实验室检测、水文信息传输与存储、水文分析评价和水文预测预报等专项工作，编制相应的作业指导书，明确工作内容、标准要求、方法步骤、工作流程、注意事项、资料格式等，用于指导专项工作从开始到结束的全流程管理。积极借助信息化管理手段，提升工作效率，真正实现项目的定制而非人为。

4. 强化执行管理制度

以“实”行政，提升制度创新和执行力。一是制度要实在。制度必须要让量化标准贯穿全程，必须要让流程在制度的约束下逐级落地。二是制度要有力。要精细化制定各种岗位职务规范、各个环节规范、各种专业化管理规范，发挥各专业管理子系统的功能，并制定包括由事前控制、过程控制、事后控制三种规范形式组成的总体控制规范，从总体上控制全系统动态运行和综合管理。三是制度要创新。把不适应生产力、上层管理和发展基础的部分改掉，从而解放生产力。

5. 健全完善管理考核

以“严”对标，强化责任目标考核管理。建立多渠道、多角度的考核制度，完善管理岗位设置，明确岗位工作职责、岗位工作标准和考核要求，将管理责任具体化。坚持单位工作效能考核与个人工作绩效考核相结合，形成动态化和全过程的工作业绩考评机制，落实奖惩激励措施。逐步建立科学的学习方式和思维模式，及时调整工作状态、模式和方法。确保精细化管理有序、高效、持续地推进。

第二章 管理任务

2.1 一般要求

1. 工作职责

(1) 受厅委托负责全省水文行业管理；监督执行国家有关水文行业、水利通信与信息化的技术标准(规范)及相关政策法规，并拟定本省实施细则或补充规定。

(2) 承担水利信息化规划的编制工作，具体指导全省水利信息化业务建设，承担省级水利信息化建设项目和信息系统的建设和管理工作。

(3) 组织拟定并监督实施全省水文事业发展规划和有关专业规划；为防灾减灾、水事纠纷、水行政案件裁决提供有关水文水资源方面的技术支持。

(4) 组织拟定并具体实施本省国家基本水文站网的规划、建设和管理及水文测报设施现代化建设；负责全省水文信息的收集、处理、监视以及水雨情分析和水文预报。

(5) 负责水文水资源勘测调查评价资格审核或认证，负责水文资料使用审定。

(6) 承担全省主要江河湖库及地下水水量与水质的监测、分析和评价；组织开展水资源监测与调查评价工作；参与编制水资源公报，负责编制地下水季报和年报；组织开展重点水功能区水质监测和突发性水污染事故跟踪监测，负责编制全省水质简报和重点水功能区通报。

(7) 负责省厅网管中心、全省水利信息骨干网、重要水利数据库、重要应用系统的运行、维护和管理工作；承担为省级防汛抗旱服务的通信系统的运行管理工作。

(8) 指导全省无线电管理工作；受厅委托负责省水利厅无线电管理办公室的日常工作和全省水利系统省级无线电台站的管理工作。

(9) 协同有关部门编制全省水土保持生态环境监测站网的规划；具体承担全省水土保持生态环境信息的监测、分析评价和年报编制。

(10) 负责全省水文、水利通信与信息化科研以及安全生产、精神文明建设工作。

(11) 承担省水利厅交办的其他工作。

2. 任务分解

(1) 围绕新时代的治水思路，根据水利年度中心工作，按照水文工作的相关规定，制订年度工作计划，明确各阶段重点工作任务，编制相对固定的年度工作任务清单。

(2) 任务清单一般可分为水文站网、水文测验、实验室检测、水文信息传输与存储、水文分析评价、水文预测预报等六大方面，无论是日常管理中的常规性工作，还是年度重点专项工作均围绕上述六方面任务展开。

(3) 任务清单主要包括工作任务的名称、内容、实施时间及频率、工作要求及成果等内容。

(4) 单项工作任务按日、周、月、年等时间段进行细分，明确各阶段工作任务及时间跨度，内容具体、详细，针对性、可操作性强。

(5) 当水文条件及管理要求发生变化时，任务清单需及时修订完善。

结合水文业务日常工作和各专项工作的管理，按分类详细、贴合实际的要求，将水文管理任务清单按水文站网、水文测验、实验室检测、水文信息传输与存储、水文分析评价、水文预测预报等六大方面进行分类管理。

2.2 水文站网

水文测站的管理内容包括设施管理、仪器设备管理、测站环境管理、站务管理、测站任务书管理、站网管理等六个方面。

1. 设施管理

设施管理包括管理用房与监测设施管理。设施管理任务包括日常检查、定期检查、特别检查。

管理用房及监测设施管理任务清单见表 2.1 和表 2.2。

表 2.1　管理用房管理任务清单

工作名称	工作内容	实施时间及频次	工作要求与成果	责任部门（岗位）
日常检查	检查建筑物及附属设施	每月上旬巡视检查 1 次	1. 熟悉日常检查要求； 2. 以目视、手摸或借助简单的工器具检查为主，检查屋面、墙体及附属设施有无破损、渗漏现象等； 3. 填写“房屋、建筑设施巡视检查记录表”； 4. 若发现问题，及时上报分中心	测站技术人员

续表

工作名称	工作内容	实施时间及频次	工作要求与成果	责任部门（岗位）
定期检查	全面系统检查建筑物及附属设施	每年汛前、汛后各1次	1. 熟悉定期检查和特别检查相关要求； 2. 检查主体结构、屋面墙体及附属设施完好情况等； 3. 填写“房屋、建筑设施巡视检查记录表”； 4. 若发现问题，及时上报处置建议	监测中心、分局（管理处）技术人员
特别检查		发生大洪水、台风、工程事故等特殊情况时		监测中心、分局（管理处）、省局技术人员

表2.2　监测设施管理任务清单

工作名称	工作内容	实施时间及频次	工作要求与成果	责任部门（岗位）
日常检查	检查各水文要素观测设施运行状态	每日1次，无人值守站每月不少于3次	1. 熟悉日常检查要求； 2. 以目视或借助简单的工器具检查为主，检查水文观测设施是否完好，有无被外力撞击的痕迹等； 3. 填写“××观测设施巡视检查记录表”； 4. 若设施出现故障或损坏，应及时修复或向监测中心汇报	测站技术人员
定期检查	全面系统检查各水文要素观测设施运行状态	汛前检查每年3月20日前完成，汛后检查每年10月底前完成	1. 熟悉定期检查相关要求； 2. 对水文监测要素自记平台、遥测终端等进行系统检查，检查观测设施是否需要清淤、上油保养等； 3. 若设施出现故障或损坏，组织人员及时修复或更新； 4. 填写“××观测设施巡视检查记录表”	监测中心、分局（管理处）技术人员
特别检查		分中心收不到数据或数据失真时	1. 熟悉特别检查相关要求； 2. 对水文要素自记平台、遥测终端等进行全面检查，检查观测设施各部件是否松动； 3. 检查有无需要特别更新改造等情况，组织人员及时修复或更新； 4. 填写“××观测设施巡视检查记录表”	监测中心、分局（管理处）、省局技术人员

2. 仪器设备管理

仪器设备管理任务包括对用于水文测站各项业务工作的全部仪器、仪表、设备等的日常检查、定期检查、特别检查。

仪器设备管理任务清单见表2.3。

表 2.3　仪器设备管理任务清单

工作名称	工作内容	实施时间及频次	工作要求与成果	责任部门（岗位）
日常检查	检查各水文要素所采用的仪器设备运行状态	每日 1 次，无人值守站每月不少于 3 次	1. 熟悉检查相关要求； 2. 开展现场检查，对各水文要素所采用的仪器设备等进行日常检查，确认运行是否正常； 3. 对存在问题的仪器设备，可现场解决的应及时解决修复，无法现场解决的，应详细记录问题情况并及时向监测中心汇报； 4. 监测中心组织对问题进行汇总并复核，复核人员签字确认； 5. 对问题仪器设备开展维修维护； 6. 对维修维护记录进行档案留存； 7. 对以外包方式委托检查的，监测中心或分局仍应定期组织检查	测站技术人员
定期检查	全面系统检查各水文要素所采用的仪器设备运行状态	每年 2 次，其中汛前检查每年 3 月 20 日前完成，汛后检查每年 10 月底前完成	1. 熟悉检查相关要求； 2. 开展现场检查，对各水文要素所采用的仪器设备、遥测终端等进行系统检查； 3. 对存在问题的仪器设备，可现场解决的应及时解决修复，无法现场解决的，应详细记录问题情况并及时向监测中心汇报，并填写“××仪器设备巡视检查记录表”； 4. 监测中心组织对问题进行汇总并复核，复核人员签字确认； 5. 对问题仪器设备开展维修维护； 6. 对维修维护记录进行档案留存； 7. 对以外包方式委托检查的，监测中心或分局仍应定期组织检查	监测中心、分局（管理处）技术人员
特别检查		分中心收不到数据或数据失真时	1. 熟悉检查相关要求； 2. 根据现场情况，对各水文要素所采用的仪器设备、遥测终端等进行全面检查，检查仪器设备是否松动； 3. 分析是否存在需要更新改造等情况，遥测 RTU 等是否存在故障等； 4. 若仪器设备出现故障或损坏，应及时修复，并填写“××仪器设备巡视检查记录表”； 5. 无法现场解决的，应详细记录问题情况并及时向监测中心汇报； 6. 监测中心组织对问题进行汇总并复核，复核人员签字确认； 7. 对问题仪器设备开展维修维护； 8. 对维修维护记录进行档案留存。 9. 对以外包方式委托检查的，监测中心或分局仍应定期组织检查	监测中心、分局（管理处）、省局技术人员

3. 测站环境管理

测站环境管理任务包括测站站容站貌管理、标识标牌设置以及监测环境保护等。

测站环境管理任务清单见表 2.4。

表 2.4　测站环境管理任务清单

工作名称	工作内容	实施时间及频次	工作要求与成果	责任部门（岗位）
站容站貌管理	检查测站办公场所环境	每月 1 次检查，无人值守站每月不少于 3 次检查，汛前、汛后各进行 1 次全面检查	1. 熟悉水文测站各类上墙规章制度样式要求，并规范制作相关上墙制度； 2. 检查外部环境，做到内外墙面无空鼓裂缝、无污渍剥落；地面平整，地砖及地胶等无损坏开裂； 3. 检查内部卫生，做到室内整洁卫生，办公用品摆放整齐有序； 4. 检查档案资料，做到分类管理，摆放整齐有序； 5. 对不符合要求的及时改正	测站人员
标识标牌设置	检查标识标牌设置是否规范、齐全		1. 熟悉《标识标牌设置指南》，并按要求设计、制作、安装标识标牌； 2. 检查标识标牌是否完好洁净、安装牢固，无变形损坏； 3. 按要求粘贴测站二维码，信息及时更新； 4. 标识、标牌若有损坏及时更换	测站人员
监测环境保护	检查是否存在影响水文监测的行为	全年	1. 熟悉《水文监测环境保护》相关要求； 2. 检查测验断面附近有无堆放杂物、停船、围网； 3. 检查测验断面上下游 1000 m 范围内有无新建涉水工程等影响水文监测的行为； 4. 若有问题及时采取措施消除影响并上报省局	测站、监测中心及分局（管理处）人员

4. 站务管理

站务管理任务包括人员岗位管理、仓库管理、资料管理、安全生产等。

站务管理任务清单见表 2.5。

表 2.5　站务管理任务清单

工作名称	工作内容	实施时间及频次	工作要求与成果	责任部门
岗位管理	岗位责任制落实	全年	1. 制定岗位责任，并及时修订； 2. 定期检查岗位责任制的落实情况； 3. 对人员执行岗位责任制情况进行考核	监测中心或分局（管理处）
仓库管理	仪器设备保管		1. 检查仓库环境，做到环境卫生、分类存放，并贴有标识标牌； 2. 按要求填报出入库、检定、报废登记等； 3. 针对监测需要对库存仪器设备提出要求	监测中心或分局（管理处）

续表

工作名称	工作内容	实施时间及频次	工作要求与成果	责任部门
资料管理	技术文档资料管理	全年	1. 测站档案资料统一存放； 2. 做好目录、使用记录等； 3. 按保密要求做好相关资料管理	监测中心或分局（管理处）
安全生产	人员、设备、生产安全		1. 建立安全生产责任制，成立安全生产领导小组，分级签订责任状； 2. 安全生产设施及防护设施的配备	测站、监测中心、分局（管理处）、省局

5. 测站任务书管理

测站任务书管理任务包括测站任务书制订、测站任务书修编。

测站任务书管理任务清单见表 2.6。

表 2.6　测站任务书管理任务清单

工作名称	工作内容	实施时间及频次	工作要求与成果	责任部门
测站任务书制订	编制测站各项任务	新设站	1. 分局或分中心按相应格式组织编制测站任务书； 2. 测站任务书经分局初审后报省局； 3. 省局组织对测站任务书进行审查； 4. 通过审查的测站任务书由省局盖章下达； 5. 测站按照任务书开展监测工作	省局站网科
测站任务书修编	修编测站任务书	每 3～5 年或测站任务发生较大变动时	1. 分局（管理处）检查测站任务书执行情况，并根据测站实际监测需求，对测站任务书提出修编申请； 2. 省局同意修编申请的，分局（管理处）组织测站任务书的修编工作； 3. 省局审核并批复测站任务书； 4. 测站按照修编后的测站任务书开展监测工作	分局（管理处）、省局站网科

6. 站网管理

站网管理任务包括站网计划下达、站点布设与调整、站网规划。

站网管理任务清单见表 2.7。

表 2.7 站网管理任务清单

工作名称	工作内容	实施时间及频次	工作要求与成果	责任部门
站网计划下达	下达年度站网执行计划	每年1次，年底前下达下年度站网执行计划	1. 省局每年年底前发文布置下一年度地表水、地下水、水质、水保、报汛等站网任务； 2. 站网任务书包括测站的监测项目、监测频次、监测时间等； 3. 省局每年对站网任务执行情况进行检查	省局站网、水保、水质、水情等科室
站点布设与调整	前期查勘、站址比选、站址确定、可行性合理性分析	即时	1. 熟悉相关技术规范； 2. 对基本站，根据技术规范，监测中心组织收集基本信息，分局编制技术分析材料并提出可行性和实施方案； 3. 省局组织对实施方案进行审核后，分局按行政许可流程报送； 4. 对专用站，主管部门同意后报省水文局备案； 5. 对临时站，由设立单位自行开展工作	分局(管理处)
站网规划	站网现状及存在问题、需求分析，编制站网规划方案	约10年更新1次，也可针对特殊需要编制专用站网规划	1. 根据《江苏省水文条例》，编制全省水文站网规划； 2. 规划按相应流程报上级水行政主管部门审批； 3. 针对特殊需求，依水文要素监测规律，编制专用水文站网规划	分局及省局规划、站网、水保、水质、水情等科室

2.3 水文测验

水文测验的管理内容包括常规测验、水文测量、水文巡测、水文调查、应急监测、水文报汛、资料整编等七大方面。工作内容包括水文测验技术，不涉及任何实体事务的管理(如测验设施设备等)。

1. 常规测验

常规测验包括流量、(潮)水位(含地下水)、降水量、水面蒸发量、含沙量输沙率、水温、墒情、水土流失监测等，由相关水文监测人员按照测站任务书要求开展相应工作。常规测验管理任务包括测验项目的制订、测验频次的确定、监测方法和监测设备的比选。

常规测验管理任务清单见表 2.8。

表 2.8 常规测验管理任务清单

工作名称	工作内容	实施时间及频次	工作要求与成果	责任部门
测验项目的制订	根据设站目的和特定要求，制订测验项目	新设站当年、工情发生变化或实际需求变化时，不定期开展	1. 分析测站上下游情况； 2. 分析设站目的和任务； 3. 制订需要开展的测验项目； 4. 根据需求确定需要开展的测验项目的测验精度	省局业务部门
测验频次的确定	根据测验项目特性和实际需要，制订测验频次	根据水文要素变化情况确定	1. 了解监测项目的特点、规范要求； 2. 分析测站特性及不同时期水情特点； 3. 确定分段分级监测次数； 4. 根据实际工作需要加测	省局业务部门
监测方法比选	根据精度要求，选择恰当的监测方式方法	在精度符合要求的基础上，选择便捷高效的方法	1. 分析常规监测方法的优缺点； 2. 分析历史资料和上下游情况； 3. 根据精度需求择优选择监测方法	省局业务部门
监测设备比选	监测设备优选	自动化、精度高的设备	1. 分析监测设备特性； 2. 调研监测需求现状； 3. 确定首选、备选设备； 4. 开展不同设备精度对比分析； 5. 确定满足需求的监测设备	省局业务部门

2. 水文测量

水文测量包括高程测量、断面测量、地形测量等测量任务。水文测量的管理任务包括测量方案的制订、方案的执行、资料整理入库等。

水文测量管理任务清单见表 2.9。

表 2.9 水文测量管理任务清单

工作名称	工作内容	实施时间及频次	工作要求与成果	责任部门
测量方案的制订	根据测量具体项目特性，制订测量方案	每年汛前、汛后或洪水过后，测量项目开始之前	1. 熟悉规范总体要求； 2. 熟悉地形地貌； 3. 分析测量任务特点； 4. 制订符合要求的测量方案； 5. 发文或其他方式部署	省局站网科
测量方案的执行	根据测量方案，落实仪器设备、人员、安全生产等	需要开展测量期间	1. 根据现场情况选择合适的测量仪器； 2. 按规范要求开展测量； 3. 沟通协调测量过程中遇到的问题，并提出解决方案； 4. 按规范要求记录原始测量数据	省局站网科
资料整理入库	根据规范要求，整理测量数据，按固定格式导入数据库	每年或每次专项测量结束后	1. 按规范要求计算填写测量记录表； 2. 按整编要求整编后入库	省局站网科

3. 水文巡测

水文巡测是以巡回流动的方式定期或不定期地对一个地区内各观测点的水文要素进行的观测作业。目前，省级水文巡测的任务包括环太湖巡测、苏南沿江巡测、苏北沿江巡测、沿海巡测、通榆河巡测、新通扬运河巡测、市界断面水量巡测等。水文巡测的管理任务包括任务下达、任务执行、巡测资料整理入库。

水文巡测管理任务清单见表 2.10

表 2.10 水文巡测管理任务清单

工作名称	工作内容	实施时间及频次	工作要求与成果	责任部门
任务下达	下达巡测任务	每年 1 次	1. 熟悉规范要求； 2. 分析各区域水文特性； 3. 掌握水量资料需求； 4. 制订并下达年度巡测任务； 5. 年度巡测任务修编	省局站网科
任务执行	完成巡测任务	根据水文情势，每 3～10 天测 1 次	1. 了解不同水情特点； 2. 安排制订巡测方案； 3. 组织开展现场巡测工作； 4. 组织开展巡测任务执行情况检查	省局站网科
巡测资料整理入库	整编巡测资料	次年完成上一年度	1. 按规范要求整理巡测资料； 2. 组织开展巡测整汇编资料审查，进行合理性分析； 3. 按巡测线上下游顺序汇编成册； 4. 按固定格式导入数据库	省局站网科

4. 水文调查

水文调查是为了弥补基本水文站网定位观测的不足，扩大资料搜集范围，或其他特定目的而进行的收集水文资料工作，是水文测验工作的一个重要组成部分。水文调查采用监测、观测、调查、考证、试验等手段采集水文信息和其他相关资料，对流域内基本情况、水量、暴雨洪水、枯水旱情等内容进行调查。水文调查管理任务包括：调查对象[设站，例行调查（常规、监测成果不合理），水事件（洪、旱、涝）]的确定、制订调查方案、资料收集与现场勘查、调查成果的合理性分析、编制调查报告。

水文调查管理任务清单见表 2.11。

表 2.11　水文调查管理任务清单

工作名称	工作内容	实施时间及频次	工作要求与成果	责任部门
调查对象的确定	根据水情特点，确定调查对象	根据需要，不定期	1. 熟悉规范要求； 2. 确定调查对象； 3. 分析区域水情特点； 4. 确定调查范围	省局站网科
制订调查方案	组织人员编制调查方案	根据需要，不定期	1. 分析调查要求与目的； 2. 制订调查技术路线与工作方式； 3. 确定调查人员组成与职责； 4. 收集资料内容与调查内容； 5. 成果形式与工作时间接点安排。	省局站网科
资料收集与现场勘查	现场测量数据，搜集图片等素材	根据需要，不定期	1. 按收集资料清单逐一完成； 2. 现场走访细致，交谈与痕迹记录清晰； 3. 图文并茂，形式多样	省局站网科
调查成果的合理性分析	与实测成果对比，分析合理性	根据需要，不定期	1. 整理分析收集与调查成果； 2. 汇总相邻区域相关资料成果； 3. 分析收集与调查成果的可靠性、客观性、合理性	省局站网科
编制调查报告	汇总调查成果	调查结束后	1. 编制调查报告，编写提纲并通过技术审查； 2. 按提纲编制报告，修改完善后提交相关部门	省局站网科

5. 应急监测

应急监测包括在发生危害公众安全的涉水事件时，进行水文要素观测、调查与分析工作。应急监测管理任务包括建立应急体系、制订应急预案、编制应急监测方案、制订应急管理办法、组建应急队伍、配备应急设备与交通工具及应急培训演练。

应急监测管理任务清单见表 2.12。

表 2.12　应急监测管理任务清单

工作名称	工作内容	实施时间及频次	工作要求与成果	责任部门
建立应急体系	建立应急管理体系	根据需要修订	1. 熟悉应急监测特点； 2. 组建应急监测队伍； 3. 建立应急培训、演练机制； 4. 制订应急响应机制等	省局各部门
制订应急预案	制订应急预案	根据需要修订	1. 熟悉应急监测相关技术规范； 2. 分析应急监测特点； 3. 根据实际情况，制订应急预案； 4. 对应急预案进行技术评估后执行	省局水质、站网、水情等科室
编制应急监测方案	制订某个特定应急事件的监测方案	根据实际需要	1. 根据某突发涉水事件特点，制订应急监测方案； 2. 指导应急队伍开展工作	省局水质、站网、水情等科室

续表

工作名称	工作内容	实施时间及频次	工作要求与成果	责任部门
制订应急管理办法	制订应急响应管理办法	根据需要修订	1. 制订全省应急监测管理办法； 2. 根据实际情况实时修订管理办法	省局水质、站网、水情等科室
组建应急队伍	应急监测人才培养	不定期更新	1. 组建应急监测队伍； 2. 每年根据实际情况调整应急监测队员； 3. 制订应急监测队伍培训、演练计划； 4. 定期开展培训、演练，锻炼队伍	省局人事、水质、站网、水情等科室
配备应急设备与交通工具	购置或更新应急监测设备、车辆等	不定期更新	1. 分析应急监测特点； 2. 配备满足应急监测需求的设备、装备及交通工具等	省局规建、水质、站网、水情等科室
应急培训与演练	开展人员培训及演练	每年汛前	1. 组织开展应急监测技术培训； 2. 汛前制订全省应急监测演练方案； 3. 汛前组织开展应急演练，提高实战能力	省局站网、水质、水情等科室

6. 水文报汛

水文报汛管理任务包括报汛任务下达、报汛信息交换、报汛质量控制、报汛质量考核。水文报汛管理任务清单见表 2.13。

表 2.13 水文报汛管理任务清单

工作名称	工作内容	实施时间及频次	工作要求与成果	责任部门
报汛任务委托下达	从防汛抗旱、水资源利用等角度，结合站点建设部门、测验项目及设施设备、测验单位等现状，提出报汛任务调整方案，编制报汛任务书，委托下达至报汛单位	每年汛前	1. 根据水旱灾害防御需求、水情业务需求、监测能力等方面变化，及时调整报汛任务； 2. 编制报汛任务书，行文正式委托下达至报汛单位	水情科
报汛信息交换	分中心水情信息 20 分钟内传至省中心，由省中心统一实现向省内外转发	实时交换	1. 严格按照各级报汛任务书要求进行水情信息交换； 2. 及时处理水情信息交换过程中的问题，建立台账	水情科
报汛质量控制	分中心采集水情信息后经合理性检查后入水情数据库	汛期 24 小时	1. 严格对照报汛技术规范，实时监控水情信息质量； 2. 及时处理水情信息质量问题，建立台账	水情科

续表

工作名称	工作内容	实施时间及频次	工作要求与成果	责任部门
报汛质量考核	对照任务书，从合理性、时效性及完整性三方面对发报单位进行水情质量统计分析，结果通报	汛期逐月考核，汛后综合考核	1. 定期对报汛质量进行统计分析； 2. 编制报汛质量情况报告，通报报汛单位	水情科

7. 资料整编

资料整编管理任务包括在站整编、分局（管理处）审查、省局复审、卷册汇编、流域审查、全国终审，但针对地表水、地下水、水质、水保等不同项目，管理任务的内容不同。

水文资料整编包括在站整编、审查、复审以及资料汇编等任务，逢零、逢五年开展全省水文测站考证工作。其中包括：监测中心组织完成在站整编，参加分局组织的水文资料审查；分局组织完成水文资料审查，参加省局组织的水文资料复审及卷册汇编审查；省局组织完成水文资料复审、卷册汇编审查，并参加流域（全国）审查。

水文资料整编管理任务清单见表 2.14。

表 2.14　水文资料整编管理任务清单

工作名称	工作内容	实施时间及频次	工作要求与成果	责任部门
在站整编	本测站观测资料整理分析	全年，每日开展	1. 收集原始数据、测站考证等资料，对原始水文资料进行必要的插补、订正、考证； 2. 填写观测记载统计栏等内容，做到“日清”； 3. 计算整编原始资料，做好“一算二校”； 4. 进行数据整理、录入数据文件，计算推求逐日值，编制或输出各类整编成果表； 5. 绘制必要的图表，分析资料合理性，编写水文资料整编说明书； 6. 提交分局复审	省局站网、水质、水保科
分局（管理处）审查	分局（管理处）所属水文资料整理汇编	全年，每月开展	1. 组织辖区各测站资料在站整编及中心资料审查工作； 2. 校核、生成规范成果表，做到“月结”	省局站网、水质、水保科
省局复审	全省水文资料集中审查	全年，每季度或每半年开展，每年 1 月 12 日前完成全年复审	1. 组织季度资料在线审查或全年资料集中复审； 2. 开展合理性对照等，做到“季审”； 3. 按规定形成水文资料数据库文件	省局站网、水质、水保科

续表

工作名称	工作内容	实施时间及频次	工作要求与成果	责任部门
卷册汇编	以水文年鉴卷册为单位，开展水文资料汇编审查	每年1月15日前，完成上一年度资料汇编工作	1. 按流域水系组织开展水文年鉴卷册汇编审查，邀请浙江、上海、安徽等省（市）参与； 2. 完成合理性对照、编印说明编写及综合性资料汇总等	省局站网
流域审查（全国终审）	以流域为单元，对流域内所有水文年鉴开展审查	每年1月下旬	参加长委、淮委、太湖流域管理局水文局组织的流域水文年鉴审查	省局站网、水保科
资料保存	数据导入数据库	终审完成后	按相关规范要求及时保存资料或数据库	省局站网、水质、水保科

2.4 实验室检测

实验室检测的管理内容包括场所管理、采样及样品管理、检测管理、质量控制管理、能力提升管理等五个方面。

1. 场所管理

场所管理任务包括日常监管、定期监管、应急监管。主要管理对象为通用设施管理、环境条件管理。

场所管理任务清单见表2.15。

表2.15 场所管理任务清单

工作名称	工作内容	实施时间及频次	工作要求与成果	责任部门
日常监管	检查或维护实验室通用设施，实施特殊环境条件控制	检测期间，每日1次	1. 实施检测场所、危化品库房及办公区环境条件监控； 2. 检测前，对实验室水、电、气进行检查，打开安全通道； 3. 检测结束，关闭水、电、气，并及时整理恢复检测区域环境； 4. 如遇设备故障等问题，检测人员应及时向相关负责人报告； 5. 填写“实验室环境条件记录表”	分局水质科

续表

工作名称	工作内容	实施时间及频次	工作要求与成果	责任部门
定期监管	全面检查实验室用房、水电气、安防设施等的运行情况，测定实验室特殊环境条件是否达标	每季度1次	1. 对实验室空调、电路照明系统、通风系统、纯水系统、电梯等设施设备进行全面检查； 2. 通用设施满足日常工作条件及安全生产的相关要求； 3. 特殊环境条件控制满足通风、防尘、防振动、防腐蚀、避强磁场等要求； 4. 实验室场所全面满足水质检测的各项外部要求； 5. 填写“实验室环境条件记录表”	分局水质科
应急监管	检查实验室应急设备工作状态	每半年1次	1. 检查应急供水、供电、供气装置是否能正常使用； 2. 检查灭火器等紧急救援器械是否在使用有效期内等； 3. 实验室发生突发事件时能够及时、有效应对	分局水质科

2. 采样及样品管理

采样及样品管理任务包括采样计划的制订和审批、采样计划的实施、样品管理。

采样及样品管理任务清单见表2.16。

表2.16 采样及样品管理任务清单

工作名称	工作内容	实施时间及频次	工作要求与成果	责任部门
采样计划的制订和审批	根据年度监测计划制订并审批月度采样计划，以及制订临时性采样计划	按需制订	1. 省局制订并下发年度监测计划，明确监测项目、监测方法、监测频次、数据格式、结果提交时间等信息； 2. 分局根据年度监测计划，制订并审核月度采样计划； 3. 临时性采样任务，至少在采样前一天编制采样计划； 4. 填写“采样计划表”	省局及分局水质科
采样计划的实施	采样人员根据采样计划进行采样点样品现场采集，并标识、运输样品	按照“采样计划表”开展	1. 采样人员应持证上岗，规范操作； 2. 采样前，采样人员应根据采样计划核实拟采样品情况； 3. 准备采样及现场检测设备； 4. 实施样品采集及现场测定项目检测； 5. 对样品进行分装和标识； 6. 填写“水质采样记录表”	分局水质科
样品管理	包括样品接收、流转、保存、留样、处置等	采样后	1. 样品采集后应立即送回实验室，尽可能缩短采样与分析的间隔时间； 2. 样品管理按《水环境监测规范》(SL 219—2013)要求执行； 3. 填写“样品交接单”“样品分发记录表”“样品处置记录表”等	分局水质科

3. 检测管理

检测管理任务包括制订检测计划、实施检测计划、处理检测数据。

检测管理任务清单见表 2.17。

表 2.17 检测管理任务清单

工作名称	工作内容	实施时间及频次	工作要求与成果	责任部门
制订检测计划	明确检测时间、项目、方法、质控等	根据检测任务及时制订	1. 监测业务室根据检测任务要求，在审核现场检测所需设备和工作环境等能够满足检测需要的前提下，制订检测计划，报技术负责人审查； 2. 对于委托检测，现场检测计划应征得委托单位同意； 3. 填写"检测任务计划表"，下达"测试任务通知单"	分局水质科
实施检测计划	使用正确、有效的检测方法开展样品检测工作	领取测试样品后及时完成	1. 检测前，检测人员应检查所用仪器的工作状态和环境温湿度条件； 2. 应依据各项目对应的作业指导书，并遵守仪器操作规程及相关标准开展检测工作； 3. 填写"原始检测记录表"等	分局水质科
处理检测数据	计算、校核、审核、统计、分析检测数据	检测完成后	1. 填写检测成果表、质控统计表； 2. 编制检测报告等	省局及分局水质科

4. 质量控制管理

质量控制管理任务包括制订质控计划及方案、内部质控、外部质控、总结评价。

质量控制管理任务清单见表 2.18。

表 2.18 质量控制管理任务清单

工作名称	工作内容	实施时间及频次	工作要求与成果	责任部门
制订质控计划及方案	编制年度质量控制方案	年初	1. 应包括控制对象、参加人员、实施日期、控制方法等内容	省局及分局水质科
内部质控	按要求开展室内检测及野外采样、野外现场检测等的质量控制	开展相关检测工作时	1. 质控要求按《水环境监测规范》(SL 219—2013)执行； 2. 填写相关"质量控制统计表"	分局水质科

续表

工作名称	工作内容	实施时间及频次	工作要求与成果	责任部门
外部质控	参加实验室间的比对、能力验证等	接到相关工作通知后	1. 参加人员根据能力验证、比对计划的要求，严格按照其作业指导书进行操作； 2. 能力验证结果出现可疑或不满意时，应查找原因，执行《不符合工作处理程序》(JSSHJ－CX－16－2019)和《纠正措施程序》(JSSHJ－CX－17－2019)予以纠正，并及时申请补测； 3. 按时上报验证比对结果，不得串通结果，中心应保存相关的记录； 4. 仪器设备检定时，无法溯源到国家或国际测量标准时，应参加实验室间的比对或能力验证计划	分局水质科
总结评价	总结评价当年质量控制工作成效与不足	年底	1. 整理汇总本年度质量控制记录，对质控实施情况进行评估； 2. 编写《质量控制工作年度总结》	省局及分局水质科

5. 能力提升管理

能力提升管理任务包括检测项目和方法拓展、设施设备改造升级、人员技能水平提高、管理体系提升。

能力提升管理任务清单见表2.19。

表2.19　能力提升管理任务清单

工作名称	工作内容	实施时间及频次	工作要求与成果	责任部门
检测项目和方法拓展	开展检测项目扩项和方法拓展工作	按年度计划开展或适时开展	1. 分局根据实际检测工作需要向省局提出书面申请； 2. 省局统筹协调，向资质认定机构提交申请	省局及分局水质科
设施设备改造升级	推进水质监测基础设施建设及装备更新升级	按年度计划开展或适时开展	1. 满足地表水、地下水、水生态等基本项目检测所需的设施设备； 2. 主要检测仪器设备使用更新周期为8～10年	省局及分局水质科
人员技能水平提高	开展技术培训和考核	按年度计划开展或适时开展	1. 制订年度培训计划，包括专项培训、新技能培训、新进人员培训、安全教育培训等； 2. 积极参与外部培训； 3. 对培训效果进行评估、考核	省局及分局水质科
管理体系提升	体系文件修编、内部体系审核、管理评审	年内按需开展	1. 体系文件切合现阶段实验室工作实际； 2. 内部审核范围应覆盖检测工作的所有场所，覆盖管理体系的全部要素；编写《内部审核报告》，并及时制订实施纠正措施； 3. 管理评审应对管理体系的适宜性、充分性和有效性进行评价，并识别改进需求，进行必要的改进；编写《管理评审报告》，并及时制订实施纠正措施等	省局及分局水质科

2.5 水文信息传输与存储

水文信息传输与存储的管理内容包括传输管理、存储管理、服务管理三个方面。

1. 传输管理

传输管理分为信道管理、信息采集平台管理与数据交换平台管理。

1）信道管理

信道管理任务包括日常管理、故障处理、信道评估及信道升级等。

信道管理任务清单见表 2.20。

表 2.20 信道管理任务清单

工作名称	工作内容	实施时间及频次	工作要求与成果	责任部门
日常管理	信道日常管理	工作日每日上下午各1次	1. 由省中心和各分中心遥测运维管理人员执行，省局监视 CDMA 信道，各分中心监视本中心 GPRS 信道； 2. 登录采集平台，观察信道状态； 3. 记录异常状态，组织处理并上报处理结果	省中心、各分中心
故障处理	故障处理	故障发生时	1. 由省中心和各分中心遥测运维管理人员执行； 2. 接收故障的处理任务； 3. 定位故障位置、排查故障原因； 4. 制订解决方案； 5. 方案执行； 6. 故障排除确认； 7. 事件处置登记等	
信道评估	分析、评估信道使用、发展情况	每年1次	1. 由省中心遥测运维管理人员执行； 2. 关注各公众网络运营商产品动态； 3. 总结信道运行和运营商保障情况，对信道进行效率、成本、保障等方面的评估； 4. 形成总结报告	
信道升级	提升信道能力	需要时	1. 由省中心遥测运维管理人员根据每年信道评估结果，通过提升信道产品、增加信道模式等手段提升信道能力，并提出方案； 2. 方案审批后组织专业人员制订实施方案； 3. 按照实施方案组织实施	

2）信息采集平台管理

信息采集平台管理任务包括日常维护、定期巡检、故障应急处置和能力提升等。

信息采集平台管理任务清单见表 2.21。

表 2.21 信息采集平台管理任务清单

工作名称	工作内容	实施时间及频次	工作要求与成果	责任部门
日常维护	监视、维护采集平台	工作日每日	1. 监视系统运行，及时发现系统异常，并针对性采取措施，保证系统稳定运行； 2. 按操作流程进行站点和测验项目增删改、平台配置等管理； 3. 检查、监视采集平台与遥测原始数据库的联接以及数据库的运行情况； 4. 严格执行平台操作审核、记录工作，杜绝误操作，保证系统安全	省中心、各分中心
定期巡检	对信息采集平台系统及其附属设施设备定期巡检	分中心自检每月 1 次，全省汛前组织第三方巡检	1. 由专业人员检查采集平台所属服务器、操作系统、数据库、平台软件、规章制度等运行、执行情况； 2. 排除隐患、整改问题、记录发现的问题	
故障应急处置	故障及事件处置	突发及重大事件期间	1. 按照自动测报系统应急响应预案处置	
能力提升	更新、升级或开发采集平台	需要时	1. 由省中心遥测运维管理人员根据业务发展及技术进步等对采集平台进行补充、升级或者重新开发部署，并提出方案； 2. 方案审批后，组织专业人员制订实施方案； 3. 按照实施方案组织实施	

3）数据交换平台管理

数据交换平台运维管理任务包括人员配备（再核实是否需要）、日常巡检、故障处理、系统备份、灾难恢复、安全加固、用户管理等。

数据交换平台管理任务清单见表 2.22。

表 2.22 数据交换平台管理任务清单

工作名称	工作内容	实施时间及频次	工作要求与成果	责任部门
人员配备	人员配备	常年	1. 配备巡检人员，要求懂得计算机基础知识，能够发现系统故障； 2. 配备系统管理员，要求实行 AB 岗制，需熟悉交换平台，能够排查、解决系统故障； 3. 明确管理部门及分管领导	信息应用科
日常巡检	工作日巡检	工作日每日上下午 2 次	1. 由巡检人员执行； 2. 登录交换平台，检查平台运行状态； 3. 登录业务系统，检查数据传输及入库情况； 4. 若发现问题，及时报告系统管理员； 5. 记录台账	

续表

工作名称	工作内容	实施时间及频次	工作要求与成果	责任部门
故障处理	故障处理	故障发生时	1. 由系统管理员执行； 2. 接收巡查人员上报的处理任务； 3. 定位故障位置、排查故障原因； 4. 制订解决方案； 5. 方案执行； 6. 故障排除确认； 7. 事件处置登记等	信息应用科
系统备份	平台备份、支撑库备份	平台更新设置后立即备份	1. 配置系统备份用的存储介质； 2. 做好平台软件及运行支撑数据库的备份； 3. 配备专人对平台安装、备份介质进行集中管理； 4. 建立备份台账，记录备份日期及备份人员、介质编号、存放目录等	
灾难恢复	应用系统灾难恢复	系统灾难发生及处理期	1. 通过检测、目视等手段确定系统部署服务器已无法使用； 2. 调用最新备份介质； 3. 由系统管理员按正确步骤部署恢复； 4. 台账记录	
安全加固	安全加固	每月 1～2 次	1. 通过漏洞扫描系统对平台涉及服务器进行安全扫描； 2. 对出现的安全漏洞进行升级加固； 3. 整改结果跟踪，回归测试； 4. 台账记录	
用户管理	入网管理、规则管理	常年	1. 接收数据交换单位入网申请； 2. 协助入网单位依规定履行逐级审批手续； 3. 核查审批手续，制订交换规则及数据清单； 4. 由系统管理员按照正确操作步骤实施	

2. 存储管理

存储管理分为硬件资源管理与数据库管理。

1）硬件资源管理

硬件资源管理是指针对支撑水文信息存储所需的服务器与存储设施设备的管理。其管理任务包括台账登记、状态巡检、详细检查、故障处理、安全加固、异常报告等。

硬件资源管理任务清单见表 2.23。

表 2.23 硬件资源管理任务清单

工作名称	工作内容	实施时间及频次	工作要求与成果	责任部门
台账登记	设备登记与上架	常年	1. 新设备上架； 2. 安装操作系统，分配 IP 地址； 3. 按规定登记相关台账信息	管理责任部门
状态巡检	状态巡检	每小时 1 次	1. 进入机房，通过目视检查设备是否有告警故障提醒； 2. 异常上报、记录	
详细检查	详细检查	每日 2 次	1. 登录设备管理后台，检查设备有无告警； 2. 通过管理后台，查看存储容量使用情况； 3. 异常上报； 4. 检查记录	
故障处理	故障处理、登记	设备故障处理后	1. 接收故障报修； 2. 由专业运维公司对更换故障设备或部件风险评估； 3. 故障处理； 4. 登记台账，如更换时间、配件信息、供货商等	
安全加固	安全加固	每月 1～2 次	1. 通过漏洞扫描系统对硬件设施设备进行安全扫描； 2. 对扫描结果进行公示/通报； 3. 系统建设单位对清单服务器进行升级加固； 4. 整改结果跟踪，回归测试； 5. 台账记录	
异常报告	异常报告	设备告警或容量告警	1. 巡检人员进入机房，通过目视发现设备告警； 2. 设备管理员通过登录设备管理后台，发现设备告警； 3. 设备告警报时通知设备管理员，并经设备管理员核实后向分管领导报告	

2）数据库管理

数据库管理任务包括数据库建设与备份、日常管理、故障处理、台账资料管理。

数据库管理任务清单见表 2.24。

3. 服务管理

服务管理指水文信息对内、对外提供服务产生的管理，分为历史水文资料服务与实时水文资料服务两个部分。历史水文资料服务管理任务包括申请受理、合同管理、数据收集与提供、合同款项跟踪。实时资料服务管理任务包括申请受理、技术执行。

数据服务管理任务清单见表 2.25。

表 2.24 数据库管理任务清单

<table>
<tr><th>工作名称</th><th colspan="2">工作内容</th><th>实施时间
及频次</th><th>工作要求
与成果</th><th>责任部门</th></tr>
<tr><td rowspan="5">数据库建设与备份</td><td colspan="2">数据库建设</td><td>依实际需求</td><td>1. 接收资源申请；
2. 协助申请单位履行相关审批手续；
3. 按申请需求完成数据库建设；
4. 反馈申请单位相关信息</td><td rowspan="4">管理责任部门</td></tr>
<tr><td rowspan="4">备份</td><td>同城灾备</td><td>实时</td><td>1. 针对核心数据库，要求做到与同城灾备中心实现实时备份</td></tr>
<tr><td>虚拟带库备份</td><td>每天 1 次</td><td>1. 针对所有数据库实例，要求每天做一次备份</td></tr>
<tr><td>脚本手工备份</td><td>每周 1 次</td><td>1. 针对核心数据库，要求做到每周一次全备、每天一次增量备份</td></tr>
<tr><td>使用单位备份</td><td>由使用单位决定</td><td>1. 数据库建设单位根据自身维护要求对其建设的表空间进行备份</td><td>使用单位或部门</td></tr>
<tr><td rowspan="3">日常管理</td><td colspan="2">表空间管理</td><td rowspan="3">常年</td><td>1. 要求按规范流程受理并执行，包括新增/调整表空间、空间资源回收等工作</td><td rowspan="5">管理责任部门</td></tr>
<tr><td colspan="2">用户管理</td><td>1. 要求按规范流程受理并执行，包括新建、授权、删除等数据库用户管理工作</td></tr>
<tr><td colspan="2">巡检</td><td>1. 定期对数据库进行巡检；
2. 巡检内容应包括数据库运行状态、线程情况及性能等；
3. 检查各实例中每个表空间的使用率，使用率超预警值时，通知相应单位进行核实，确实需增加资源的，依管理流程进行申请操作；
4. 异常登记、设置变更操作登记</td></tr>
<tr><td>故障处理</td><td colspan="2">故障处理</td><td>故障发生时</td><td>1. 收集故障现象并记录；
2. 执行故障诊断并排除；
3. 验证故障是否已恢复；
4. 记录处理过程</td></tr>
<tr><td>台账资料管理</td><td colspan="2">台账管理</td><td>常年</td><td>1. 登记备份记录；
2. 登记日常管理记录；
3. 登记用户管理记录；
4. 登记故障处理全过程</td></tr>
</table>

表 2.25　数据服务管理任务清单

工作名称	工作内容		实施时间及频次	工作要求与成果	责任部门
历史水文资料服务	申请受理		有服务需求时	1. 由申请方按规定或办法办理申请手续； 2. 管理部门核实手续及资料清单； 3. 依清单计算资料费用； 4. 将相关信息反馈给分管领导	管理责任部门
	合同管理		确认清单与手续后	1. 依据确认后的资料清单与协议签服务合同； 2. 签保密协议； 3. 要求资料使用单位一项目一申请，不得跨项目使用	
	数据收集与提供		合同后执行期	1. 收集约定的清单资料； 2. 按规定形式或介质提供资料，并办理交接手续，严禁网络传输	
	合同款项跟踪			1. 跟踪合同款项到付情况	
实时水文资料服务	申请受理		有服务需求时	1. 由申请方按规定或办法办理申请手续； 2. 管理部门核实手续及资料清单； 3. 将相关信息反馈给分管领导	数据生产管理责任部门
	技术执行	线下	服务执行期	1. 由分管领导确认同意； 2. 由操作人员依确定清单收集数据； 3. 依规定完成数据交接，完成服务	数据生产管理责任部门
		线上实时交换（含系统内、外）	服务执行期	1. 核查手续完整性； 2. 执行技术实施； 3. 通知需求单位验证	管理责任部门

2.6　水文分析评价

水文分析评价管理包括水资源数量、水资源质量、水文情报、水土流失等四个方面。

1. 水资源数量

水资源数量分析与评价任务包括工作方案制订、分析评价、成果协调、报告编制、成果报送五个方面。水资源数量分析与评价任务清单见表 2.26。

表 2.26 水资源数量分析与评价任务清单

工作名称	工作内容	实施时间及频次	工作要求与成果	责任部门
方案制订	按照相关文件要求和标准制订工作方案，征询相关部门与专家、领导意见，修改完善工作方案	据需要确定	1. 明确技术路线、预期成果，编制工作方案； 2. 梳理主要分析内容； 3. 确定主要技术方法，选定模型与参数	水资源评价科
分析评价	根据实测资料，对降水量、蒸发量、地表水资源量、地下水资源量、水资源总量、出入境水量与入海水量、主要湖库蓄水动态等进行分析评价	每年不少于1次	1. 细化水资源量分析评价要素、指标参数； 2. 确定分析评价范围、数据系列长度； 3. 开展基础资料可靠性、代表性、一致性检查或修正，确保基础数据翔实、准确、可靠； 4. 根据具体模型分析需求，开展参数筛选、率定、验证	水资源评价科
成果协调	协调流域、区域分析评价成果	每年不少于1次	1. 开展不同相关要素之间的成果合理性检查与分析，相互验证，协调统一； 2. 开展相邻区域、水域间的相关成果的衔接分析，并无明显矛盾与冲突； 3. 开展水资源数量分析成果与同期供用耗排之间的合理性分析，应协调一致； 4. 开展环比、同比及多年均值比较，分析成果差异原因	水资源评价科
报告编制	开展成果报告编制，适时开展必要的专家咨询或成果审查	每年不少于1次	1. 报告内容完整、格式规范统一； 2. 论证严谨、充分，逻辑性强； 3. 表述准确清晰； 4. 完成时效性符合工作方案要求	水资源评价科
成果报送	履行技术管理要求、行政管理流程，审定发布最终分析评价成果	每年不少于1次	1. 履行相关工作人员、部门及领导等审签程序； 2. 报告发出后，若有更改与变化，要及时告知相关方并得到确认； 3. 整理与报告相关的通知、纪要、基础资料、咨询意见、成果报告等材料，以纸质、电子档二种介质分别存档备查	水资源评价科

2. 水资源质量

水资源质量分析与评价任务包括编制技术大纲、水质分析评价、编制评价报告、审查评价报告、成果报送。

水资源质量分析与评价任务清单见表2.27。

表2.27 水资源质量分析与评价任务清单

工作名称	工作内容	实施时间及频次	工作要求与成果	责任部门
编制技术大纲	按相关文件及标准要求，编制分析评价报告技术大纲	接到任务通知后，及时组织编制	1. 成立评价工作组，明确职责分工； 2. 编制工作方案，明确技术路线、预期成果及时序安排； 3. 开展方案咨询或讨论，充分征询领导专家、学者、管理层意见或建议； 4. 根据征询或讨论意见，修订完成工作方案，填制意见反馈统计表	省局及分局水质科
水质分析评价	对地表水及地下水水质进行分析评价	按技术路线时间要求完成	1. 收集整理各类基础资料，并开展资料可靠性、一致性检查或修正，确保基础数据翔实、准确； 2. 选用合适的分析方法或可靠的计算模型，开展分析评价	省局及分局水质科
编制评价报告	按报告大纲编制评价报告	形成初步分析评价成果后	1. 汇总分析成果，对其内容与形式再次复核，包括文字、图表及附件等； 2. 形成水质分析评价报告，报告要求表述清晰、准确、规范，结论客观、合理、可信	省局及分局水质科
审查评价报告	将报告交各级负责人校核、审核、审定	评价报告编制完成后	1. 逐级审查，评价报告定稿； 2. 如有需要，征询相关部门、专家意见，修改完善报告	省局及分局水质科
成果报送	分析评价成果报送相关部门和单位	评价报告定稿后	1. 根据省局信息管理要求，履行相关工作人员、部门及领导等审签程序，提交报告接收单位，并履行交接人员签字手续； 2. 成果报送保证时效性； 3. 相关材料记录归档	省局及分局水质科

3. 水文情报

水文情报分析与评价管理任务包括分析评价任务制订、报告编制、汇总校核、审查和发布。

水文情报分析与评价任务清单见表2.28。

表2.28 水文情报分析与评价任务清单

工作名称	工作内容	实施时间及频次	工作要求与成果	责任部门
任务制订	根据相关要求，制订任务清单，修订编制要求	每年汛前修订任务清单和技术要求；临时性任务根据要求一周内形成	1. 形成任务清单； 2. 应明确任务要求、时间节点、技术要求等必要信息； 3. 明确任务完成人员、业务流程或技术路线； 4. 规定汇总校核审查发布要求与流程	水情科

续表

工作名称	工作内容	实施时间及频次	工作要求与成果	责任部门
报告编制	按编制要求开展编制	根据任务清单规定开展编制	1. 完成成果编制工作； 2. 严格按照时间节点完成编制，确保时效性； 3. 按照相关技术要求编制，内容简洁精炼	水情科
汇总校核	对分析内容汇总，成果数据校核	成果完成后随即开展	1. 形成分析成果送审稿； 2. 分析成果应不少于“一算一校”； 3. 汇总重点应考虑成果的体例格式、叙述方式的一致性； 4. 校核重点应考虑数据的“三性”审核和成果的合理性分析	水情科
审查	按照规定流程进行技术审查	分析成果完成后	1. 形成分析成果发布稿； 2. 明确审查方式和审查流程； 3. 确定审查人员与要求	水情科
发布	发布相关分析成果	按照要求发布分析成果	1. 按照发布权限发布分析成果； 2. 明确发布范围和对象	水情科 办公室

4. 水土流失

水土流失分析与评价主要任务为水土流失面积分析、编制水土保持监测年报。管理任务包括方案制订、分析评价、成果协调、审核发布。

水土流失分析与评价任务清单见表 2.29。

表 2.29　水土流失分析与评价任务清单

工作名称	工作内容	实施时间及频次	工作要求与成果	责任部门
方案制订	按照相关文件要求和标准制订工作方案，征询相关部门与专家领导意见，编制公报大纲	每季度 1 次	1. 成立报告编制组，制订工作方案，明确职责分工； 2. 组织人员编写报告大纲，经内部讨论后征询相关部门及领导意见； 3. 修改完善后形成报告大纲，逐步丰富内容	水保科
分析评价	计算全省水土流失面积、强度、空间分布，发布监测站成果，介绍生产建设项目水土保持监管监测和水土保持治理工程效率评价情况等	每年不少于 1 次	1. 收集监测站点资料； 2. 筛选站点、复核监测数据； 3. 利用遥感技术计算水土流失面积、强度，进行空间分布分析； 4. 分析评价水土流失变化； 5. 复核生产建设项目信息化监管监测成果，发布违法违规项目查处情况； 6. 计算国家重点工程综合治理效益	水保科

续表

工作名称	工作内容	实施时间及频次	工作要求与成果	责任部门
成果协调	协调流域、省、地级市分析评价成果	每年不少于1次	1. 编制完成报告初稿； 2. 对成果进行咨询，检查成果的一致性，协调形成最终准确、可靠、合理的成果	水保科
审核发布	成果校核、审核	每年不少于1次	1. 根据咨询意见修改完善，形成最终版，按流程校核、审核； 2. 联系上级单位、相关部门或新闻媒体，进行发布	水保科

2.7 水文预测预报

水文预报的管理内容包括水情预报、水资源数量预测、水资源质量预测、水土流失预测四个方面。

水情预报工作按《江苏省洪水作业预报工作规程（试行）》（水文〔2020〕84 号）执行。

（1）主要江河湖库代表站为预报站，其中流域性、区域性洪水调度依据站为省级一类重要预报站；流域性、区域性支流控制站或代表站为省级二类重要预报站；省级一类、二类重要预报站以外，需要开展洪水预报的站点和为农业、交通、旅游等行业服务的专用预报站点为其他预报站。

（2）根据雨情、水情和汛情的发展程度，省级一类重要预报站水位超过历史最高水位或保证水位时为一级水情；省级一类重要预报站水位将要超过但尚未超过历史最高水位或保证水位、省级二类重要预报站水位超过历史最高水位或保证水位时为二级水情；省级一类、二类重要预报站水位将要达到或超过警戒水位时为三级水情；汛期即为四级水情。

1. 水情预报管理

水情预报管理任务包括预报方案的制订与修编、预报任务下达、预报作业的执行、预报会商发布、预报精度考核。

水情预报管理任务清单见表 2.30。

表 2.30 水情预报管理任务清单

工作名称	工作内容	实施时间及频次	工作要求与成果	责任部门
预报方案的制订与修编	确定需要新编和修编预报方案的水文站点及预报项目，研究预报方法，分析预报模型及参数	与水利规划同步；每年汛末	1. 下发需要新编和修编预报方案的水文站点名录； 2. 根据水文站点特性选择合适的水文预报模型、方法和参数； 3. 确认预报方案说明书内容完整，主要技术成果及应用图表完整，预报步骤清楚	水情科
预报任务下达	实时检查作业预报的完成情况，评价预报的准确性	每年汛前；遇特殊雨水情时	1. 明确预报站点及其预报项目； 2. 明确预报标准； 3. 行文下发预报任务书	水情科
预报作业的执行	实时检查作业预报的完成情况，评价预报的准确性	全年	1. 严格按照预报任务执行； 2. 检查预报成果的合理性； 3. 确认预报成果	水情科
预报会商发布	参与流域预报会商，组织省内区域预报会商	雨水情达到一定标准时	1. 提交相关流域机构省内测站预报成果； 2. 收集省内相关区域预报成果； 3. 统一省内区域预报成果； 4. 按相关要求发布预报成果	水情科
预报精度考核	对分局预报成果的精度考核，对省局预报会商成果的精度考核	每年汛末	1. 考核预报频次的合格率； 2. 考核预报要素精度； 3. 分析缘由，总结经验和教训	水情科

2. 水资源数量预测管理

水资源数量预测管理任务包括编制方案、建立模型、资料整理、预测作业四个方面。

水资源数量预测管理任务清单见表 2.31。

表 2.31 水资源数量预测管理任务清单

工作名称	工作内容	实施时间及频次	工作要求与成果	责任部门
编制方案	确定预测的区域，编制预测方案，征询相关部门与专家、领导意见，修改完善工作方案	据需要确定	1. 成立评价工作组，明确职责分工； 2. 形成方案报告，为后续预测预报提供技术路线及指导	水资源评价科
建立模型	优化预测方法，建立预测模型，率定模型参数	据需要确定	1. 确定预测模型； 2. 确定初始参数； 3. 模型搭建完善	水资源评价科

续表

工作名称	工作内容	实施时间及频次	工作要求与成果	责任部门
资料整理	整理区域下垫面分布情况，整理所需站点降水、蒸发等水文资料，确定预见期内降雨预报成果	据需要确定	1. 资料完整，满足模型所需； 2. 资料通过“三性”检查分析	水资源评价科
预测作业	输入基础水文资料、降水预报成果、边界条件及模型参数等，输出预报成果，开展成果可靠性检验	据需要确定	形成报告成果	水资源评价科

3. 水资源质量预测管理

水资源质量预测管理任务包括：背景调查、方法确定、结果预测、结果分析。

水资源质量预测管理任务清单见表 2.32。

表 2.32　水资源质量预测管理任务清单

工作名称	工作内容	实施时间及频次	工作要求与成果	责任部门
背景调查	水环境基础资料收集，周边情况调查	发生突发水环境事件时	1. 掌握预测水域历史数据与敏感目标； 2. 调查全面、客观	省局及分局水质科
方法确定	根据水域特点及污染物特征指标，选取适当的技术方法及预测因子	发生突发水环境事件时	1. 选取适当的评价项目； 2. 筛选模型、训练算法，修正各项参数权重，确定预测方法； 3. 方法需合理、可行	省局及分局水质科
结果预测	分析计算相关水质指标	发生突发水环境事件时	利用算法或模型形成初步预测结果	省局及分局水质科
结果分析	对预测结果进行合理性分析	发生突发水环境事件时	1. 对预测结果进行合理性检验； 2. 进一步优化技术方法，确定预测值； 3. 编制水质变化趋势预测报告及成果图	省局及分局水质科

4. 水土流失预测管理

水土流失预测管理以年度消长分析为主要内容，包括资料收集、方法确定、遥感解译、外业核查、消长分析、合理性审查、成果报送等。

水土流失预测管理任务清单见表 2.33。

表 2.33 水土流失预测管理任务清单

工作名称	工作内容	实施时间及频次	工作要求与成果	责任部门
资料收集	收集行政区边界信息、地形、降水、土地利用、遥感卫星影像等资料	每年更新1次	整理成可供计算分析的标准数据	水保科
方法确定	根据技术规范对上年方法进行补充修订，编制实施方案	每年	形成实施方案	水保科
遥感解译	对遥感图质量、过程技术进行规范化控制	每年	每年提交工作报告	水保科
外业核查	解译标志检验和补充、专题信息验证、解译中疑难点解决、现场调查复核等	每年	形成野外解译标志库，实地调查登记表、照片或视频	水保科
消长分析	县级行政区为基本对象，分析水土流失总面积以及各级侵蚀强度面积的动态变化	每年	形成土壤侵蚀强度转移矩阵分析表和动态对比分析报告	水保科
合理性审查	对成果的形式、精度、合理性以及内容完整性等进行复核	每年	形成专家审查意见	水保科
成果报送	成果向流域水行政主管部门和部水土保持监测中心报送	每年	形成动态监测成果报告、专题图表、省级水行政主管部门成果审查意见	水保科

第三章　管理标准

3.1　一般要求

（1）针对管理任务，依据行业标准和有关规定制订相应的管理标准和管理要求。

（2）管理标准内容齐全、准确具体，主要涉及水文站网、水文测验、实验室检测、水文分析评价、水文预测预报、水文信息传输与存储等方面。

（3）当自然条件、设备状况及需求发生变化时，及时修订相应管理标准和管理要求。

（4）管理单位及部门开展管理标准和管理要求的学习与培训，建立学习培训台账。

3.2　水文站网

结合水文站网管理任务清单内容，从设施管理、仪器设备管理、测站环境管理、站务管理、测站任务书管理、站网管理等六个方面提出管理标准。

3.2.1　设施管理

设施主要包括管理用房和辅助设施，以及水位、流量、降水量、水面蒸发量、水土保持等测验项目观测设施。设施管理主要包括对管理对象开展日常检查、定期检查和特别检查，其中日常检查每月上旬应开展一次，定期检查每年汛前、汛后各开展一次，特别检查在发生大洪水、台风或工程事故等特殊情况时及时开展。针对管理对象开展的检查标准要求如下：

1. 管理用房和辅助设施

（1）管理范围内建筑物：主体结构完好，墙体无破损、渗漏现象，门窗完好，门窗开关灵活。平顶屋面无杂物垃圾、大面积积水现象，防水层未老化，屋面与墙体无开裂、翘边、封口脱开、空鼓等现象。

（2）管理范围内混凝土建筑物：无裂缝及破损现象，自记台混凝土引桥无不均匀沉降，表面无裂缝、破损现象，混凝土防撞保护构件无倾斜、裂缝、破损或断裂现象。混凝土护坡无塌陷等现象。

（3）管理范围内土石方建筑物：块石护坡无翻起、塌陷现象，块石挡墙无倾斜、损坏现象，土工建筑物无雨淋沟、塌陷现象，测井内外无淤积现象。

（4）管理范围内附属设施：道路路面完好、干净，无垃圾杂物堆放，路基无坍塌、沉陷；围墙无损坏，栅栏未生锈，院门开关灵便，水电设施无异常，引桥、踏步表面清洁；排水畅通，测井及屋内钢筋爬梯无锈蚀和松动情况。

2. 水位观测设施

（1）水位观测平台：墙面和屋面无裂隙、破损，室内整洁、卫生，地面平整，无隆起等变形现象；防护设施（门、窗、锁、栅栏、护栏）无损坏；室内桌、椅、台及仪器设备等摆放有序，上墙板牌等无破损。

（2）水尺：水尺桩或护桩安装牢固，无被外力撞击的痕迹；水尺（组）设置便于观测，无行船撞击或其他人为损坏等安全隐患，护桩牢靠；水尺尺面干净、刻度清晰、未锈蚀；能测到最高、最低水位。

（3）水准点：水准点保护井、井台及井盖无被外力撞击或坍塌的痕迹，水准点附近无土建施工。

3. 流量（含沙量）测验设施

（1）缆道房：整洁，门窗完好，无漏雨、渗水等现象；灭火器按要求配备、摆放，在有效期内。

（2）断面设施：护坡完好，无硬质护坡的河岸无异常冲刷、坍塌；断面桩、基线桩无倾斜、损伤，警示牌完好。

（3）水文缆道：缆道支架与拉线锚碇附近土壤无雨水冲刷淋沟，无崩塌或人为取土现象；支架未倾斜，无锈蚀或遭人为损坏；拉线拉紧度适度；锚碇无位移，附近地基无裂纹、崩坍、沉陷、松动等现象；钢支架防雷接地符合要求；钢丝绳主索垂度符合设计要求，无残留油污，连接紧固、索卡无松动；缆道主索一般每年上油 1 次，工作索每年上油不少于 2～3 次，其他运行钢丝绳每年上油不少于 2～3 次；绳索与锚碇接头部分每年至少检查 1 次，需涂柏油或黄油进行养护；绳夹压盖卡在主绳上，夹头的松紧以压扁索径的 1/5～1/3 为度；钢丝绳局部损伤，如断股和扭坏不能解开时，可将扭坏部分截去，采用插股编结方法进行编结；断面索不能有折痕，检测断面索的刻度标志，若影响起点距的准确性，应及时校正或更换；需定期对断面索涂油保护；滑轮运转时转动灵活，无异常声响。

（4）操控台：绞车外观整洁，减速箱无渗油现象；运行状态下，运转平稳，无异常声响，电机无异常发热，制动正常；操控台液晶显示屏受阳光直射，内外无尘迹污垢，运行正常；铅鱼停放稳妥，河底信号托板与鱼体分离。

4. 降蒸测验设施

(1) 观测场:围栏牢固,无破损、锈蚀;场地平整,观测场内外环境整洁,绿化植草高度不超过 20 cm,无杂草。

(2) 附属设施:仪器设备基座及其附属物无损坏;场内仪器设备按照规范要求合理布设,雨量计仪器之间、仪器与栏栅之间间距不小于 2 m;雨量计至障碍物边缘距离大于障碍物顶部与承雨器口高差的 2 倍;排水系统及照明设备安全可靠。

(3) 其他:附近无对观测场安全构成影响的不确定性因素以及妨碍正常观测的障碍物、杂物等,如防护栏栅不得高于 1.2 m,障碍物顶部与承雨器口高差的 2 倍距离内不应有建筑物、不应栽种树木和高秆作物等。

5. 水土流失监测设施

(1) 保证径流小区各项基础设施的完好性。

(2) 裸地小区保持连续裸露休闲状态,全年没有明显植物生长或结皮形成,经常锄草,保持植被盖度小于 5%。

(3) 禁止人畜进入小区,检查边墙是否损毁、歪斜、漏水等,出现问题及时修补。

(4) 农作小区应根据当地农作习惯种植作物,进行田间管理,如苗床准备、播种、中耕除草等。

(5) 控制站径流堰不能漏水,测井进水口和堰口无杂物堵塞,经常清理堰前河床和沟道淤积。

(6) 导流管内无堵塞、漏水现象,泥沙采样器、集流桶、径流自记仪内无昆虫等异物。

3.2.2 仪器设备管理

测验仪器设备是指水文测站直接用于水文要素测验的仪器设备,包括测量仪器及测具、降蒸观测仪器、水位观测仪器及测具、流量测验设备及仪器、泥沙测验仪器及测具、墒情监测仪器及测具等。仪器设备管理主要包括对管理对象开展日常检查、定期检查和特别检查,其中日常检查每月上旬需开展一次,定期检查每年汛前、汛后各开展一次,特别检查在发生大洪水、台风或测验数据异常等特殊情况时及时开展。针对管理对象开展的检查标准要求如下:

1. 水位观测设备

(1) 水尺:表面清洁,刻度清晰,如表面出现裂痕或者破损等现象,要及时更换水尺。当水尺周围缠绕水草、漂浮物等杂物时,需及时清理。当水尺桩遭到船只等撞击,造成水尺桩倾斜或者部分水尺倾斜时,需及时修复。当水尺无法观测水位时,需另设临时水尺进行人工观测。

(2) 水位传感器:外表应清洁,面板显示水位值正常且与 RTU 终端、基本水尺水位一致。水位传感器信号连接线缆接头无松动，线盘转动灵敏，紧固螺母无松动。

（3）传动部件：传动部件无损伤，活动无阻滞；悬索无相互缠绕隐患，长度适中，浮子与平衡锤的活动范围大于历史最高水位与最低水位之差 0.5 m 以上。

（4）其他：周边无对水尺、水位台安全构成影响的其他不确定性因素，如船只碰撞危险、临时河道施工工程等。

2. 降雨量观测设备

（1）雨量器（计）：外观清洁，无破损、变形；各部件无锈蚀、损坏；器身稳固，桶体垂直、器口水平；雨水通道畅通；每年用分度值不大于 0.05 mm 的游标卡尺从均匀分布的 3 个不同方向测量器口直径，确保测量器口直径误差在±0.6 mm 内；每年用水准器或水平尺检查承雨器口面是否水平 1～2 次。

（2）雨量桶及储水瓶：干净、无积水。

（3）遥测雨量计：滤网清洁，漏斗背面无蜘蛛、昆虫等；接线无松动，底座水平气泡居中，翻斗清洁，翻转灵敏，干簧管固定螺丝拧紧；信号连接线缆接头牢固可靠。

（4）注水试验：汛前、汛后清洗后应开展注水试验，保证人工注入量杯水量与仪器测量值误差控制在±4%以内。

3. 水面蒸发量观测设备

（1）蒸发器：各部件无损坏；蒸发器未发生位移、变形，蒸发桶器口高差小于 0.2 cm；测针插座未松动，观测时相关部件操作灵活。

（2）蒸发桶：蒸发桶外壁与水圈内壁间隙应小于 0.5 m，蒸发桶内应清洁，无青苔、孑孓等浮游生物及漂浮物；水圈排水孔底和蒸发桶溢流孔底应在同一水平面上；土圈完整，外围防坍墙牢固，土圈内无杂草，大雨后土圈内填土无流失。

（3）溢流桶等：溢流桶、溢流井内无溢流存水，溢流井井盖盖严；溢流排水孔无堵塞，溢流管无老化破损，两端连接密实，溢流桶无漏洞。

4. 流量（含沙量）测验设备

（1）流速仪：每次使用后，应立即按照仪器说明书规定的方法拆洗干净，并加仪器润滑油；流速仪装入箱内，转子部分要悬空搁置；长期储藏备用的流速仪，易锈部件必须涂黄油保护；仪器箱要放于干燥通风处，并远离高温和有腐蚀性的物质，仪器箱上不能堆放重物。

（2）走航式 ADCP：ADCP 探头、三体船干净，不能与强酸、强碱、强腐蚀性物体接触，探头、电台周边无强电磁物体；每年汛前或仪器出水后要对仪器进行保养；测量结束后，要先切断电源，防止烧坏仪器，并对仪器进行常规检查；仪器设备要放于干燥通风处，并远离高温和有腐蚀性的物质，仪器和设备上不能堆放重物。

（3）固定式 ADCP：探头附近水域无水草、垃圾、淤泥等杂物，安装支架无松动，电缆完好，电压正常，支架无锈蚀现象；固定式 ADCP 姿态正常，仪器横摇、纵摆角度无异常；内部测流时间准确。

5. 测量设备

(1) 水准仪:每年汛前应进行全面检验与校正;螺丝或转动部分如发生阻滞不灵时,需立即检查原因,在原因未弄清楚之前,切勿过分用力扭扳,以防损伤仪器;在施测过程中要注意保护仪器,避免阳光直晒仪器,如突然遇雨,需立即盖上物镜,套上防雨罩或收入仪器箱内;仪器在使用完毕后,要按照仪器说明书的要求将各部件擦拭干净,特别是水汽需妥慎擦干,然后妥慎收藏在仪器箱内。

(2) 水准尺、尺垫:当水准尺出现缺陷裂缝、碰伤、划痕脱漆,尺的底部磨损、碰撞变形等情况时需及时更换;水准测量结束后,应及时将水准仪、水准尺、尺垫按要求进行养护、收纳。

6. 水土保持监测设备

定期对天平的计量性能进行检测,如发现天平不合格要立即停用,并送交专业人员修理。天平经修理、检定合格后,方可使用。

经常用软布将烘箱表面擦干净,保持烘箱表面清洁,防止表层脱漆影响外观。烘箱内应经常擦拭,以免腐蚀性物质黏附在内胆上,影响烘箱使用寿命。

玻璃仪器应在实验完毕后使用软毛刷清洗,分类存放在柜中,放置稳妥,高大的玻璃仪器放在里面,需要长期保存的磨口仪器要在塞间垫一张纸片,以免日久黏住。

轮式自动采样器箱体底部和汇流箱内无淤泥、堵塞情况,安装要平稳,且要保持水平。

对于翻斗式径流自记仪,要及时清理淤泥、树叶、昆虫等杂物,定期检查和疏通出水口,保证出水通畅。

定期检查雨量传感器的器身是否稳定、器口是否水平,每次巡视时要注意清除承雨器内的昆虫、尘土、树叶等杂物,保证水道畅通。

径流小区耕种时,因墒情传感器埋深较浅,应避免在墒情传感器放置区域翻土,防止翻土器具损伤传感器。

3.2.3 测站环境管理

测站环境包括测站的站容站貌、标识标牌设置以及监测环境保护等,其中站容站貌、标识标牌要求全年每月检查1次;无人值守站每月不少于3次检查,并在汛前、汛后各进行1次全面检查。对测站环境管理标准如下:

1. 站容站貌

(1) 办公场所:室内应保持清洁卫生、无蛛网积尘;门窗洁净完好,开关灵活、密封,无渗水;地面平整,地砖及地胶等无损坏开裂,表面及接缝处无污渍积尘;内外墙面无空鼓裂缝、无污渍剥落;相关制度上墙;办公桌椅固定放置,物品摆放整齐,不摆放与办公无关的物品;资料文件摆放整齐。

（2）测验环境：测验设施周边无垃圾杂物，观测场内草木等应定期修剪养护，无荒草枯枝；监控设备安装牢固、布置合理，重点区域无阴暗死角；标志、标牌完好洁净、安装牢固，无变形损坏；自记台、缆道房（支架）、观测场（围栏）等建筑物上无乱拉乱挂；外墙无乱写乱画。

（3）测验环境保护：在测验保护范围内禁止从事下列活动，包括种植树木、高秆作物，堆放物料，修建建筑物，停靠船只；取土、挖砂、采石等危害水文监测设施安全、干扰水文监测设施运行、影响水文监测结果的活动。

（4）水、电安全：进水管完好、接头无渗漏，出水管无破损、无堵塞；室外水管、水龙头要做好安全与防冻保护；配电房外观完好、整洁，门锁无锈蚀脱落，无异常响声；用电设备的电线应整洁、无缠绕破损，室外电缆标志桩位置醒目，无倾倒、缺失；各类开关、插座面板清洁，使用正常，无过载焦痕；办公电脑、打印机、空调等设备定期检查用电安全；照明灯具完好，安装牢固，室外照明灯柱无倾斜，灯罩无松动破损。

2. 标识标牌

测站在合理、醒目位置设置测站标识标牌。标识标牌包括站牌、仪器标牌、行业标识牌、指令类标识牌、警示类标牌以及二维码标牌等。

（1）水文（位）站站牌：按规范样式制作，并在测站管理房大门显著位置设置1处水文（位）站站牌，没有测站管理房的测站可悬挂于水位观测平台上。水文、水位站含一站多断面的可标注断面名称，按断面数分别悬挂；雨量站站牌根据观测场实际情况可采用地面式或直立式的金属或石材等制作。

（2）仪器标牌：仪器设备标牌在不影响仪器操作的前提下在醒目位置布置，设置数量与监测设施设备数目一致。采用粘贴设置时，确保表面平整，粘贴高度宜为160 cm。采用支架设置时，支架应牢固可靠，标牌距离地面高度宜为80 cm。以上高度均指标识标牌下沿距地面距离。

（3）水文行业标识牌：在测站办公地点主要建筑物明显位置设置1处水文行业标识牌；断面桩应在国家基本水文站测验断面位置设立，数量不少于2处；基线桩、界桩等标识可参照断面桩设置要求设置在相应位置；准点保护标识牌应在场地醒目位置设置。数量与设置的水准点数量一致。

（4）指令类标识标牌：指令类标识标牌包括各类规章制度、测站简介、人员分工、仪器设备操作、各项水文要素观测以及属站管理等规定，需按长宽比3∶2设计制作并在水位观测房、水文缆道房、办公用房、生产用房、会议室等水文技术装备操作运行、水文基础设施运行使用的场所悬挂。

（5）警示类标牌：水文监测环境保护公告牌应在监测地点醒目位置处设置1处。警示标线应在重要仪器设备、潜在危害地点设施、消防设施周边设置，数量根据设施数量自行确定。禁止（警告）标识牌可在存在高压、触电、机械伤害、坠落、溺水、地质灾害等具有潜在危害的地点、场所或设施处设置。数量根据需要禁止(警告)行为的数量确定。

(6) 二维码标识:二维码标识的尺寸为 20 cm×12 cm 或 10 cm×6 cm,可根据测站情况按需设置。

水文站二维码分别张贴于缆道房、水位台及降蒸观测场;降水量观测场二维码张贴于观测场入口处右侧栏杆处;对于未设置降水量观测场的可张贴于仪器正面基座上方下沿居中处;水位站二维码分别张贴于上下游生产用房及降蒸观测场;地下水站二维码张贴于机箱站牌上方居中处;水质站张贴于站牌正下方 5 cm 居中处,仅设有取水断面的水质站,在断面附近设置断面桩,张贴于断面桩上方;墒情站二维码张贴于墒情站附近围栏处,高度宜为100 cm;报汛站二维码张贴于机箱中间处。水保站二维码张贴于站牌正下方 5 cm 居中处。

3. 监测环境保护

(1) 监测河段周围环境保护范围:沿河纵向以水文基本监测断面上下游各一定距离为边界,不小于 500 m,不大于 1000 m;沿河横向以水文监测过河索道两岸固定建筑物外 20 m 为边界,或者根据河道管理范围确定。

(2) 监测设施周围环境保护范围:以监测场地周围 30 m、其他监测设施周围 20 m 为边界。

3.2.4 站务管理

站务管理包括人员岗位管理、仓库管理、资料管理、安全管理等。站务管理标准具体如下:

1. 岗位管理

测站根据实际情况设立岗位,制订岗位责任,明确到人并根据实际情况进行及时修订。

监测中心或分局(管理处)负责每年检查测站岗位责任制的落实情况,并对人员执行岗位责任制情况进行考核。

岗位责任制应上墙展示,上墙要求按标识标牌管理要求执行。

2. 仓库管理

测站仓库仪器设备要摆放整齐,分类存放,并配有识别标签。

仓库管理应制订出入库管理台账,并做好出入库、检定、报废登记等。

每月对监测仪器设备进行检查,及时开展检验,流速仪应每年检测一次。

仓库内存放物品应分类合理、摆放整齐,有防潮或需特殊保护的物品应有相应存放措施,每半年开展一次仓库物品检查。

3. 资料管理

测站档案资料统一存放,并做好目录、使用记录等。

水文测验资料管理要分清管理责任,严禁丢失。

资料交接要做到“上不清，下不接”，并严格办理交接手续。

4. 安全管理

测站需建立安全生产责任制，编制安全生产应急预案，开展安全生产应急演练，参加安全生产培训学习。

每年汛前、汛中、汛后要进行三次安全生产大检查，检查范围主要包括生产、办公及生活区等，重点排查测站监测环境、设施及生产中的安全隐患。

配备齐全的安全生产设施及防护设施。

发生安全事故时要及时向上级部门报告，并按有关规定及时处置。

3.2.5 测站任务书管理

测站任务书是测站工作安排和部署的主要依据，也是评定测站工作完成情况的标准。对测站任务书的管理主要包括制订、修编、管理及检查等内容，具体管理标准如下：

1. 测站任务书制订

对于新设站，在设站的同时要编制测站任务书，明确测站任务，加强测站管理，确保水文测报质量，满足设站目的和测站功能要求。

测站任务书由水文分局(省属水利工程管理处)起草编制，上报省水文局批准后实施。

测站任务书编制需一式四份，省水文局、水文分局(省属水利工程管理处)、监测中心、水文测站各保存一份。

2. 测站任务书检查

各水文分局(省属水利工程管理处)每年应定期或不定期检查测站任务书的执行情况。

省局对全省测站任务书执行情况开展不定期检查。

3. 测站任务书管理

省水文局负责全省水文站网的统一管理，未经省水文局批准，不得任意裁减观测项目、简化测报任务，不得任意撤销各类辅助站、调查站及属站。

4. 测站任务书修编

测站任务书每 3～5 年或测站任务发生较大变动时应进行修订。

测站任务书的解释和修改权属省水文局。

对于上级布置的不在任务书之列的其他任务，按提出的要求完成监测工作。

3.2.6 站网管理

站网管理包括站网计划的下达、站点的布设以及站网规划的编制，具体管理标准如下：

1. 站网计划

每年年底前由省局站网、水质、水保、水情等科室提出下一年度全省地表水、地下水、水质、水保、报汛等站网计划，并由省局发文布置。

站网计划中包括测站监测项目、监测频次、监测时间等。

省局每年对站网计划执行情况进行检查。

省局发文布置的年度站网计划应能保证水文监测资料的完整性、连续性，能很好地为防汛防旱、水资源管理、水环境保护及水土保持等水利和其他涉水部门服务。

2. 站点布设

在开展前期查勘、站址比选、站址确定等站点布设技术分析的基础上，根据实际需要进行站点布设，并按相关流程进行审核、报备。

(1) 对基本站的布设，由监测中心组织收集测站站址及测验河段基本信息，相关分局组织编制技术分析材料并提出可行性实施方案，经省局审核后按行政许可流程报送。

(2) 对专用站的布设，若区域内有国家基本水文测站覆盖，仍需设立专用水文测站的，应当就设站的必要性做出说明，并按照管理权限报省水文机构或流域管理机构批准。其中，因交通、航运、环境保护等需要设立专用水文测站的，有关主管部门在批准前，应当征得省水文机构同意。

(3) 专用站达到国务院水行政主管部门规定的国家基本水文测站标准的，经省水文机构与该专用水文测站设立单位协商一致，并由监测单位按照“水文测站设立、调整审批”行政许可程序报请批准后，方可将其作为国家基本水文测站管理，其监测资料纳入省水文机构水文资料整汇编。

(4) 对临时站，由设立单位自行确定。

3. 站网规划

站网规划应根据《江苏省水文条例》及《水文站网规划技术导则》(SL 34—2013)等要求编制，并向省级水行政主管部门报批；针对特殊需求，可依据水文要素监测规律，编制专用水文站网规划。站网规划一般10年更新一次，也可针对特殊需要编制专用站网规划。

(1) 站网规划中测站设站年限需根据观测系列样本的代表性以及对统计量的精度要求进行确定。用统计检验方法确定短期站的设站年限，可借用邻近长期站的资料系列进行估算。

(2) 水库、湖泊应在较大出入库(湖)河道控制断面布设水文、水位站；在沿水流方向上水面明显束窄或展宽的位置应布设水位站；经常受变动水位影响的水库库尾或湖泊出流段附近应重点布设水位站。

(3) 在大河干流上，可根据多年平均输沙量的沿程变化，按下述直线原则，先估算布站数目的上限和下限，然后根据需要与可能，从现有流量站中，选定泥沙站。以任何两相邻测站之间多年平均输沙量的递变率不小于20%～40%为原则，估算布站数目的上限。在干流沿线的任何地点，以内插年输沙量的误差不超过±(10%～15%)为原则，估算布站数目的下限。在条件特别困难的地区，内插的允许误差可为±20%。

（4）降水量站网规划包括面降水量站规划和配套降水量站规划。面降水量站应能控制月、年降水量和暴雨特征值在大范围内的分布规律，应长期稳定。配套降水量站应与小河站或区域代表站同步配套观测，控制暴雨的时空变化，求得足够精度的面平均降水量，以探索区域降水量与径流之间的转化规律。降水量站的布设应符合相应规范要求。

（5）水面蒸发站网规划应能反映蒸发量空间变化，满足流域面上蒸发计算和研究水面蒸发的地带规律等需要。

（6）地下水站宜监测地下水位、地下水开采量、泉流量、地下水温、地下水质等项目。地下水站网应能完整掌握地下水动态，探求地下水运动规律。

（7）墒情站是监测土壤含水量的水文测站。规划的墒情监测站网应能完整收集土壤墒情信息，以满足防旱抗旱减灾、水资源管理、国家粮食生产安全、水利建设规划、畜牧业发展等方面的需要。

（8）若测站已达到设站目的，或受工程影响不能满足防汛抗旱、水资源管理等需求，应综合考虑测站重要性、资料系列等具体情况，适时调整。

3.3 水文测验

结合水文测验管理任务清单内容，从常规测验、水文测量、水文巡测、水文调查、应急监测、水文报汛、资料整编等七大方面提出管理标准。

3.3.1 常规测验

常规测验包括流量、水位、降蒸、水温、植被等测验项目，对不同测验项目从测验频次确定、测验技术选用、测验设备比选等方面提出管理标准。

1. 流量测验

流量测验管理标准包括河流流量测验、水工建筑物测流、声学多普勒测流等，具体可分别参照《河流流量测验规范》(GB 50179—2015)、《水工建筑物与堰槽测流规范》(SL 537—2011)、《声学多普勒流量测验规范》(SL 337—2006)等执行。水土保持径流量测量执行《江苏省水土保持坡面径流场监测操作手册(试行版)》。

流量测验测次应根据高、中、低各级水位的水流特性、测站控制情况和测验精度要求，合理分布于各级水位和水情变化过程的转折处。水位流量关系稳定的测站测次每年不应少于15次。水位流量关系不稳定的测站测次，应满足推算逐日流量和各项特征值的要求。当发生洪水、枯水超出历年实测流量水位时，应对超出部分增加测次。

水文站所选用的测验方法应是当前较为成熟且已应用于生产实践，满足一定精度要求的，并且其测站（断面）的水流特性、测验条件、测验精度应满足相关要求。

（1）采用浮标法测流时，测验河段顺直长度应大于上、下浮标断面间距的 2 倍。

（2）采用比降-面积法测流时，测验河段顺直段应满足比降观测精度所需的长度。

（3）采用量水建筑物测流时，要求测验河段水面不宽、水量不大、比降较大、含沙量较小，河段顺直长度应大于行近河槽最大水面宽度的 5 倍。

（4）采用时差法测流时，要求测流河段含沙量较小、悬浮物较少、测验河段顺直、均匀，且无水草生长和气泡。测验河段水草丛生、漂浮物较多的，可采用电磁法。

（5）测验河段在非高含沙量（或清水）区域时，可采用声学多普勒法。

（6）采用其他新的流量测验技术时，应根据《河流流量测验规范》(GB 50179—2015）推荐的流量测验方法进行比测试验，并进行成果精度评定；多线多点流速仪法的流量测验成果可作为率定或校核其他测流方法的标准。

各种方法所使用的仪器在测站正式投入使用前，应与流速仪进行比测，并且比测宜在水流相对平稳时进行，并应在高、中、低不同水位（或流量）级下均匀分布测次；比测有效次数不应少于 30 次；比测随机不确定度不应超过 6%，比测条件较差的不应超过 7%；系统误差不应超过 1%，条件较差的不应超过 2%。

2. 水位观测

水位观测要求按《水位观测标准》(GB/T 50138—2010）相关要求执行。

1）河流站、湖泊站

采用人工观测水位的，在水位平稳时，每日 8 时观测 1 次，水位观测记至厘米（下同）。在水位变化缓慢时，每日 8 时、20 时观测 2 次，枯水期 20 时观测确有困难的站，可提前至同日 17 时观测。在水位变化较大或出现涨落较缓慢的峰谷时，采用四段制观测，即每日 2 时、8 时、14 时、20 时观测 4 次。洪水期或水位变化急剧时期，可视情每 1～6 h 观测 1 次；暴涨暴落时，根据需要加密测次，至每半小时或若干分钟观测 1 次，准确测得出现的峰、谷水位和完整反映水位变化过程。当测站上下游受人类活动影响或分洪、决口而造成水位有变化时，应及时增加观测次数。

2）水库站、堰闸站

水库坝上站、入库站基本水尺水位的测次，按河道站的要求布置，并在水库涵闸放水、洪水入库、水库泄洪时，根据水位变化情况加密测次，水库坝下基本水尺水位的测次，按河道站的要求布置，并在水库泄洪开始和泄洪终止前后加密测次。

堰闸上下游基本水尺水位的测次，按河道站的要求布置，并在每次闸门变动前后加密测次，闸上下游水位同时观测。用堰闸测流的测站，应观测闸门开启高度、孔数及流态。

3）潮水位站

潮水位观测的次数应能测到潮汐变化的全过程并满足水情拍报的要求，潮水位观测精度记至厘米，时间记至分钟。人工观测的测次间隔不大于 30 min，潮落变化比较大的，测次间隔不大于 15 min，在高、低潮出现前后，测次间隔不大于 5 min；数字自记的，测次间隔一般不大于 5 min，有波浪影响的宜采用 1 min 的测次间隔观测记录，以满足平滑处理进行消浪滤波的需要；模拟自记的采取连续记录，一般记录周期宜一周以上。

水位用某一基面以上米数表示，一般读记至 0.01 m。人工观测记录采用冻结基面，报汛采用废黄河口基面，绝对基面采用 1985 国家高程基准基面。

观测时间应记录至 1 min。观测员应每天将使用的时钟与北京时间校核 1 次，时间误差不得超过±3 min。

校核水位时，水位误差不超过±2 cm，日时间记录误差机械钟不超过 5 min。

按规范要求填写统一格式的原始数据记载表，并填写台账记录表。各类填写完成的表格由专人妥善保管，不得随意涂改、调换、销毁。

在水位观测设备选择上，对于人工观测设备优先选择直立式水尺；当直立式水尺设置或观读有困难时，可选择倾斜式水尺和其他观测方式；在易受航运、漂浮物影响的断面，可选用矮桩式水尺。当断面情况复杂时，可按不同水位级分别设置不同形式的水尺。

选用自动水位计时应满足国家现行有关标准要求，使用合格的产品，并符合国家水文质检部门的准入许可要求。

3. 降水量观测

降水量观测包括测记降雨、降雪、降雹的时间和水量，可参照《降水量观测规范》(SL 21—2015)执行。

降水量读记精度为 0.1 mm；每日降水以北京时间 8 时为日分界，即以前一日 8 时至本日 8 时的降水总量作为前一日的降水量；每日 8 时观测 1 次，有降水日在 20 时巡查仪器，遇暴雨时适当增加巡查次数。

降水量观测仪器分人工和自记两种类型。人工雨量器适用于驻测的雨量站观测液态和固态降水量。自记式雨量计适用于驻测和无人驻测的雨量站观测液态降水量。虹吸式雨量计适用于驻测的雨量站观测液态降水量。

4. 水面蒸发量观测

水面蒸发量观测可参照《水面蒸发观测规范》(SL 630—2013)执行。

若两次观测数据差值不大于 0.2 mm，即可取其平均值作为观测值；若大于 0.2 mm，应检查测针座是否水平，待调平后重新进行两次观测。在测记水面高度后，应目测针尖或水面标志线露出或没入水面是否超过 1.0 cm，超过时应向桶内加水或汲水，使水面与针尖(或水面标志线)齐平；每次调整水面后，都应按上述要求测读调整后的水面高度两次，并记入记载簿中，作为次日计算蒸发量的起点。如器内有污物或小动物时，应在测记蒸发量后捞出，然后再进行加水或汲水，并将情况记于附注栏内。

在蒸发器选用上，国家基本水文站应采用标准水面蒸发器进行观测。凡新改用标准水面蒸发器的站，应进行新、旧蒸发器同步观测1年以上。

5. 水温观测

一般水温观测包括地表水水温观测、地下水水温观测，以及蒸发器内水温观测等，水温以摄氏度(℃)计。

采用刻度不大于0.2℃的水温计，使用的水温计需定期进行检定。

每日8时观测1次，与水位观测同步进行；冬季进入稳定封冻期后，若所测水温连续3～5天皆在0.2℃以下，即可停止观测。

6. 植被调查

植被调查执行《江苏省水土保持坡面径流场监测操作手册(试行版)》。

每15天(每月1日、15日)观测每个径流小区的乔木郁闭度、灌草作物覆盖度、地面覆盖度和植被平均高度。径流小区产流发生后，加测一次植被乔木郁闭度、灌草作物覆盖度、地面覆盖度。

3.3.2 水文测量

水文测量包括高程测量、断面测量、地形测量等。每年汛前、汛后或洪水过后，测量项目开始之前需要制订水文测量方案。水文测量主要从测站考证、水准测验成果等方面提出具体管理标准。

1. 测站考证

测站考证是对与水文要素观测相关的环境条件因素及其变化情况进行分析，一般不对水文要素数值(原始观测值或成果)做出相关的订正或修改。

存在沉降情况的地区，测站考证期不超过5年；地质稳定、不受沉降影响的，测站考证期不超过10年。

水文站、水位站的测站考证应包含测站的地理位置、测站沿革，测验河段和附近河流情况，断面的布设情况和相对位置，断面的变动情况，基面以及测站的引据水准点、基本水准点、校核水准点的变动情况及统计，测站上下游主要水利工程情况和可能受工程影响的情况说明，水系及测站平面位置图，测站地形图，测验断面、测验设施及设备布置图等。

降水量站、水面蒸发量观测站的测站考证应包含测站的地理位置、测站沿革，观测场周围情况、地形地貌、气象条件、气流条件、建筑物影响、植被情况等，观测场的布设情况和设备相对位置，观测设备仪器型式的变动情况，观测场地的绝对高程，设备器口离地高度，水系及测站位置图，测站地形图或平面示意图。若测站为非地面站，还应考证所在建筑的结构形式、周围相互情况，如高度、底面情况。

2. 水准测验成果

水准测验成果包括高程测量、断面测量和地形测量成果，是进行勘测建站、水文测验和开展水文调查等水文业务的重要工作成果。

1）高程测量

宜采用 1985 国家高程基准。

水文测站基本水准点高程应以国家一、二等水准点为起算点，用不低于三等水准测量方法引测；条件不具备时，也可从国家三等水准点引测。

水文测站校核水准点高程应以水文测站基本水准点为起算点，用三等水准测量方法引测；当条件不具备时，可用四等水准测量方法引测。

断面基点(断面控制桩、点)的高程，可从测站基本水准点或校核水准点，以不低于四等水准精度要求引测，岸上部分转折点可采用五等水准测量。

水尺零点高程测量基本同于四等水准测量，采用双面水准尺进行往返测量，如用单面水准尺，往返均采用一镜双高法。

井口固定点及附近地面高程，基本监测站采用四等水准测量，统测站采用不低于五等水准测量。

2）断面测量

新设水文测站的基本水尺断面、流速仪测流断面、浮标中断面和比降断面等均应进行大断面测量。

大断面测量包括水下和岸上部分的测量。岸上部分应测至历年最高洪水位以上 0.5～1.0 m;对于河滩地较宽的河流，可只测至洪水边；有堤防的河流，应测至堤防背河侧的地面；无堤防而洪水漫溢至与河流平行的铁路、公路、围圩时，应测至其外侧。

大断面和水道断面的起点距，宜以左岸断面端点桩作为起算零点，起点距以 m 为单位。水面宽在 5 m 以下时记至 0.01 m，5 m 以上时记至 0.1 m。

两岸断面桩之间或固定点间的距离，应进行往返测量，边长相对误差应不大于 1/500。以后单程测量与原测结果的相对双误差不大于 1/500 时，可只进行单程测量。

3）地形测量

水文测站的地形应在建站初期进行测量，重测时间应不超过 20 年。

水文测站地形测量分为岸上和水下两部分，岸上和水下地形测量宜同时进行。因特殊原因不能同时进行时，落水期应先测水下后测岸上，涨水期则相反。测量时应避免出现成图空白区域。

河道站在垂直水流方向的宽度，应测至历史最高洪水位以上 0.5～1.0 m;滩地较宽的河流应测至漫滩边界，有堤防的河段应测至堤防背河侧的地面。在顺水流方向，应包括对水位流量关系起控制作用的全河段，其长度应大于宽度，滩地较宽的可适当变通；水库、堰闸、渠道站应包括各观测地段。

地形测量应采用平面直角坐标系。

地形图选用的测图比例尺，应使测验河段在正常水位的水面宽不小于图上 3 cm。宜选用 1∶1 000、1∶2 000、1∶5 000 比例尺，小测区也可选用 1∶5 00 比例尺。图幅尺寸可选用（长×宽）：40 cm×40 cm、40 cm×50 cm 或 50 cm×50 cm。

进行地形测量作业之前，应对所用仪器、测具进行全面检查校正。

3.3.3 水文巡测

针对不同水文要素的巡测，分别从完成管理任务的角度提出管理标准。

1. 水位、降雨量巡查

开展巡测的水文站其水位宜实现全程自记，发生特枯水位或特大洪水无法自记时，及时恢复人工观测。

平水期每季度巡测检查不少于 1 次，洪水期间应根据当时实际情况和要求增加巡测检查次数，发现仪器或设施有异常情况时应及时进行巡测检查。常年无水的站点一年检查不少于 2 次，主要对仪器设备进行保养。

用于建立水位-流量关系的水位站必须配置备用水位自记仪器，备用仪器应具备自动采集、自动存储、自动远传等功能，无人值守站的备用仪器平时宜处于热备份状态。

雨量站一般每年巡测检查不少于 2 次，特大暴雨过后，应对暴雨中心区域监测站点巡检 1 次。

对个别站发生的局部暴雨，应进行必要的暴雨调查，验证雨量站的监测值是否存在误码等非正常现象。

发生固态降水时，降水量根据实际情况合并处理。

实施巡测的水文站的水位、降水量采用自记资料整编。

水位起伏较大，过程线呈锯齿状的测站，可根据水位变化趋势进行中线拟合，拟合后的水位与瞬时水位相比最大不超过断面平均水深的±1%，断面平均水深小于 2 m 时误差不超过 2 cm，断面平均水深大于 5 m 时误差不超过 5 cm，坝下站或水位起伏度级别超过 2 级的站不超过 10 cm。

水位、降水量可根据需要选择全年摘录、汛期摘录、重点时段摘录。

2. 流量巡测

流量巡测任务每年下达 1 次，主要根据各区域水文特性和相关需求，制订年度巡测任务。当发生下列情况时，需开展水文巡测。

水位-流量关系呈单一线，或水力因素与流量或流量系数的关系呈一条或一簇关系线，或者经过单值化处理后，水位-流量关系线（或推流关系线）呈单一线，流量定线达到规范规定的允许误差，流量可实行巡测。

采用流量-输沙率关系法整编，定线达到标准规定的允许误差，且不需要实测沙峰和悬移质泥沙过程者，悬移质输沙率可实行巡测。

实行巡测的水文站，应根据河流水文特性和测站特征多测高水或根据需要多测低枯水。对于水位-流量关系曲线的延长，高水部分不宜超过当年实测流量所占水位变幅的30%（干旱区占40%），低水部分不超过10%，且高水插补延长的精度应符合相应规定。

新设的巡测水文站，应遵守"先详后简"的原则，积累详测资料，并按规范规定分析论证后，再综合其他巡测条件，纳入巡测规划，实行巡测。

各类精度的水文站，有7年及以上资料，经分析论证实测流量的水位变幅已控制历年（包括大水、枯水年份）水位变幅80%以上，历年水位-流量关系或其他水力因素与流量的关系满足相应要求的，可实行间测。

水文巡测工作根据工作量，每3～10天开展1次巡测。执行任务时需根据水情特点制订详细巡测方案，明确监测频次、测验方法等。

巡测方案应综合考虑巡测辖区测站的分布、交通状况及条件、测站特性、洪水泥沙特性、测验时机分析成果和人力资源配置等情况，并包括巡测站选取的合理性、巡测时间选取的合理性、巡测方案可操作性等分析内容。巡测方案由开展巡测的单位编制，并报具备相应管理权限的水文机构批准后实施。

开展巡测分析前，应对水文站设站目的进行分析，以此决定资料整编精度要求。

采用流量在线监测系统资料整编的，可采用连实测流量过程线法；采用单一曲线法整编且实行间测的站，间测年份可采用上一年度或历年综合关系线整编。

实行间测的水文站停2～5年测一年的停测年份，可用历年综合水位-流量关系（或其他水力因素间的关系）推流。停一年测一年的停测年份，可采用前一年水位-流量关系曲线推流。

初设站，实测资料不足，若采用水力学方法或在线监测系统流量模型率定尚未完成，可只整编实测成果，待条件具备后再对历史资料进行整编。

本年度流量测次数量不够定线的，可采用3～5年实测流量或断沙测点定综合线，也可采用3～5年实测点滑动定线。

3. 泥沙巡测

国家基本泥沙站，应施测悬移质输沙率和含沙量。

实行巡测的泥沙站，应根据测站条件和流量测验方案，采用全年巡测或驻巡结合等不同方式进行悬移质泥沙测验。

实行巡测的泥沙站，可采用历年的降水量、流量及悬移质输沙率等实测资料，或有效的物理成因参数进行流量-输沙率关系分析，建立较稳定的经验关系。

各类泥沙站，经分析其在某一水位级（或流量级）内含沙量均小于 0.005 kg/m^3，或二、三类泥沙站，经分析其在某一水位级或流量级内累计三个月以上的时段输沙量占多年平均输沙量的比值小于 3.0%时，可对这一水位级或流量级内的含沙量实行停测，含沙量作零处理，悬移质输沙率可实行停测或间测。

采用悬移质泥沙在线监测系统资料整编的，可采用断沙过程线法；实行间测并采用单沙-断沙关系的单一线法整编资料的水文站，输沙率间测期间只测单样含沙量的，采用历年单沙-断沙综合关系线或近年关系线整编。

3.3.4 水文调查

水文调查包括流域基本情况调查、水量调查、暴雨洪水调查、枯水调查、其他专项调查五大类，分别从完成管理任务的角度提出管理标准。

1. 流域基本情况调查

（1）流域基本情况调查主要是针对流域下垫面发生变化或需要新设水文监测站点展开的。

（2）调查范围：主要针对下垫面变化或新设水文监测站所在站点内相对闭合或边界能控制的区域开展。

（3）收集资料与调查内容：地理位置、地形地貌、地质、土壤、植被、水土流失等情况；主要河流（渠道）、湖泊、水库等水体水系情况及几何特征值；历史和现有的各类水文、气象测站的位置、设站时间、观测情况，各项水文气象要素的月均值、年均值和极值等特征值；水库、堰闸、水电站、灌区、取水口、蓄滞洪区、跨流域调水、水土保持等各种水工程的名称、位置、数量、规模和建成时间等基本情况；水文测站附近的水准点位置、等级、采用基面和高程等情况；社会经济发展概况，水资源概况，农业、工业、生活及生态用水情况；历史上发生的较大洪、涝、凌、旱等灾害的时间、范围、主要地段和受灾损失等情况；水质及水污染状况；流域地形图。

（4）调查报告内容：自然地理与社会经济，主要河湖与水利工程，下垫面现状与变化情势，结论与建议。

（5）结论中要明确流域下垫面变化对水文监测影响的可能性及大小程度或明确新设水文监测站是否能满足设站要求。

2. 水量调查

（1）水量调查主要是针对调查区内供水、用水、耗水、排水情况展开的。

（2）调查范围：由上级或同级水行政主管部门指定的区域或因工作需要指定开展的区域。

（3）收集资料与调查内容：自然地理与社会经济，主要河湖与水利工程，产业结构布局，供水水源(分地表水、地下水、非常规水源)、供水工程(蓄、引、提、调)及供水量,用水量(生产、生活、生态用水或其他用水)及用水水平(主要包括工业行业用水水平、农田灌溉水有效利用系数、农田主要作物灌溉定额、城市与农村居民生活用水定额等),排水口及排水量,污水处理厂布局、设计能力及实际处理量等。

(4) 调查报告内容:自然地理与社会经济,调查资料的合理性,主要河湖与水利工程,供水量及变化分析,用水量及变化分析,排水量及耗水量分析,结论与建议。

(5) 结论中要明确区域现状年与规划水平年的可供水量、用水水平是否先进、企业废污水排放是否达到相关接管标准、污水处理厂尾水排放水质是否达到相关排放标准等。

3. 暴雨和洪水调查

(1) 当暴雨具有下列情况之一时宜进行暴雨调查:次暴雨或最大 1、2、3、6、12、24 h 点暴雨量的重现期达到或超过 100 年一遇;水文测站洪水重现期超过 50 年一遇的相应面暴雨;造成重大人员伤亡、财产损失的暴雨。

当水文站发生下列情况之一的洪水时,应进行洪水调查:未调查的历史洪水;排位进入历史前三位的洪水;重现期超过 50 年一遇的洪水;漏测实测系列的大洪水;造成重大人员伤亡、财产损失的洪水;造成河堤决口、分洪、滞洪的洪水。

一般来讲,暴雨和洪水调查是同时进行的,暴雨后产生的是洪水、发生洪水的缘由多是暴雨因素。

(2) 调查范围:根据超标准暴雨覆盖范围或超标准洪水的水文站、造成重大事故地上游汇水面积确定,也可适当扩大调查范围。

(3) 收集资料与调查内容:自然地理与社会经济,调查资料的合理性,实时及历史水文站的雨量、水位、流量监测信息,其他行业的水文气象信息,特殊点的暴雨强度、水位高低、水体淹没程度、流量大小的定性描述,水利工程调度情况,灾情损失情况,等等。

(4) 调查报告内容:自然地理与社会经济,调查资料的合理性,天气气象,点暴雨、面雨量分析(短历时、长历时、覆盖面积、暴雨点面关系、雨量排频等),水量分析,洪水成因分析,水利工程调度分析,结论与建议。

(5) 结论中应明确各历时点暴雨、面雨量的频率,洪峰、洪量的频率,区域防洪除涝的工程措施与非工程措施建议等。

4. 枯水调查

(1) 当河流发生历年某时段最低、次低水位或流量时,应进行当年枯水调查。

(2) 调查范围:发生历年某时段最低、次低水位或流量河流的汇水区或相应集水区。

(3) 收集资料与调查内容:自然地理与社会经济,调查资料的合理性,水文站实时及历史雨量、水位、流量监测信息,其他行业的水文气象信息,水利工程调度情况,灾情损失情况,等等。

（4）调查报告内容：自然地理与社会经济，天气气象，站点水位或流量分析，枯水成因分析，水利工程调度分析，结论与建议。

（5）结论中应明确最低、次低水位或流量的排频成果，区域抗旱的工程措施与非工程措施建议等。

5. 专项调查

专项调查是根据除以上调查外开展的有特殊要求的调查。专项调查应根据调查的目的来确定调查方式、范围和内容以及报告编写内容，具体管理标准可参照上述调查管理标准进行。

3.3.5 应急监测

结合工作任务，从应急管理体系、技术方法、技术装备、应急保障、演练培训等方面提出具体管理要求。

1. 应急监测管理体系

省水文局成立省水文应急领导小组，领导小组下设办公室，具体承担全省水文应急监测事务管理工作。省水文应急领导小组设立水文应急监测队、应急监测组、预测预报组、应急通信组和后勤保障组。

省水文应急领导小组组长由省水文局主要领导担任。省水文应急领导小组办公室由省局分管水文测验副局长担任，成员由省水文局各业务科室主要负责人组成。

（1）应急监测队

成员由省局青年技术骨干组成，主要负责省内重大突发水情事件水文应急监测外业工作、省内重大水污染事件水质应急监测外业工作；负责水文、水质应急监测现场信息分析和初步评估；负责协调、指导各分局应急监测队的应急监测工作。

（2）应急监测组

成员由站网科、水质科、水情科等业务骨干组成，主要负责制订应急监测工作方案和计划；负责组织现场水文应急监测和监测成果的审核、汇总；负责组织开展水文应急能力建设，拟定开展相关水文应急监测业务培训和专项演练计划；负责组织对各分局编制的水文应急监测预案进行审查。

（3）预测预报组

成员由水情科、水质科人员组成，主要负责各类突发水情和水污染事件中与水文应急测报相关的分析评估和预测预报。

（4）通信保障组

成员由通信网络科、信息应用科人员组成，主要负责全省水文计算机网络通信保障及通信设施设备的检查、配备工作。

（5）后勤保障组

成员由办公室、财务科、纪律监督室人员组成，主要负责应急工作期间资金、物资、车辆用船调配以及生活等后勤保障工作，负责应急工作信息上报，应急工作期间宣传扎口管理等工作；负责水文应急监测期间的纪律督察工作。

各水文分局成立市级水文应急监测队，按本辖区内应急监测预案要求，负责并完成本辖区内突发水事件应急监测工作，应急监测队主要成员由各水文分局水文监测技术骨干人员组成。

水文应急监测必须要有预案，并要及时进行修订；预案应根据突发水事件类型及水文应急工作的需求进行编制，内容应包括总则、组织指挥体系及职责、预警和预防机制、应急响应、应急监测、保障措施、安全措施、后期处置、附则及附录等。

2. 技术方案

水文应急监测站点设置应充分运用现有站网，并根据需要增设监测站点。

流量应急监测主要有以下几种方法：

（1）电波流速仪桥测法。选取应急监测断面附近的公路桥，在预先布置好安全警示设施后，在桥面根据水面宽度布设适当条数的测速测深垂线，选用电波流速仪进行水面流速测量，选用超声波测深仪进行水深测量，选用合适的水面流速经验系数，计算断面流量。

（2）浮标法。在应急监测断面附近选择地势较高、通视安全的地方或房顶等固定建筑物平台设置高程基点，选用免棱镜全站仪，采用极坐标法测水面漂浮物，水道断面面积可通过事先测量或借用断面方法获取，选用合适的水面浮标系数计算断面流量。

（3）无人机测流法。与浮标法原理相似，无人机搭载电波流速仪直达过流断面，通过布设垂线方式施测表面流速，水道断面面积可通过事先测量或借用断面方法获取，选用合适的水面流速经验系数计算断面流量。

（4）比降面积法。应急监测断面附近有水文测站的，可借助水文站比降水尺和基础水文资料，使用比降一面积法进行推流。该方法采用河道糙率值及上下游比降观测资料，确定水位和糙率的关系曲线，采用曼宁公式计算断面流量。

（5）水量平衡法。应急监测断面流量占主河道总流量比例较大，主河道流量测验安全便捷时，可在主河道上下游便于施测的位置各设 1 处断面，采用走航式声学多普勒流速剖面仪法或流速仪法施测主河道流量，通过水量平衡原理推求应急监测断面流量。

（6）间接法。当应急监测断面主河道上下游有效距离内有水文测站时，可用间接法计算应急监测断面流量。对洪峰涨落较缓的大江大河中下游河段，可利用水文测站的流量资料，推求应急监测断面处的流量；根据应急监测断面处主河道上下游水文测站的监测资料，利用水文站的相关经验曲线和水位-流量关系曲线，采用作图法求得断面流量。

（7）体积库容法。利用淹没区地形图和水位-库容曲线，采取体积库容法计算应急监测断面流量。

(8) 遥感法。可利用飞机或其他飞行器具以及卫星遥感进行应急监测断面流量测验。

(9) 估算法。溃口(分洪)最大流量可采用宽顶堰流量计算公式法、经验公式法或其他简便方法估算。

水位观测根据监测需要和测验河段条件，在应急监测断面布设临时水尺，架设雷达水位计或压力水位计。特殊情况下无法采用水尺和自记水位计观测时，可采用免棱镜全站仪架设在安全地带观测或者采用江苏 CORS 观测。具备高程引测条件的，开展高程引测；不具备高程引测条件的，采用假定高程。

地形测量可采用无人机对测验河段进行正射影像或倾斜摄影，制作数字高程模型(DEM)、数字正射影像图(DOM)，配合 DEM 将 DOM 进行校正，拼接生成完整的区域地图后，将区域地图整体导入软件中进行测图，生成大比例尺地形图和三维仿真地形图。

决(溃)口形态、淹没区测量可采用三维激光扫描仪、无人机测绘、全站仪免棱镜法对溃口宽度、淹没范围、淹没深度及水位进行施测。在无法开展溃口测量时，可采用经验公式对溃口宽度进行估算。

3. 技术装备

水文应急监测装备应包括仪器设备、通信与网络设备、应用软件及安全、交通、生活等装备，并应满足性能优良、操作简单、运行可靠、野外环境适应性良好等要求。

省局及各分局应在充分发挥现有水文测报装备作用的基础上，根据应急工作的特点和需要，加强应急监测车、机动测船、全站仪、水准仪、计算机、双频 GPS 定位仪、雷达水位计、超声波测深仪、走航式 ADCP、手持式电波流速仪、便携式流速仪套装、对讲机、移动电话、数码照相机、激光打印机、车载电源、大功率探照灯等测流设备设施、应急交通工具等装备建设。

4. 应急保障

水文应急监测保障应包括经费保障、后勤保障、通信保障、技术保障、应急支援保障及培训演练保障等。

经费保障：各单位在每年防汛经费、水资源经费预算额度中控制 10%作为水文应急工作费用，用于保障应急监测的演练、实施及评价工作。

后勤保障：提前落实好生活、交通、安全等各项保障措施；做好应急监测期间的新闻宣传报道。

通信保障：充分依托国家防汛抗旱计算机网络，加强水文应急监测专用计算机及网络设备的配置，提高水文应急监测信息的传输效率，并合理配置水文应急监测专用通信设备，确保在应急情况下通信畅通。

技术保障：水文应急监测精度参照国家现行有关标准执行；在保证人员、装备安全的前提下，应提高监测成果精度；在特殊情况下，可适当放宽，并备注说明。水文应急监测中所收集的影像资料、文字记录及调查报告等成果，应刻录成光盘并长期保存。

应急支援保障：水文应急监测一般按所辖区域开展工作，特殊情况下，省局可调配全省应急监测人员、物资、设备开展联合应急监测。

培训演练保障：省局和分局保障每年开展一次水文应急监测演练，举办一次与应急监测相关的培训。演练和培训人员以应急监测队员为主。

5. 演练与培训

省局每年至少组织开展一次水文应急监测培训，参加人员以省级水文应急监测队队员为主；各水文分局选取3～5名监测技术骨干参与省局组织的水文应急监测培训。

省水文局每年组织开展一次全省综合水文应急监测演练，提高应急监测队伍实战经验和水平，提升处置突发事件时的组织指挥、部门协调、现场控制、紧急救援的综合应对能力，确保一旦发生突发事件，能迅速投入应急处置。各水文分局按省局要求选派监测技术骨干参与省局组织的水文应急监测演练，必要时各市水文分局应急监测队均应参与演练。

3.3.6 水文报汛

1. 报汛任务委托下达

(1) 报汛任务应能有效支撑防汛抗旱、水资源管理等方面工作，满足实时雨水情分析评价、水文预测预报等水情业务需求；同时，应充分考虑测验条件、监测能力、传输手段等因素。

(2) 报汛任务应明确报送站点及其等级（中央报汛站、省级重点报汛站、其他报汛站等）、报送时段（全年、汛期、工程运行期等）及频次、报送项目、报送方式（人工、自动）、起报条件、加报标准等。

(3) 每年5月1日至次年4月30日为一个报汛周期。

(4) 每年应于下一报汛周期开始前至少2个月完成报汛任务征求、调整、审核流程，并于下一报汛周期开始前至少1个月以报汛任务计划形式委托下达至报汛单位。

2. 水情信息交换

(1) 报汛信息交换单位、站点、内容等应按照报汛任务书要求严格执行。

(2) 报汛信息交换因故中断时，应立即逐级上报至省局，并说明原因和预计恢复时间。汛期，报汛信息交换中断不得超过2小时，关键时期不得超过1小时；非汛期，报汛信息交换中断不得超过6小时。

(3) 非水文系统站点按报汛要求将水情信息及时报送至当地水情分中心。

(4) 各类站点报汛要素及要求按照相关报汛技术要求执行。

(5) 水位、雨量信息应尽量采用遥测数据报汛，实行1小时1报，其中，日、旬、月雨量必报；发生固态降水及影响期间，人工编报日降水量。

(6) 沿江主要潮位站须报两高两低潮位。

(7) 49座大中型水库（含油车水库）全年逐时报水位、蓄水量，全年报逐日8时、日均出库流量以及闸门变动情况(开、关、调整等)、闸门变动时的瞬时流量,特殊水情加报。

(8) 小水库仍按《关于加强水库实时信息报送工作的通知》(国汛〔2012〕10号)的要求报汛。

(9) 沿江沿海闸坝站全年编报日、旬、月引排水量信息。

(10) 墒情自动站全年编报逐时墒情,人工站每月1、6、11、16、21、26日8时编报墒情。

(11) 抽水站开机、停机或运行机组合数信息变动,堰闸站开闸或闸门启闭变动时,应及时编报工程运行状态变动和瞬时流量,工程运行期间报送日均流量。

(12) 报汛信息交换单位应定时检查登记报汛信息交换情况,遇有问题,及时处理上报。遇有台风、暴雨等灾害性天气或其他影响报汛信息正常交换的突发性事件时,应增加定时或不定时检查次数。

3. 报汛质量控制

(1) 报汛质量控制涉及单位、站点、内容等应严格按照报汛任务书要求执行。

(2) 报送项目、报送方式应按照各站类报汛技术要求执行。

(3) 发现报汛信息有误时,应立即更新入库,并做好登记。

4. 报汛质量考核

(1) 水情信息质量采用时效性、错报率、更正报率进行评定。

水情信息报送时效性用到报率表示,即各类实时水情信息在规定报送时间内,到达各级水文机构的正确报文数量占报文总数量的百分数。

错报率指错误报文数量占报文总数量的百分数。错报包括格式错误和数据错误两种。

格式错报指报文不符合《水情信息编码》(SL 330—2011),且在规定报送时间内无正确更正报文的报文。数据错报指报文格式准确、内容错误的报文。

更正报指超过规定报送时间,采用修正报文或删除报文格式编发的报文。更正报率指更正报文数量占错报报文总数量的百分数。

2) 水情信息报送质量按优秀、良好、合格、不合格四个等级考核。

水情信息报送质量等级考核标准见表3.1。

表3.1 水情信息报送质量等级考核标准表 单位:%

考核等级	到报率	错报率	更正报率	水文基础数据	其他
优秀	≥90	<0.5,其中数据错报率<0.05	≥98	准确	
良好	≥80	<0.1,其中数据错报率<0.1	≥95	准确	
合格	≥70	<0.2,其中数据错报率<0.2	≥90	准确	
不合格	<70	>0.5,其中数据错报率>2	<90	出现严重错误,并造成严重影响	因报汛工作失误造成不良影响

3.3.7 资料整编

结合工作任务，从在站整编、分局审查、省局复审、流域汇编、全国终审的基本要求、成果质量等方面提出具体管理要求。

1. 在站整编

在站整编主要包括水位、降水量、水面蒸发量、流量、地下水等测验项目，包含原始观测记录、遥测数据、定线资料、整编成果表、考证表、鉴定表等。

每月 4 日前完成本站上月原始资料的整理并送监测中心进行整编。

次年 1 月 3 日前按要求及时完成本站上年度资料整编。

每月完成整编数据录入及一校、二校工作，雨量整编要求遥测雨量和自记雨量资料均纳入整编，刊印遥测资料整编成果。

2. 分局审查

中心负责组织辖区各测站资料在站整编及中心资料的审查工作，并派员参加分局组织的水文资料审查。

分局每年 10 月中旬完成流量定线工作。

每年 11 月上旬前，完成 1—10 月资料的分局整编工作。

次年 1 月上旬前，完成全年资料的分局整编工作。

分局资料整编时，测站应上交原始记录、电子数据文件及相关成果打印文件。整编要对照上年度年鉴刊印成果进行审核。

3. 资料复审

每季度或每半年开展，每年 1 月 12 日前完成全年复审。整编成果应满足项目完整、图表齐全，考证清楚、定线合理，资料可靠、方法正确，说明完备，规格统一，数字准确、符号无误的要求。

整编成果应无系统错误、无特征值错误，其他数字错误不应超过 1/10 000。

参加流域汇编的卷册资料质量标准，按照一般数字错误计算的差错率不超过 1/10 000，且无系统错误和特征值错误。

4. 卷册汇编

每年 1 月 15 日前完成上一年度资料汇编工作。

按流域水系开展水文年鉴分卷册审查，邀请浙江、上海、安徽等省(市)参与。

资料整编管理标准参照水文行业标准和淮河、太湖流域相关补充规定执行。

5. 流域审查(全国终审)

参加长委、淮委、太湖流域管理局水文局组织的流域水文年鉴审查。

6. 资料保存

终审完成后的数据装入数据库，并移交省局相关科室。

纸质材料交水文发展基地档案馆保存。

3.4 实验室检测

结合实验室检测管理任务清单内容，从场所管理、采样及样品管理、检测管理、质量控制管理、能力提升管理等五个方面提出管理标准。

3.4.1 场所管理

场所管理包括日常监管、定期监管、应急监管。日常监管在检测期间每日 1 次；定期监管每季度 1 次；应急监管每半年 1 次。主要管理对象为通用设施管理、环境条件管理。

1. 通用设施管理

(1) 实验室配置照明设施，灯光在室内均匀分布，避免出现阴影妨碍分析和观察。主要检测场所配置必要的通风排风设施设备，满足通风、排风要求；配置必要有效的消防设施，如灭火器材、沙箱等。实验室设置应急冲淋装置，能随时使用。气瓶配置专用柜或固定装备。根据需要配置必要的安全防护器具，如防毒面具、橡皮手套和防护眼镜等。

(2) 精密天平、大型精密仪器、样品、试剂药品等应尽可能设置专用房间存放，并配备温湿度计。检测项目有环境条件要求的，应满足环境条件可控。

(3) 仪器设备应安放在稳固、防振的实验台上，防止振动和移位；精密仪器应根据需要配置稳压电源，避免突发性断电损坏仪器设备；精密仪器室、天平室应保持所需要的温湿度条件，根据需求配备控温、除湿设备。

(4) 实验室配置必要的附属设备(橱柜、货架等)，保证必要的溶液、玻璃器皿等妥善放置。

(5) 实验室照明和工作用电线路分离，用电接地良好，安全可靠，各区域供电容量满足检测要求。

(6) 实验室自来水供水稳定、满足检测需求，上下水系统可靠。

(7) 供数据整理、学习、休息等属办公性质的用房，与检测区域稍有隔离。

2. 环境条件管理

(1) 实验室干净、整洁、明亮、安静，窗户材质和层数应满足防尘、避光、保温等要求，检测区域布局合理、功能齐全、环境条件可控。检测室、前处理室、仪器室等可以采用大间、小间搭配的方式，相互隔离。仪器室与相应的前处理室尽可能邻近，以方便操作。实验室顶棚和墙面以白色为宜，地面耐腐蚀、防渗漏，底层地面防潮。主要检测区域防振、防尘、防火、防潮，隔热良好。

(2) 对影响检测质量的区域的进入和使用应加以控制，避免外来因素干扰检测质量。实验室检查区域应设置明显标识、提示，对重点区域（大型仪器设备、细菌检测、危化品保存、仓库等）的进入和使用应加以控制，安全控制区（消防器材、应急冲淋、气瓶等）应有警示标识。

(3) 对不相容活动的相邻区域应进行有效隔离，防止交叉污染现象发生。

(4) 实验用水按《分析实验室用水规格和试验方法》(GB/T 6682—2008)，根据检测项目的要求制备。实验室产生的废水、废气及其他有害物质按《实验室废弃化学品收集技术规范》(GB/T 31190—2014)、《水环境监测实验室安全技术导则》(SL/Z 390—2007)和环保要求处理。

(5) 天平室无振动源，避免阳光直射，环境条件满足天平使用要求。

3.4.2 采样及样品管理

采样及样品管理主要从采样计划制订和审批、采样计划实施、样品管理等三个方面提出管理标准。

1. 采样计划制订和审批

(1) 分中心接到检测任务后制订采样计划并确定采样人员。采样计划应包括任务来源、质控要求、采样时间、采样人员、采样方法、采样点数、采样项目、样品储藏工具、运输工具等。

(2) 采样计划经中心技术负责人批准后实施。

2. 采样计划实施

采样计划实施主要从地表水采样实施、地下水采样实施、水生态采样实施等三个方面提出管理标准。

1) 地表水采样实施

(1) 采样频次和时间应按照年度水资源质量监测方案执行。

(2) 当水深小于 5 m 时，在水面下 0.5 m 处设置采样点；当水深为 5～10 m 时，分别在水面下 0.5 m 处、河底上 0.5 m 处设置采样点；当水深大于 10 m 时，分别在水面下 0.5 m、河底上 0.5 m、水深 1/2 处设置采样点。

(3) 采集的样品应在时间和空间上具有足够的代表性，能反映水资源质量自然变化和受人类活动影响的变化规律，符合水资源管理与保护的要求。充分考虑水工程调度与运行、入河污染物随水文情势变化在时间和空间上对水体影响的过程与范围。宜以最低的采样频次，取得最具有时间代表性的样品；既要满足反映水体质量状况的需要，又要切实可行。

(4) 应根据监测目的与要求，选用合适的自动或人工采样方法采集样品。

(5) 采样器应有足够强度，且使用灵活、方便可靠，与水样接触部分应采用惰性材料。

采样容器在使用前应先用洗涤剂洗去油污，用自来水冲净，再用浓度为10%的盐酸荡洗，自来水冲净后备用。

（6）水样装入容器后，应按规定要求立即加入相应的固定剂摇匀，贴好标签；或按规定要求低温避光保存。

（7）采样时应用签字笔或硬质铅笔做好现场采样记录，填写“水质采样记录表”，字迹应端正、清晰，项目完整。

（8）采样结束前，应核对采样计划、填好水样送检单、核对瓶签，如有错误或遗漏，应立即补采或重采。

（9）感官指标的观测：用相同的比色管，分别取等体积的水样和蒸馏水作比较，对水的颜色进行定性描述。现场记录水的气味（嗅）、水面有无油膜和泡状等。

（10）水温、pH、溶解氧、电导率、透明度、感官性状等监测项目应在采样现场采用相应方法进行观测或检验。现场使用的监测仪器应经检定或校准合格，并在使用前进行仪器校正。

（11）采样时，测量并记录气象参数，如气温、气压、风向、风速和相对湿度等。

（12）采样人员应通过岗前培训考核，持证上岗，切实掌握采样技术，熟知水样固定、保存、运输条件。

（13）采样人员不得擅自变更采样位置，采样时应保证采样按时、准确、安全，断面、垂线、采样点的位置准确；必要时，使用定位仪（GPS）进行定位。当不能抵达指定采样位置时，应详细记录现场情况和实际调整的采样位置。水体异常可能影响样品代表性时，应立即进行现场调查并分析影响原因，及时调整采样计划和增设断面或垂线、测点，并予以详细记录。

2）地下水采样实施

（1）利用水位测量井进行采样时，应先量测地下水位，然后再采集水样。

（2）采样时，采样器放下与提升的动作要轻，应避免搅动井水和井壁及底部沉积物，以免影响水样的真实性。

（3）采集分层水样时，应按含水层分布状况进行采集；或在地下水水面0.5 m以下、中层和底部0.5 m以上采集，并同时记录采样深度。

（4）用机井泵采样时，应待抽水管道中停滞的水排净，新水更替后再采样。

（5）自流地下水应在水流流出处或水流汇集处采样。

（6）除特殊监测项目外，应用监测井水荡洗采样器和水样容器2～3次；挥发性或半挥发性有机污染物项目，采样时水样注满容器，上部不留空隙；石油类、重金属、细菌类、放射性等特殊监测项目的水样应分别单独采样。

（7）其他通用采样标准同地表水监测相关条款规定。

3）水生态采样实施

（1）原则上应在受人类活动影响相对较小的水域布设采样点位。

（2）采样点选择应满足代表性与完整性，既要反映调查与监测水域范围内不同水域实际状况，又要满足反映调查与监测水域水生生物状况，以及人类活动对水体生态状况的影响。

（3）水生态采样应与地表水监测和水体沉降物监测采样相结合，同步进行水质、沉降物和水生生物采样。

（4）水生态采样中水质与沉降物的采样方法同地表水监测及水体沉降物监测。

（5）水生态采样应按不同采样对象选取合适的采样器皿，如有机玻璃采样器、浮游生物网、人工基质篮等。

（6）对现场环境做好记录，必要时拍照留证。

3. 样品管理

（1）样品管理员负责样品的统一接收、分发、保管、处置和留样。

（2）分析测试室应对每个拟检测样品建立保持唯一性识别系统，样品在检测的整个期间应保留该标识，以保证对样品的识别不发生混淆。

（3）在接收样品时，应有表明其状态的详细记录，如委托单位、样品状态（包括外观、颜色、气味、形状、完整性）等，表明其是否与相应的检测方法中所描述的试样状态有所偏离等。如有异常或与提供的说明不符，收样人员应详细询问委托方，并予以记录。同时，应与委托方商定样品准备和检测完毕样品的处理方式。检测工作开始前，分析测试室应确认样品是否按检测标准要求（包括委托方的要求）完成了必要的准备。

（4）送检样品传递或送达分析测试室后，应详细查看、记录样品状态，查看采样单与样品状况的相符情况。对以封装方式送达的样品，应检查封签是否有效及运输过程中有无损坏，必要时应会同采/送样人员进行验收。

（5）应有专用的样品室，并由样品管理员负责，限制无关人员出入。样品应分类存放，贮存环境应安全、无污染、清洁干燥，且通风良好。对要求在规定环境条件下存放或养护的样品，应严格控制环境条件，并应保持维护、监控和记录这些条件。

（6）根据样品所处的检测状态，分别放置在“待测试”、“已测试”和“留样”区域。样品在不同检测状态或所处流转、存储过程中，都应做好标识的管理工作，以保持样品识别的唯一性和可追溯性。

（7）样品在测试、传递过程中应加以防护，严格遵守有关样品的使用要求，避免受到非检测性损坏、污染，并防止丢失。如样品遇意外或丢失，应予以说明、追查责任，必要时应立即与客户联系。

（8）当检测样品或其中一部分须妥善保存时（如基于客户要求、安全保密、价值昂贵或日后对检测进行检查等原因），应有专门的存储设施和安全措施，以保护这些需妥善保存的样品的完整性。检测完毕，样品应交样品管理员保管和处置，保管期限视样品的稳定性而定。

(9) 中心负责采样工作的人员，样品采集、运输、保存应按《水环境监测规范》(SL 219—2013)执行。开展现场测试或采样时，应根据任务要求制订监测方案或采样计划，明确监测点位、监测项目、监测方法、监测频次等内容，现场测试和采样应至少有 2 名监测人员在场。

3.4.3 检测管理

检测管理主要从检测计划的制订、检测计划的实施、检测数据的处理等三个方面提出管理标准。

1. 检测计划的制订

应根据任务要求制订现场监测和实验室检测计划，明确监测点位、监测项目、监测方法、监测频次、质控措施等内容。

2. 检测计划的实施

检测计划的实施包括对现场检测和实验室检测提出管理标准。

1) 现场检测管理

(1) 现场检测项目需具有适用的检测依据。

(2) 要有所需的仪器、设备及试剂等资源，所用检测仪器设备应状态良好，经检定/校准合格。

(3) 现场检测人员应持证上岗。

(4) 现场检测应至少有 2 名监测人员在场。

(5) 现场检测应配备灭火器、救生衣、警示标识等相应的安全防范、应急装置和急救用品，并放置于醒目易取的地点。

2) 实验室检测管理

(1) 室内检测的环境条件、温湿度等应满足技术要求，并做好记录。

(2) 应保证所用仪器工作状态正常，并做好记录。

(3) 检测过程需具有适用的检测依据，选用资质认定批准的检测方法。

(4) 当规定的检测方法应用于基体复杂或干扰严重的样品分析时，应增加必要的消除干扰步骤，并进行适用性检验。

(5) 由具有检测上岗证的检测人员进行检测。

(6) 检测完毕后，将仪器恢复至原始工作状态、实验台恢复整洁。

(7) 做好原始记录的填写和复核工作，如有疑问应立即分析原因，必要时及时安排复测。

(8) 数据及记录复核无误后进行审核，并归档。

3. 检测数据的处理

(1) 对原始数据的处理首先应确认使用的物理单位、计算公式等，数据计算和转换时应遵循先计算、后修约的原则。

(2) 每个项目应根据测量手段(仪器)的精确度、准确度及现阶段对该项目结果的要求确定有效数字。

(3) 数字的修改规则按《数值修约规则与极限数值的表示和判定》(GB 8170—2008)执行。

(4) 临界值、离群值的处理按《数据的统计处理和解释 正态样本离群值的判断和处理》(GB 4883—2008)执行。

(5) 当计算作为检测活动的一部分时,由检测以外的人对各种计算进行校审。

(6) 所有记录、材料、软件及报告,按《记录和档案管理程序》(JSSHJ - CX - 19 - 2019)管理。

3.4.4 质量控制管理

质量控制管理主要从质控方案制订、内部质控管理、外部质控管理、总结评价管理等四个方面提出管理标准。

1. 质控方案制订

中心应根据国家《检验检测机构资质认定管理办法》、水利部《水质监测质量管理监督检查考核评定办法》等七项制度(2015 年修订版)、《水环境监测规范》(SL 219—2013)等制订质控方案,对检测结果的有效性实施监控。

2. 内部质控管理

(1) 空白试验值:一次平行测定至少有两个空白值,平行测定的相对偏差和空白试验分析值应满足《水环境监测规范》(SL 219—2013)的要求,空白样品的检测数量不少于总数的 5%,能做空白试验的项目均应做空白试验。

(2) 平行双样:按照不少于每一批测定样品总数的 5%的比例进行平行双样测定。当样品数量少于 10 个时,平行样不得少于 1 个;大于 10 个时,每 10～20 个样品制备 1 个平行样,其中每一批至少含有一个密码平行样。能做平行试验的项目均应做平行样试验。合格要求:有质量控制图的,将质量控制水样的测定结果点入质量控制图中进行判断;没有质量控制图的,水样平行测定所得相对偏差不得大于分析方法规定的相对偏差的两倍,分析方法没有规定相对偏差时,按照 SL 219—2013 附录 A 的允许差控制。全部平行双样测定总合格率应达 100%。

(3) 加标回收率(适用于仪器法,且具有标准溶液的项目):按照不少于每一批测定样品总数的 5%的比例进行加标回收率的测定。当样品数量少于 10 个时,加标回收率测定试样不得少于 1 个;大于 10 个时,每 10～20 样品制备 1 个。能做加标回收率试验的项目均应做加标回收率试验。合格要求:有准确度控制图的监测项目,将测定结果点入图中进行判断;无此控制图者,其测定结果不得超出监测分析方法中规定的加标回收率范围,监测分析方法中没有规定范围值时，按照 SL 219—2013 附录 A 的允许差控制。全部加标回收率总合格率应达 100％。

(4) 标准样(盲样)控制：具有有证标准物质的项目，每个项目全年至少控制 2 次。

(5) 野外采样时，每批水样应选择部分项目加采现场平行样、制备现场空白样，与样品一同送实验室分析。

3. 外部质控管理

(1) 为加强对各实验室的检测质量控制管理，结合各单位自身工作情况开展实验室间比对监测，上下游单位之间全年至少开展 1 次比对，具体时间由两单位协商确定，比对报告需提交省中心备案。

(2) 盲样考核项目应覆盖年度水资源质量监测方案中要求监测的项目(对于无标准样品的可实施比对试验)。

(3) 各中心必须参加国家认监委组织实施的能力验证计划(指各单位能力表中的项目)，行业主管部门下达的能力验证、质控考核，流域机构组织的盲样考核、比对试验。全年至少参加一次能力验证。

(4) 精密度偏性试验：各中心每年应自行安排人员(重点为新入职人员)至少开展两个项目(重点为新项目新方法)的精密度偏性试验。

(5) 对于委托检测项目，应结合委托要求采用相应的质控措施。如委托方无明确要求，则按照常规检测质量控制基本要求进行。

4. 总结评价管理

(1) 为保证检测结果的有效性，中心应按照《检测结果质量控制程序》(JSSHJ－CX－28－2019)对中心的检测结果进行监控。

(2) 检测工作的原始记录应真实、详细、完整并妥善保存，以便对检测结果的有效性进行分析评价。如果可行，应采用统计技术对检测结果进行审查。

(3) 若发现检测结果偏离预先判据，应采取有效措施纠正出现的问题，防止出现错误的结果。

(4) 中心对检测结果的监控应有质量控制计划或方案，每年度需进行汇总并提出总结工作报告。管理评审时应对监控措施的有效性进行评审。

3.4.5 能力提升管理

能力提升管理主要从检测项目和方法拓展管理、设施设备改造升级管理、人员技能水平提高管理、管理体系提升管理等四个方面提出管理标准。

1. 检测项目和方法拓展管理

(1) 对新拓展的检测项目和方法实施控制，保证新开展的检测工作有足够的能力和资源。

(2) 依据《地表水环境质量标准》(GB 3838—2002)、《地下水质量标准》(GB/T 14848—2017)等质量标准规定的项目及行业发展需求逐步拓展。

2. 设施设备改造升级管理

(1) 对照检测工作的发展需求，定期对水质监测基础设施建设及装备更新升级，以满足日益提高的检测标准和要求。

(2) 符合行业部门发展要求和规划。

3. 人员技能水平提高管理

(1) 中心所有人员需结合岗位需求，进行教育、培训。

(2) 管理人员、水质评价人员应根据本单位培训计划，分别参加列入水利部年度培训计划或经水利部备案同意的有关实验室管理或其他内容相近的管理岗位技术培训。

(3) 检测人员应适时参加列入水利部年度培训计划或经水利部备案同意的检验检测高新技术应用培训。

(4) 内审员须参加资质认定部门组织的培训，考核合格者取得 CMA 内审员证书，并根据资质认定要求的变化情况参加持续培训，以满足开展内审工作的需要。

4. 管理体系提升管理

(1) 体系文件满足《检验检测机构资质认定能力评价　检验检测机构通用要求》(RB/T 214—2017)及其他相关标准，且切合现阶段实验室工作实际。

(2) 内部审核范围应覆盖检测工作的所有场所，覆盖管理体系的全部要素；编写《内部审核报告》，并及时制订实施纠正措施。

(3) 管理评审应对管理体系的适宜性、充分性和有效性进行评价，并分析改进需求，进行必要的改进；编写《管理评审报告》，并及时制订、实施纠正措施等。

3.5 水文信息传输与存储

3.5.1 传输管理

1. 信道管理

1) 日常监视

汛期 8:00 前，非汛期 8:30 前观察信道状态并记录；汛期每日观察记录不得少于 4 次，非汛期每日观察记录不得少于 2 次，且观察记录间隔时间平均分布。

出现异常状态立即初步排查，30 分钟内将事件及排查情况上报部门领导。

2) 故障及事件处置

根据事件影响程度和范围逐级上报至分管领导、主要领导，并记录处置过程和结果。

常规故障事件处置需在6小时内完成，如遇无法短时间内处置完成的事件，应立即启动应急预案。

3）效益分析

每年年底需对当年所应用的信道产品故障率、处置效率、运营商服务效率等做出总结、分析，并提供分析报告。

4）信道升级

信道通信能力应根据采集平台所辖站点数量、数据传输量及频次、站点所在地信道应用能力等要求适时予以升级。

2. 采集平台管理

1）数据传输

测站RTU通过GPRS、CDMA、卫星等信道向水情中心进行数据传输，数据传输标准和协议应遵循《江苏省水文自动测报系统数据传输规约》(DB32/T 2197—2012)。

《江苏省水文自动测报系统数据传输规约》规定了数据报文传输规约、数据传输报文及结构、通信方式和误码率、传感器与终端通信的接口和规约、数据传输的考核等。

2）日常监视

汛期8:00前，非汛期8:30前监视采集平台状态并记录；汛期每日观察记录不得少于4次，非汛期每日观察记录不得少于2次，且观察记录间隔时间平均分布。

出现异常状态立即初步排查，30分钟内将事件及排查情况上报部门领导以及通报相关部门。

3）故障及事件处置

根据事件影响程度和范围逐级上报至分管领导、主要领导，并记录处置过程和结果。

常规故障事件处置需在6小时内完成，如遇无法短时间内处置完成的事件，应立即启动应急预案。

4）巡检

分中心应每月进行一次检查，全省汛前组织第三方巡检。

按照巡检要求详细记录检查结果并存档。

第三方巡检发现问题需立即发出整改通知并记录、存档。

3. 交换平台管理

(1) 分中心应配备业务能力满足要求的巡检人员1～3名、系统管理员1～2名，明确管理部门及分管领导。

(2) 按每日8—10时、14—16时，分2次检查平台运行状态、数据传输情况、数据入库情况，发现异常后须报告处置、记录台账。

(3) 当故障发生时及时处理平台故障，正确处理步骤应包括处理任务接收、排查故障原因、制订解决方案、实施故障处理、故障排除确认、故障处理登记等。

(4) 配置系统备份用的存储介质，及时做好平台软件及运行支撑数据库的备份；应配备专人对平台安装、备份介质进行集中管理；建立备份台账，记录备份日期及备份人员、介质编号、存放目录等。

(5) 平台出现灾难性故障后，应按照事先制订的正确操作步骤处理，并记录。

(6) 每月 1—10 日对操作系统、平台软件进行安全检测升级，并按规范填写升级台账。

(7) 接收数据交换单位入网申请，应按规定履行逐级审批手续，制订交换规则及数据清单，按照正确操作步骤实施技术处理。

(8) 整理日常巡检记录，形成管理台账，包括巡检台账、故障处理台账、备份台账、升级台账等。

3.5.2 存储管理

1. 硬件资源管理

(1) 新设备进入机房前，需分配或登记相关台账信息。

(2) 全年 7×24 小时，每小时进行 1 次状态巡检。要求进入机房，检查设备是否有告警故障提醒。主要检查设备外观、设备指示灯、电源接口以及设备灰尘等内容，并建立设备使用状态表，记录设备使用时出现的各种症状，提前做好预防，以避免突发设备故障。

(3) 全年工作日内，8—10 时、14—16 时，分 2 次进行存储设备详细检查。要求进入存储管理后台，检查设备有无告警、容量使用情况。

(4) 设备故障处理后，应登记更换时间、配件信息、供货商等。

(5) 每月 1—10 日，对服务器操作系统进行漏洞检测，对检测出的漏洞进行升级加固，并建立相关台账。

(6) 当服务器或存储发生告警或容量使用达 80%时，应上报处置。

2. 数据库管理

(1) 按核心数据区、内部业务区、DMZ 区、同城灾备区、局域网物理隔离区规划数据存储区域，数据库基于集群方式搭建。根据数据量、访问频率和任务类型(OLTP、OLAP)，规划实例、分区、容量、CPU、内存资源。

(2) 收集各类数据库对象 DDL 的建库脚本，对键、索引、视图、触发器、储存过程等对象进行审核约束；查看建库日志，保证执行结果准确无误。

(3) 对内存使用率、连接数、进程数、缓冲区等数据库参数合理进行调优。

(4) 对实时采集数据进行实时备份、历史库数据更新后备份，合理制订备份策略，采用备份软件、脚本备份等方式，实施全量备份和增量备份。备份数据保留多版本、多介质、异地存放，定期检查数据可恢复性。其中同城灾备要求实现实时备份；虚拟带库备份要求每日一次；脚本手工备份要求每周一次全备，每日一次增量备份；未使用公共资源的私有数据库由系统建设单位根据自身维护要求进行备份。

(5) 每日 1 次日常检查，每月 1—10 日进行 1 次深度检查。编制基本的检查、维护、故障处理操作手册，记录运维台账。制订数据库应急预案。

(6) 用户填写资源权限申请表格，通过审批流程后，由数据库管理员进行分配。

(7) 用户填写数据使用申请单，通过审批流程后，再进行数据查询或数据交换。每日检查和维护水文数据内、外网发布系统运行状态和数据情况。

(8) 故障处理应按照现象收集、故障排除、故障排除验证、记录等步骤依次执行。

(9) 台账资料要求至少包括数据库备份台账、日常管理台账、用户管理台账、故障处理台账等。

3.5.3 服务管理

历史水文资料与实时水文资料，按不同方式与流程提供服务。

1. 历史水文资料服务

(1) 历史水文资料服务需履行相关申请审批手续。

(2) 提供历史水文资料服务，应签定服务合同与保密协议。

(3) 资料提供应指定形式或介质，并办理交接手续，严禁网络传输。

2. 实时水文资料服务

(1) 实时水文资料服务需按江苏水利系统内与系统外分别履行不同的申请审批手续。

(2) 涉及江苏水利系统外实时，数据服务必须由分管厅长签字确认。

(3) 线下式数据服务由数据生产责任部门按规定形式提供。

(4) 线上式数据服务(在线实时同步)须满足信息安全管理相关要求，同时按照约定内容及频次进行技术处理，不得私自扩大数据服务范围。

3.6 水文分析评价

3.6.1 水资源数量

水资源数量评价一般是针对某一特定区域，在水资源调查的基础上，研究特定区域内的降水、蒸发、径流诸要素的变化规律和转化关系，阐明地表水和地下水资源数量及其时空分布特点，为区域经济、社会发展和国民经济各部门提供服务。水资源数量评价是水资源合理开发利用的前提，对正确了解规划区水资源系统状况、科学制定规划方案具有十分重要的作用，是保护和开发利用水资源的基础。

水资源数量分析评价标准应从方案制订、分析评价、成果协调、报告编制及成果报送等五个方面提出。

1. 方案制订

方案制订主要从方案内容、方案咨询、方案修订等三个方面提出管理标准，具体如下。

（1）方案内容。方案至少包括但不限于如下内容：背景与必要性、评价范围、评价内容、站点选择、资料确定、技术路线与方法、人员安排、时间进度等。

（2）方案咨询。工作方案初稿确定后，宜征询业务主管部门、资深专家、一线技术骨干的意见与建议，参与征询意见的专家人数不少于5个，可采用会议、函询等方式实施。原则上一个专项咨询次数不超过1次，若有必要，经请示获批后增加咨询次数。通过专家咨询，解决分析评价中研究内容、技术路线、分析方法、参数选择、资料选择等是否合理、正确或可行等技术问题，进一步提升与统一编制人员的共识，为更好地修订方案提供帮助与指导。

（3）方案修订。在充分讨论与咨询的基础上，逐条落实意见与建议，修订后的方案满足分析评价目的与要求，满足相关方愿景需求，为水资源分析评价任务顺利完成提供技术支持。

2. 分析评价

分析评价的标准一般按技术大纲的要求执行。分析评价的内容及要素包括降水量、蒸发量、地表水资源量、地下水资源量、水资源总量、出入境水量与入海水量、湖库蓄水动态、入湖污染物通量等分析。具体评价标准如下：

1）降水量

降水量分析的管理标准主要涉及计算分区、雨量站选用、资料采用、计算方法及计算内容采用等。

（1）计算分区

省级评价一般要求为水资源三级区或四级区套地级行政区、水资源四级区套县（市）级行政区，市级评价一般要求为水资源四级区套县（市）级行政区。

（2）雨量站选用

区域降水站点一般按均匀分布的原则进行选择，也可根据需要选择区域外相邻的站点。在降水量变化梯度大的地区，选用的站要适当加密，同时应满足分区计算的要求。

（3）资料采用

采用的降水资料应为经过整编和审查的成果，且应具有可靠性、合理性与一致性；计算分区降水量和分析其空间分布特征，应采用同步资料系列；分析降水的时间变化规律，应采用尽可能长的资料系列；选定的资料系列如有缺测和不足的，可根据具体情况采用多种方法插补延长，经合理性分析后确定采用值。

(4) 计算方法及计算内容采用

区域降水量平均值一般按算术平均法或泰森多边形法计算;评价内容包括降水的年降水量特征值统计,降水年内年际变化、空间分布特征,区域年降水频率等。年降水量统计参数分析规定:均值采用算术平均值,适线时不做调整;变差系数(Cv)采用矩法计算确定,再用适线法进行调整;偏差系数与变差系数的比值(Cs/Cv)一般采用 2.0,采用 2.0 确实拟合不好的地区,可调整 Cs/Cv 值;采用模型优选参数时,也应进行固定倍比适线调整和检验;经验频率应采用数学期望公式计算,频率曲线采用皮尔逊Ⅲ型。适线时应照顾大部分点据,主要按平、枯水年份的点据趋势定线,对系列中特大、特小值不做处理。

2) 蒸发量

选取资料质量较好、面上分布均匀且观测年数较长的水面蒸发站的观测资料作为统计分析的依据,选取的测站应尽量与降水分析选用站相同,采用不同型号蒸发皿观测的水面蒸发量,应统一换算为 E601 型蒸发器的蒸发量。折算系数可根据当地或气候条件相似的临近地区不同型号蒸发器皿与 E601 型蒸发皿的对比观测资料求得,并经统一协调、修正后确定。

选用的各水面蒸发站观测资料系列应同步。当选用的水面蒸发站的水面蒸发量观测资料有缺测时,应进行插补、延长,经合理性分析后确定采用值。区域蒸发站点一般按均匀分布、观测年数较长的原则进行选择,也可选择区域外相邻的站点;区域蒸发量面平均值一般按算术平均法或泰森多边形法计算。

计算单站同步期年平均水面蒸发量,绘制等值线图,并分析年内分配、年际变化及地区分布特征。

评价内容包括水面蒸发、陆面蒸发和干旱指数。陆面蒸发量采用闭合流域同步期的平均年降水量与年径流量的差值表示。干旱指数采用年水面蒸发量与年降水量的比值表示。

3) 地表水资源量

地表水资源量按水面、旱地(分平原、山区)、水田、建筑用地四种下垫面分别计算,再用面积占比计算区域水资源量;分析不同下垫面年径流系数的合理性,我省一般水面在 0.7～0.9、平原旱地在 0.2～0.4、山区旱地在 0.3～0.5、水田在0.5～0.7、建筑用地在 0.6～0.8;一般采用用水量平衡法来控制区域地表水资源量计算的准确性、合理性。

4) 地下水资源量

地下水资源量为全省矿化度≤2 g/L 地下水体中参与水循环且可以逐年更新的动态水量,即浅层地下水资源量。地下水资源量一般以年为步长、以评价类型区为单元进行评价。评价类型区划分以水资源四级区套县(市)级行政区为基础,分为平原区、山丘区。平原区包气带岩性分区图、矿化度分区图相互切割的区域作为平原区评价类型区。水资源四级区套县(市)单元内山丘区作为山丘区评价类型区。平原区地下水资源量的评价范围计算面积为在地下水矿化度≤2 g/L面积内,扣除水面和不透水面积的区域,不含水面面积、不透水面积。山丘区的计算面积按实际划分的面积计算。我省平原区地下水评价按补给法进行计算,计算降水入渗补给量、灌溉入渗补给量、渠系渗漏补给量,同时进行潜水蒸发量计算、开采量统计、河道排泄量计算、蓄变量变化计算。降水入渗补给量要与当年的降水量相衔接,灌溉入渗补给量与渠系渗漏补给量要与灌溉年相协调,山丘区的地下水资源量需与区域内的地表径流量相协调。对评价类型区的各项补给量、排泄量之和与蓄变量进行水均衡分析。当均衡差≤15%时,即认为各项补给量和排泄量为合理;当均衡差>15%时,则需要对评价区的各项补给量、各项排泄量重新核算,直到满足均衡差≤15%的要求。山丘区地下水资源量计算按排泄法进行计算,在封闭性较好,开发利用程度不高,出流有控制断面山丘区,将天然河川基流量作为地下水资源量,对于不具备天然河川的山丘区,借用邻近有条件的山丘区资源量模数或典型年基径比法计算山丘区地下水资源量。

5) 水资源总量

水资源总量采用地表水资源量加上地下水与地表水资源的不重复量计算。水资源总量评价在完成地表水资源量和地下水资源量评价、分析地表水和地下水之间相互转化关系的基础上进行,根据地表径流量、降水入渗补给量计算水资源总量。分析计算地表产流系数、降水入渗补给系数、产水系数和产水模数,并结合降水量和下垫面因素的地带性规律,分析各系数、模数的地区分布情况,检查水资源总量计算成果的合理性。

6) 出入境水量与入海水量分析

入海、出境、入境水量计算应选择河流入海口或评价区边界附近的水文站,根据实测径流采用不同方法换算为入海断面或出、入境断面的逐年水量。在没有水文站控制的地区,可利用自然地理特征相似地区的降雨径流关系,由降水系列推求径流系列。还可以通过绘制逐年年径流深等值线图,从图上量算分区年径流量系列,经合理性分析后采用。凡资料质量较好、观测系列较长的水文站均可作为选用站。各河流控制性测站为必须选用站。

7) 湖库水量蓄水动态分析

标准参见《水资源公报编制规程》(GB/T 23598—2009),具体如下:

(1) 统计大型和中型水库的座数、年初蓄水量、年末蓄水量和年蓄水变量。

(2) 水库统计应包括水利、电力和其他部门的所有大中型水库,没有观测资料的中型水库应进行蓄水量估算。

(3) 前后两年间的水库统计应相衔接,但当年已蓄水的新建水库应统计在内。

水库蓄水动态统计表参见表3.2。

表 3.2 ____年____ 大中型水库蓄水动态 水量单位:亿 m^3

行政区名称	水资源分区名称	大型水库				中型水库			
		水库数量/座	年初蓄水总量	年末蓄水总量	年蓄水变量	水库数量/座	年初蓄水总量	年末蓄水总量	年蓄水变量
合计									

注 1. 年末蓄水量用下年 1 月 1 日 8 时蓄水量代替。
2. 总库容大于等于 1 亿 m^3 为大型水库,总库容 0.1～1 亿 m^3 为中型水库。

湖库蓄水动态分析应包括年初蓄水量、年末蓄水量和年蓄水变量。蓄水量曲线应采用水情或防汛部门确认的库容曲线。

8) 入湖污染物通量

入湖污染物通量分析的管理标准主要涉及监测站点、采样断面、监测项目、监测频次等。

(1) 监测站点

① 监测站点设立在进湖水量比较大的主要河流入湖口处。

② 受水利工程控制或不能放在一个巡测段内建立关系的河道,则采取设站后委托测验。

③ 分别建立基点站和单站,其他较小河道则根据水情变化采取巡测的方法,不定时进行流量测验。

④ 计算入湖污染物通量的河流,一般入湖水量不低于入湖总量的 90%。

(2) 采样断面

① 力求以较少的监测断面和测点获取最具代表性的样品,全面、真实、客观地反映该区域水环境质量及污染物的时空分布状况与特征。

② 选择河段顺直、河岸稳定、水流平缓、无急流湍滩且交通方便处。

③ 尽量与水文监测断面相结合。

④ 监测断面位置确定后,应设置固定标志,不得任意变更;需变动时应报原批准单位同意。

(3) 监测项目

① 水量监测项目为流量、流向。

② 水质监测项目主要为水温、溶解氧、悬浮物、pH、高锰酸盐指数、化学需氧量、氨氮、总磷、总氮。

(4) 监测频次

① 原则上所有入湖口门进行水量、水质同步监测。

② 水质监测频次一般不少于 2 次/月,每半月 1 次,洪水期加密。

③ 国家基础水文站和基点站每日测流。

④ 流量巡测监测频次不少于 2 次/月，每半月 1 次。在洪水期视水情变化，各站随时加密测次，保证测得完整洪水过程。

⑤ 闸坝站开闸时每天测流不少于 2 次；闸门开启变化时随时加测。

3. 成果协调

(1) 成果与流域、区域及同期成果总体协调一致，无明显分歧。

(2) 成果与同期水资源供用耗排等相关水资源开发利用状况平衡性好，结论合理。

(3) 绘制等值线时充分考虑评价范围外的数值，使本评价范围内等值线与相邻区域的等值线相衔接，避免出现明显拐点或缺失。

(4) 采用适线法，同一系列不同历时的频率曲线在同一张概率格纸上绘制，曲线之间不应相交，Cv、Cs/Cv 数值一般较为相近。在空间分布上，同一历时系列的成果，绘制 Cv 等值线，应与相邻区域 Cv 等值线相衔接。

(5) 区域水资源量成果，若相邻区域的地貌、气候相似，产水模数或径流深应较一致，如发生较大变化，应分析原因，做进一步复核。

(6) 评价成果在各要素成果的合理性检查通过后，应与历史上的评价成果和相邻区域的评价成果作比较，分析其产生差别的原因，同时与水资源开发利用、社会经济发展、有关规划相协调。

4. 报告编制

(1) 工作进度满足方案时序要求，时效性强。

(2) 报告结构完整，要素齐全，图文并茂，表述清晰。

报告应说明采用的评价方法、单站径流量、分区地表水资源量的时空变化规律等分析成果，同时着眼于宏观问题，注重对评价成果的整体性描述，重点针对水循环特点、资源禀赋条件、水资源情势的整体演变、经济社会发展对水资源系统的总体荷载强度与变化等问题，有机耦合各要素评价结果，提出兼具系统性、规律性、趋势性和展望性的综合评价结论。

报告主要内容有：

① 评价方法。

② 单站径流量。

③ 分区地表水资源量。

④ 时空变化特征。

⑤ 径流系数分析。

(3) 资料翔实，数据可靠，方法可行，技术路线正确，论证严谨，结论可信。

地表水资源量分析部分应包括以下附表：

① 选用水文站信息表。

② 年地表水资源量系列。

③ 选用水文站天然年径流量特征值。

④ 长系列水文站历年河川径流量。

⑤ 年地表水资源量特征值。

应包括以下附图：

① 不同系列的多年平均年径流深等值线图。

② 不同系列的年地表水资源量 Cv 均值等值线图。

③ 部门及专家反馈意见，逐条反馈落实。

④ 履行审核、审定程序，相应人员均需签字。

5. 成果报送

(1) 最终成果报告履行校核、审核及审定程序。

(2) 安排人员校核成果最终印制件，并签字确认。

(3) 履行相关工作人员、部门及领导等审签程序，提交报告接收单位，并履行交接人员签字手续。

(4) 整理与报告相关的通知纪要、基础资料、咨询意见、成果报告等相关材料，分为纸质、电子档两种介质，分别存档备查。

3.6.2 水资源质量

水资源质量分析评价建立在对水环境调查或监测及污染源分析的基础之上，根据相应的任务要求，按照一定的原则、方法和程序分析环境污染的实际情况，对特定水域的水体质量进行科学评估，划分类型、等级并进行具体描述，给出所需结论。主要参照以下标准执行。

1. 编制技术大纲

(1) 根据工作部署及相关文件要求，编制水资源质量分析评价技术大纲，技术大纲应包括评价目标与任务、评价范围和内容、评价思路与技术路线、基本规定等。

(2) 如若沿用现有的技术大纲，应根据本次评价要求对已有技术大纲进行适当修订。

2. 水质分析评价

1) 河流水质

(1) 评价标准按《地表水环境质量标准》(GB 3838—2002) 的规定执行。

(2) 评价项目应包括 GB 3838—2002 规定的基本项目。

(3) 评价方法：水质类别应按评价项目中最差水质项目的类别确定。

(4) 评价结果以全年期、汛期、非汛期的分类河长表示。单项水质项目浓度超过 GB 3838—2002 的Ⅲ类标准限值的称为污染项目。流域或区域的主要污染项目应根据各单项水质项目超标频率的高低排序确定，排序列前三位的为流域或区域的主要污染项目。

2）湖库水质

评价内容应包括水质类别评价和营养状态评价。

（1）水质类别评价标准按 GB 3838—2002 的规定执行，评价项目应包括 GB 3838—2002 规定的基本项目，评价方法与河流水质评价相同。

（2）湖库营养状态评价按《地表水资源质量评价技术规程》（SL 395—2007）的规定执行，评价项目应包括总磷、总氮、叶绿素 a、高锰酸盐指数和透明度。

3）城市饮用水地表水水源地水质

（1）评价标准应按 GB 3838—2002 的规定执行。

（2）评价项目应包括 GB 3838—2002 中表 1 及表 2 规定的基本项目和补充项目，有条件的地区宜增加表 3 的特定评价项目中的有毒有机物项目。

（3）评价方法与河流水质相同。在评价项目中，基本项目应符合 GB 3838—2002 表 1 的Ⅲ类标准限值要求，补充项目和特定项目应符合 GB 3838—2002 表 2 和表 3 的标准限值要求。水质评价项目均满足上述要求的水源地为水质合格水源地。

4）地表水水功能区水质

（1）评价范围应包括水功能一级区中的保护区、保留区、缓冲区，水功能二级区中的饮用水源区、工业用水区、农业用水区、渔业用水区、景观娱乐用水区、过渡区和有水质管理目标的排污控制区。

（2）评价标准应以 GB 3838—2002 为基本标准，同时应根据水功能区功能要求综合考虑相应的地方标准和行业标准。单一功能水功能区应以其水质管理目标对应的水质标准为评价标准。多功能水功能区应以水质要求最高的水质管理目标对应的水质标准为评价标准。

（3）评价项目应根据水功能区的功能要求确定。

（4）评价方法：对规定了水质类别管理目标的水功能区，应进行水质类别达标评价。所有参评水质项目均满足水质类别管理目标要求的水功能区为水质达标水功能区；有任何一项不满足水质类别管理目标要求的水功能区均为水质不达标水功能区。不满足水功能区水质类别管理目标的水质项目称为水功能区超标项目。水功能区域的主要超标项目应根据各单项水质项目超标倍数的高低排序确定，排序列前三位的为主要超标项目。对规定了营养状态管理目标的水功能区，应进行营养状态达标评价。满足营养状态管理目标要求的水功能区为营养状态达标水功能区，反之为营养状态不达标水功能区。

（5）应分别对全年期、汛期、非汛期的水功能区达标情况进行评价。在评价水期或年度内按照评价次数统计，达标率大于（含等于）80％的水功能区为水期或年度达标水功能区。

5）地下水水质

（1）评价标准按《地下水质量标准》（GB/T 14848—2017）的规定执行。

(2) 评价项目应包括（GB/T 14848—2017）规定的所有水质项目。

(3) 评价方法应采用单指标评价法。

(4) 评价时段为全年期，评价结果用分类观测井数及其代表面积表示，并以Ⅲ类标准值为限值给出主要污染项目。

(5) 评价重点为平原区浅层地下水。

3. 编制评价报告

(1) 编制报告前应对分析评价内容进行合理性分析。

(2) 按水质分析评价报告大纲要求，形成成果表格、图件和文字报告。

(3) 评价成果图应包括单项水质项目水质类别图和水质站水质类别图，底图应包括主要水系、水资源分区和行政分区要素。

4. 审查评价报告

(1) 审查内容应包括分析评价对象、方法、数据、结论等方面。

(2) 重点关注不合格结果和异常数据值，审查其原始记录。

5. 成果报送

(1) 分析评价成果应在逐级审核、审定之后报送。

(2) 报送时间及方式按相关要求执行。

(3) 不得谎报、瞒报。

3.6.3 水文情报

1. 实时分析

(1) 实时分析任务清单内容、发送频次、发送范围等应于每年 12 月上旬确定，报省局分管领导审批后实施(年度分析任务审核表)。

(2) 临时增加的实时分析应明确分析内容、形式、频次和发送范围，分析任务清单审核表由当日值班员填制、科室负责人审核，报省局分管领导批准后实施。

(3) 每日利用短信发布 8 时水雨情状况，制作时长应在遥测数据到达省中心后 10 分钟内制作完成。特殊时期可根据需要发布规定时间的水雨情信息。

(4) 由当日值班主班完成制作。

2. 阶段分析

阶段分析包括阶段性综合分析和场次洪水分析

(1) 阶段性综合分析：包括雨水情分析、年雨水情分析、汛前雨水情分析、汛期雨水情分析、入汛以来雨水情分析、入梅前雨水情分析、梅雨期雨水情分析等。场次洪水分析包括台风雨水情分析、暴雨过程雨水情分析等。

(2) 阶段性综合分析以时间段为依据开展雨水情综合分析，分析周期可以是月年或其他选定时间段。场次洪水分析主要针对独立重大水事件，结合台风、暴雨等成因开展特定分析。

（3）阶段性综合分析的任务清单（包括任务名称、发布时间、发布对象等）应于每年12月制作（“分析任务清单审核表”），报省局分管领导审批后实施。场次洪水分析的任务清单（包括任务名称、发布时间、发布对象等）应由值班员根据当下雨水情势制作（“分析任务清单审核表”），科室负责人审核，报省局分管领导审批后实施。

3. 专题分析

（1）区域或流域发生暴雨洪水事件后，流域机构或省级（视范围大小、严重程度）水文部门下达专题（暴雨洪水）分析编制任务。

（2）江苏因其特殊的地理位置（长江过境）、四通八达的河网及密布的水利工程，一般旱情稍有势头，就开始引水调水。当流域或省防汛抗旱指挥部下达指令开始启用江水北调、江水东引、引江济太等引水调水工程时，水文部门开始布置任务制作专题报表，每日一报。

（3）专题分析内容。

雨量：包括面雨量（按以上时间段划分）、分析距平、同期排位、重现期等成果，面雨量按最大1、3、7、15天等统计，单站按最大1、6、12、24小时雨量统计，并结合收集的长短历时系统资料进行重现期分析，与典型年进行对比分析。

洪水：包括洪水过程、洪水组成。洪水过程包括主要河湖代表站涨落过程，峰值，超警、超保幅度天数等特征统计，湖库超汛限情况，与典型年对比分析。洪水组成指汇至该河道断面的上游各河道控制站来水量和控制站以下的区间产汇流。洪水组成的分析时段一般分为1、3、7、15、30天等。

洪水运动分析：包括流域、区域、主要河道的洪水运动分析。可利用水文、水动力模型等进行调洪演算。流域洪水运动分析，包括流域产汇流量、蓄水量、外排水量、水量平衡分析等几个部分，运用产汇流模型计算产水量和汇流过程，揭示面上的产汇流规律。区域洪水运动分析类似流域，明确边界条件，进行水量平衡计算。河道的洪水运动分析，包括河道泄水量、沿线进出水量等统计分析，得出节点间区间损失。

水利工程运用分析：分为流域、区域、城市骨干工程、水库工程几个方面，分析内容包括工程运行调度情况、工程运行效益等。

监测预警预报：主要包括水文测报的准备工作、水文要素的监测方式（常规加应急）、预报采用的模型和方案、预报精度、预警信息发布情况等。

结论与建议：对前面几个章节内容高度凝练，并提出防汛防旱防台的难点，对今后雨水情工作形成建议和展望。

3.6.4 水土流失

水土流失分析评价标准包括方案制订、分析评价、成果分析。

1. 方案制订

方案制订管理标准包括方案内容、方案咨询、方案修订三个方面，具体管理标准如下：

1）方案内容

至少包括但不限于如下内容：水土流失背景及基本情况、目标任务、规范依据、监测内容、监测方法、资料来源、技术路线、年度成果分析、人员组织实施、质量控制等。

2）方案咨询

实施方案初稿确定后，征询业务主管部门、院校资深专家、一线技术骨干的意见与建议，可采用会议、函询等方式实施。

3）方案修订

根据咨询意见，组织工作人员讨论修订，确定最终方案。

2. 分析评价

分析评价的内容及要素包括：降雨侵蚀力因子计算、土壤可蚀性因子计算、坡长坡度因子计算、植被覆盖与生物措施因子计算、水土保持工程措施因子计算、耕作措施因子计算、土壤侵蚀模数计算等。

水土流失分析以规范和技术细则为基准，具体要求如下：

1）资料准备

（1）资料齐全、完备、序列完整、权威，满足开展年度工作的时效性要求。

（2）格式、精度等符合相关技术规定要求且规范。

（3）遥感影像时空分辨率、时相、云量、镶嵌等符合有关技术规定要求，预处理成果清晰，质量符合遥感监测技术标准要求。

（4）资料相互匹配，制备合理，基本满足综合运用对应的比例尺、坐标系与投影方式等要求。

2）遥感解译

（1）土地利用类型分类准确，解译准确率应达到 90%以上。

（2）水土保持措施分类准确，解译准确率应达到 90%以上。

（3）遥感解译的最小图斑为 10×10 个像元。

（4）图斑内业抽查比例不低于总图斑数量的 10%，野外验证图斑比例不低于图斑内业抽查比例的 10%；对解译结果与现有资料对比有较大差异的应进行 100%验证。

（5）提取信息校核前，应进行拓扑检查，消除空值、重叠、缝隙、细碎图斑（对应实际地物的面积小于 200 m^2的图斑）等拓扑错误。

（6）土地利用、植被覆盖、水土保持措施等年际变化图斑漏判率、错判率均低于 5%，且形成专题图层。

（7）人为水土流失地块漏判率、错判率均低于 5%。

(8) 野外验证中应重点关注土地利用或水土保持措施发生变化的图斑。

3) 土壤侵蚀因子计算

(1) 因子计算基础数据、阈值设定与计算方法正确。

(2) 因子图层数据时空分辨率、精度、格式与成果制备等符合规定要求。

(3) 因子计算结果的取值范围、空间分布特征等符合区域实际。

(4) 植被覆盖与生物措施因子、林下植被盖度等因子的调查与计算要满足区域计算的精度要求，结果合理。

(5) 林草地区域坡度因子取值范围应小于等于 5.43，林草地区域以外的坡度因子的取值范围应小于等于 9.99。

4) 土壤侵蚀模数计算与强度判定

(1) 土壤侵蚀模数计算方法和模型选择正确。

(2) 土壤侵蚀模数计算结果合理。

(3) 土壤侵蚀分类、分级符合《土壤侵蚀分类分级标准》(SL 190—2007)。

(4) 水土流失综合分析计算方法与结果正确无误。

(5) 侵蚀模数极值分析与处理合理。

3. 成果分析

(1) 土壤侵蚀分类、面积、强度分布等特征应与监测区域自然特征、水土流失综合治理、生态文明建设、预防保护以及生态移民、经济社会发展等综合分析结果相符，科学可靠。

(2) 极强烈、剧烈等侵蚀强度分布符合实际，现场复核抽查比例应不低于其总图斑数的 2%。

(3) 专题图图面的县级行政区面积应以民政部公布的面积作为标准面积进行校正。

(4) 不同统计单元汇总形成的空间数据应进行拓扑检查，并处理好接边等问题。

(5) 统计表中的面积与比例数据应闭合，统计表内、表间无逻辑错误。

(6) 空间数据应与统计结果对应。

(7) 土壤侵蚀面积、强度、分布及其动态变化等，应与监测区域土地利用结构及其调整情况、生产建设活动扰动等分析结果相符。

(8) 土壤侵蚀动态变化规律、空间分布等应分析合理。

3.7 水文预测预报

3.7.1 水情预报

1. 预报方案的制订与修编

(1) 方案要符合实际情况，每年汛后，根据当年的雨水情情况，若确定存在大洪水点据，修编预报方案。

（2）出现水利工程规划涉及水系、下垫面有改变情况时，一定要修编预报方案，对新增预报站点编制预报方案。

（3）每年汛后，对现有预报站点的预报方案进行评估，如遇特殊点据，需修编站点预报方案。

（4）对预报站点范围内涉及下垫面改变明显、水系进行调整、水利工程调度变化等的，应修编预报方案。

（5）预报方案的内容包括：预报站点所在区域的自然、社会经济及水系概况，预报站点所在区域及其上游水文监测站点的布设、水利工程及调度情况，选用的方法、模型及原理，模型参数的率定及验证，预报应用成果图表及说明，预报流程等。

（6）对预报站点所在区域的自然、社会经济及水系概况的要求：由于人类活动或者社会经济发展，预报站控制区域内河流水系概况相对稳定，或者能够通过移用相邻或相似区域的实测水文资料，将编制预报方案的历史水文资料系列延长至水文预报相关规范的要求长度。

（7）对预报站点所在区域及其上游水文监测站点的布设、水利工程及调度情况的要求：预报区域内雨量站点密度符合站网布设的要求，雨量站点分布均匀，能够控制降雨量和暴雨特征在预报区域范围内的分布规律。预报区域代表站布设要能够控制区域内流量（水位）特征值的空间和时程上的分布，能给通过移用、演算、合成等方法推演出区域内下游水文站的流量（水位）特征和流量（水位）过程。

（8）对选用的方法、模型及原理的要求：采用的预报方法应符合预报流域水文特性，能够实现预定洪水要素的预报，并能达到规定的精度要求。水文学方法、水力学方法、系统数学模型等均是常用的洪水预报方法。

（9）对模型参数的率定及验证的要求：预报模型和方法的参数率定，应将优化计算与合理性分析相结合，要防止出现虚假拟合现象。对参数的灵敏度、合理性、可靠性进行必要的分析和试验，防止出现异参同效的现象。

（10）对预报精度评定的要求：预报精度评定包括预报方案精度等级评定、预报作业精度等级评定和预报时效等级评定等；预报精度评定的项目应包括洪峰流量（水位）、峰现时间、洪量（径流量）和洪水过程等；预报误差评定指标可以采用绝对误差、相对误差或确定性系数等。

（11）对预报方案成果图表及说明的要求：预报方案的图表规范正确，预报方案说明详细、有条理性。

（12）对水文预报方案的编制，必须确保资料的质量和代表性。当资料代表性达不到规定要求时，预报方案应降级使用。

（13）预报方案的方法要符合实际流域地理特征，河流水系、地质地貌等水文特性。

（14）当实测水文资料超出原水文预报方案数值范围、水文情势发生改变时，应对方案进行修订、补充或更新。

(15) 对预报作业系统的要求:洪水预报作业系统应有实现与实时数据库的连接、数据检索和数据加工处理;多种洪水预报方法和水文数学模型的作业预报技术、实时校正和交互处理以及与历史洪水的对比分析;模型参数的分析和率定,预报方案的精度评定;计算结果的显示和输出;历史洪水和预报档案的管理等功能。洪水预报系统软件在投入运行之前应按照相关规定进行测试。预报作业系统的开发和运行应建立完整的文档和运行记录,作为系统运行、维护和改进的依据。

2. 预报任务制订与下达

(1) 每年汛前,省局制订并下发测站预报作业任务书。

(2) 测站预报作业任务书的内容主要包括测站名称、预报水文要素、日常化预报要求、洪水期预报要求等。

(3) 日常化预报要求每年5月1日至9月31日之间,每周一和周四,根据预报站点8时水雨情信息制作预报,于9:30前发布并交换至省局实时雨水情数据库。

(4) 洪水期预报,当发生三级水情时,每日根据当日8时实时雨水情信息制作洪水预报作业;当出现二级水情时,每天至少制作2次预报,每日8时制作发布预报,其余时段根据雨水情、工情变化及时滚动制作预报;当出现一级水情时,每天至少制作4次预报,每日8时制作发布预报,其余时段根据雨水情、工情变化及时滚动制作预报。

3. 预报作业的执行

(1) 江苏省洪水作业预报工作实施两级管理体系,即省水文局、各分局。

(2) 省水文局成立省局洪水作业预报工作组,按照流域区域分别设置太湖片预报组、长江片预报组、淮河片预报组、沂沭泗片预报组,各预报工作组负责组织完成其管理范围内测站各项水文要素的预报工作。

(3) 省局(各分局)洪水作业预报工作组组长由省局(各分局)分管领导或部门主要负责人担任,组员由省局(各分局)从事水情技术工作人员的组成,各级首席预报员具体负责预报工作组的技术审核。

(4) 各分局应成立相应的洪水作业预报工作组,明确职责分工。

(5) 当上游出现洪水或流域上游降雨较大(或预报有较大降雨),预估出现接近或达到预报起报标准以上洪水时,应及时制作洪水预报。

(6) 洪水作业预报应在两个小时内完成,特殊情况下应在一个半小时内完成。

(7) 作业预报应根据实时雨水情信息和预报方案综合确定预报参数进行系统计算,结合制作经验和历史洪水情况,以及本次降雨和洪水的特殊性,对计算结果进行合理性分析,综合确定预报成果。

4. 预报会商

(1) 根据江苏省洪水作业工作管理办法,确定会商范围。二级及以上水情预报成果,预报会商由省局首席预报员主持，省局预报工作技术组全体成员、相关分局洪水作业预报工作组成员参加。

(2) 会商综合成果由分片预报组联络员起草，省局首席预报员审核。三级水情预报成果，预报会商由省局各预报小组联络员组织，相应预报小组成员、相关分局洪水作业预报工作组成员参加。

(3) 会商过程中应当做好会商记录。会商记录主要为记录会商过程中概况、主要内容、与会人员发表的意见、主要结论等。

(4) 根据江苏省洪水作业工作管理办法进行会商，做出综合预报会商成果。会商综合形成的主要意见由预报员起草，首席预报员审核。

(5) 会商后应当根据会商主要意见形成会商综合成果。会商综合成果主要包括测站预报要素的发布成果表、预报简报、预报专报等。

5. 预报精度考核

(1) 测站预报方案精度评定和检验。预报方案建立后，应进行精度评定和检验。方案精度评定等级按《水文情报预报规范》(GB/T 22482—2008)的有关条款评定。精度检验应采用未参加预报方案编制的资料。预报方案经评定和检验后，精度达到甲等或乙等的，方可发布正式预报。丙等的可作为参考预报，仅供内部使用。丙等以下者只能用于参考估报。

(2) 实时预报考核。主要根据当年预报任务书，考核预报频次和预报要素的完成率。

(3) 实时预报的精度考核。水文测站单个预报要素合格率大于等于85%的为甲等，介于85%到70%之间的为乙等，介于70%和60%之间的为丙等，低于60%的为不合格。当一个预报方案包含多个预报项目时，预报方案的合格率为各预报项目合格率的算术平均值；当测站主要预报要素的合格率低于各项目合格率的算术平均值时，以主要项目的合格率等级作为预报方案的精度等级。

3.7.2 水资源数量预测

1. 编制方案

(1) 应明确适合本地的预报途径。

(2) 应明确预见期。

(3) 方案符合相关要求和标准。

(4) 方案应正式立项并通过专业审查。

(5) 当发现下列情况之一时应对方案进行修订补充或更新：

① 实测水文资料已超出原水文预报方案数值范围。

② 积累的新资料表明水文规律已发生变化。

③ 由于自然演变或人类活动影响，流域河段或断面水文情势发生改变。

④ 采用新方法新技术可以提高精度或增长有效预见期。

2. 建立模型

（1）模型方案成熟易操作。

（2）采用参数应率定达到标准。

（3）便于后期优化调整。

3. 资料整理

（1）水文、气象资料需经权威部门整编发布，且所用资料应通过“三性”检验；资料系列根据不同预报对象须达到一定长度。

（2）下垫面应采用近期资料。

4. 预测作业

（1）作业人员应掌握有关技术规定和要求，熟悉本地水文情势及工程状况，需经过培训取得上岗资格。

（2）成果需通过合理性、可靠性检验。

3.7.3 水资源质量预测

水资源质量预测一般包括日常水质变化趋势分析和应急水质变化趋势预测，主要参照以下标准执行。

1. 背景调查

（1）水质变化趋势分析时段不应低于 5 年，每年监测次数不应低于 4 次。评价时段内选择的评价断面应相同或相近。

（2）当发生暴雨、洪涝、调水等特殊水情或突发水环境事件时，应收集目标水域历史水质数据及水环境基础资料，并调查周边是否有水源地等敏感目标。

2. 方法确定

（1）水质变化趋势分析项目应包括高锰酸盐指数、五日生化需氧量、氨氮、总磷、溶解氧、挥发酚、镉、总硬度、矿化度等。此外，湖库类水质分析项目还应增加总氮、叶绿素 a；城市下游河段和入海口水质分析项目应增加氯化物；内陆河水质分析项目应增加硫酸盐。

（2）各地区可根据本地区的水质特点增设其他评价项目。

（3）站点水质变化趋势分析应采用季节性 Kendall 检验方法。

（4）应急水质变化趋势预测应根据目标水域特点选取适当的水质指标作为预测因子，并选择合适的分析方法、计算模型及其参数。

（5）必要时可选择多个方法同时进行预测，择优选择最佳方法或模型。

3. 结果预测

（1）水质变化趋势分析应包括站点水质变化趋势分析和流域及区域水质变化趋势分析两部

分。其中流域及区域水质变化趋势分析应按水资源分区和行政分区两种口径分别进行评价。

（2）水质变化趋势分析结果可分为三类五级。三类为上升、下降和无趋势；五级为高度显著上升、显著上升、无趋势、显著下降和高度显著下降。

（3）水质变化趋势的显著性应根据显著性水平（α）确定：

① $\alpha \leqslant 0.01$，水质变化趋势高度显著。

② $0.01 < \alpha \leqslant 0.1$，水质变化趋势显著。

③ $\alpha > 0.1$，水质变化无趋势。

（4）根据水质变化趋势分析结果对水质变化特征进行分析，水质项目呈上升趋势（溶解氧下降趋势），表示与该项目相关的水质状况趋向恶化，反之趋于改善。

（5）方法、模型应根据模拟结果不断修正参数，以提高预测结果的显著性水平或相关性系数。

4. 结果分析

（1）预测结果应进行合理性分析，根据分析结果进一步优化技术方法。

（2）经复核的预测结果根据要求编制成果报告及成果图。

（3）成果图包括各评价水质项目的趋势变化图和专题图，专题图应采用饼图或直方图等形式。

（4）评价成果图的底图应包括主要水系、水资源分区和行政分区要素。

3.7.4 水土流失状况预测

水土流失状况预测管理标准主要包括资料收集、方法确定、遥感解译、外业核查、消长分析、合理性审查、成果报送七个方面。

1. 资料收集

在水力侵蚀区，应在每个县级行政区收集不少于 1 个站点的 1986—2015 年逐日降水量资料。后续按 5 年序列顺延更新，保持资料序列长度不少于 30 年。收集不同土壤侵蚀类型区的坡面径流小区观测资料以及代表性地区的土壤理化性质资料，主要用于更新计算土壤可蚀性因子。国家级水土流失重点防治区基础地理数据对应的比例尺应为 1∶10 000。收集国家水土保持重点工程的设计、实施、竣工验收等相关资料，收集生产建设活动扰动土地情况相关资料，遥感影像应选择监测当年的影像，不足部分选择上一年度相同数据源遥感影像补充。遥感影像的空间分辨率统一为 2 m。影像时间选取 3 月上旬至 4 月上旬。

2. 方法确定

监测主要采用遥感监测、野外调查、模型计算和统计分析相结合的方法，开展水土流失的因子提取、模数计算和动态分析评价。应符合相关技术标准、规范和规程的要求，满足全国或省级水土流失动态监测规划、水土保持综合监管对监测数据的需求。

为保证监测数据年际之间的可比性和区域之间的协同性，国家级和省级的水土流失动态技术路线和方法、基础数据、成果分析预评价等应统筹协调一致。

3. 遥感解译

1）解译标志

解译标志应具有代表性、实用性和稳定性。应在野外调查的过程中进一步验证解译标志，并根据实地情况进行修改和补充。每个县级行政区土地利用和水土保持措施的解译标志应不少于1套。

2）信息提取

提取土地利用类型和面积时应参考《土地利用现状分类》（GB/T 21010—2017）。水域两岸、河漫滩属于土地利用一级类水域及水利设施用地范围；废黄河、淮河入海水道等两堤之间存在长期耕种的土地或基本农田，除长期退耕外，撂荒地（现状为草地）的土地利用类型应判定为耕地，并备注为撂荒地。林草地有梯田等水土保持措施时，应在属性表中标明措施名称和代码。

依据解译获取的土地利用和水土保持措施类型，确定土壤侵蚀地块边界，即：将土地利用类型相同、水土保持措施相同、空间上连续的范围确定为土壤侵蚀地块。

遥感解译最小图斑面积应符合以下规定：

（1）土地利用和水土保持措施的解译最小图斑为10×10个像元。

（2）点状水土保持工程措施按点上图，线状水土保持工程措施按线上图，属性表填写应符合相关技术规定。

（3）道路宽度大于等于6 m时应解译。

（4）河道宽度大于等于6 m时应解译。

（5）出现道路水系交叉等现象时，以水系连通为主。

3）提取信息校核

（1）解译完成后，应进行拓扑检查，合并面积小于400 m^2的细碎图斑。

（2）解译结果核查：应抽取不少于总图斑数的5%进行核查。

（3）信息正确性校核：在监测期第一年的土地利用和水土保持措施遥感影像解译过程中，可参考或利用收集到的土地利用和水土保持措施数据进行校核。

（4）可基于遥感影像和上一年度的土壤侵蚀地块解译成果，解译变化情况。

4. 外业核查

野外验证包括解译标志检验和补充、专题信息验证、解译中疑难点解决、现场调查复核等工作。

1）对于解译中的疑难点，应补充建立解译标志。

2）可采用抽样调查的方法进行验证，验证样本在空间上应均匀分布。验证样本数量和成果要求应满足《水土保持遥感监测技术规范》(SL 592—2012)等的要求。对于核查图斑，应抽取10%作为验证样本进行实地验证。对于解译中的疑难点，应抽取不少于20%的样本进行验证。

5. 消长分析

以县级行政区为对象，分析水土流失总面积以及各级侵蚀强度面积的动态变化。

在县级行政区水土流失动态变化分析的基础上，可根据需要，对水土流失重点防治区、县级以上各级区(如地区级、省级和全国等)和重点地区的水土流失动态变化进行分析。

水土流失动态变化分析方法可采用土壤侵蚀强度转移矩阵分析和动态对比。

6. 合理性审查

监测成果应采用全面检查、现场抽查、咨询论证等方法，对省级水土流失动态监测成果进行审查，并形成审查意见。经审查通过的成果方可报送。

应从水土流失动态监测成果的形式、精度、合理性以及内容完整性等方面进行复核，并分别对遥感解译和专题信息提取成果进行抽查。抽查结果正确率超90%为合格。

7. 成果报送

监测成果报送内容包括：

(1) 省级水土流失动态监测成果报告。

(2) 省级土地利用专题图及统计表。

(3) 省级植被覆盖度专题图及统计表。

(4) 省级土壤侵蚀地块专题图。

(5) 省级土壤侵蚀专题图及统计表。

(6) 省级水土保持措施专题图及统计表。

(7) 省级水土流失动态变化统计表。

(8) 省级水行政主管部门成果审查意见。

第四章 管理流程

4.1 一般要求

（1）结合工作实际需求，对规律性较强的日常工作建立工作流程。

（2）工作流程切合实际，针对性、操作性强，语言简洁明了、逻辑衔接合理、步骤准确明晰、内容全面完整，附工作流程图。

（3）重点工作流程应在合适部位上墙明示。

（4）以管理任务为单元，对每一管理任务中的典型环节编制作业指导书或操作手册。

（5）作业指导书要按照全过程控制的要求，对工作计划、准备过程、组织实施、归纳总结等各个环节，明确具体操作的方法、步骤、措施、标准和人员责任。

（6）操作手册要对操作准备、操作过程、记录、信息报送等各个环节，明确每一操作步骤，并配有文字说明与操作流程图。

（7）技术人员与操作人员熟练掌握并严格执行作业指导书和操作手册，加强流程衔接，检查跟踪工作动态，形成台账资料。

（8）当自然状况、工作要求发生变化，应及时对工作流程及作业指导书和操作手册进行修订。

4.2 水文站网

从设施管理、仪器设备管理、测站环境管理、站务管理、测站任务书管理、站网管理等六个方面分别介绍相关流程。

4.2.1 设施管理

水文设施管理流程主要包括检查设施、维护设施、台账登记等几个环节的检查指导，应按如下流程开展工作：

(1) 检查设施状态。检查测验河段基础设施、各类水文观测设施、生产生活用房及辅助设施基本情况。如界桩、警示标牌、观测道路、断面标志、水位测井、水文缆道、降水量观测场及供电、照明、通信设施等。

(2) 维护各类设施。根据检查情况,对缺失、损坏或破损的设施进行补充、更新、维修等,以满足规范要求。

(3) 填写设施检查维护记录表。填写设施检查维护记录表,包括采取的措施等。

(4) 报送设施改造项目。各分局(管理处)根据设施情况,汇总上报需要维修改造的水文设施项目,省局对项目进行审核,申请运维经费。按年度运维经费定期更新维修各类设施,确保良性运行。

设施管理流程如图 4.1 所示。

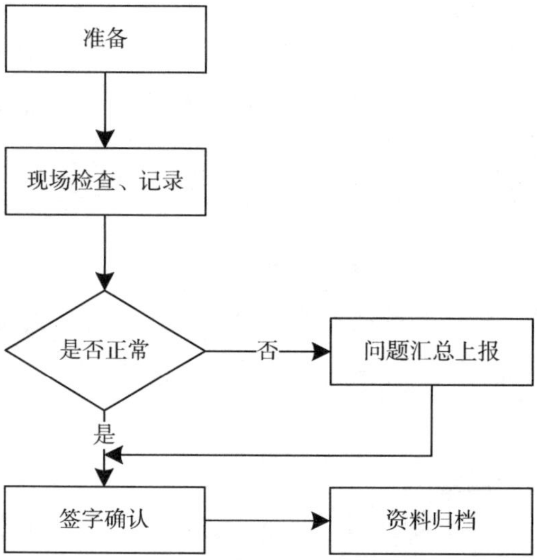

图 4.1 设施管理流程图

4.2.2 仪器设备管理

仪器设备管理主要包括台账建立、使用登记、定期检查、特别检查等几个环节的检查指导,应按如下流程开展工作:

(1) 建立仪器台账。各类仪器设备登记造册,建立台账。所有仪器应上架入柜,摆放整齐,分类编号,并明确使用状态,即"在用""备用""停用""暂时停用"四种状态。

(2) 登记使用情况。登记各类仪器设备如缆道测流系统、ADCP、GPS、经纬仪、全站仪、备用电源等运行或使用情况,填写运行日期及时间、运行目的、运行情况及操作人员等,标明流速仪编号、型号、使用次数等。

(3) 定期检查检定。按照仪器设备的保护要求,定期检查仪器设备各零件部件,检定、校正水准仪、雨量计、流速仪、缆道控制台等仪器设备，发现异常或损坏的仪器设备，对照仪器说明书进行恢复处理；将短期难以解决的问题进行汇总，形成维修计划，送厂维修并跟踪进度。填写仪器设备检查检定记录表(含率定和校正表)和异常情况汇总处理表等。

(4) 特别检查检定。每年汛前、汛后，遇台风、暴雨等灾害性天气及其他影响测站安全的突发性事件时，在保证安全的情况下，对照仪器设备检查检定记录表中的各个项目进行全面检查，观察仪器设备和通信系统运行情况，填写仪器设备检查检定记录表。若仪器设备状态正常，则进行必要的保养后继续使用，否则自行或送厂维修。

仪器设备管理流程如图 4.2 所示。

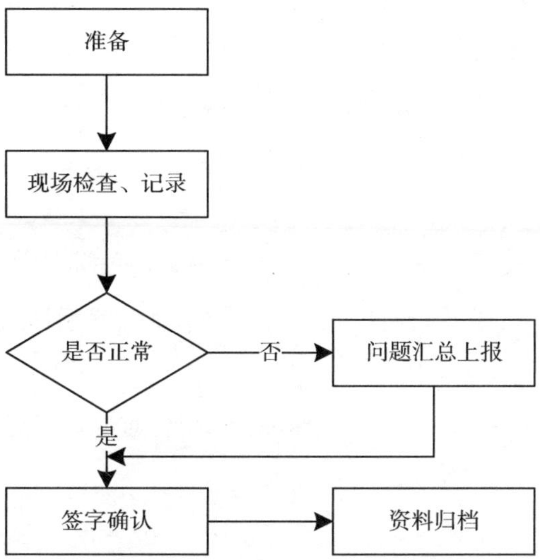

图 4.2 仪器设备管理流程图

4.2.3 测站环境管理

水文测站环境管理主要包括站容站貌管理和测站环境保护等内容。

1. 站容站貌管理

(1) 检查水文测站卫生情况，包括测验场地、办公场所、设施设备等。

(2) 检查测站标识标牌是否按省局相关规定规范悬挂。

(3) 检查测站二维码是否粘贴牢固，对有掉落隐患的二维码进行重新粘贴、加固；用手机扫二维码，对显示内容进行核实；若发现有不符内容，应及时利用二维码信息管理软件进行修改完善。

(4) 检查测站上墙管理制度和各类图表，对需要每年进行修订更改的图表，如大断面图、水位流量关系线图等及时更换。

(5) 检查观测场地规范情况，对地面种草或作物高度进行及时修剪，确保高度不超过 20 cm。

(6) 检查临近水域的观测道路、观测栈桥、观测踏步是否畅通清洁,确保安全生产。

2. 环境保护管理

(1) 检查水文测站测验断面上下游 1 km 范围有无围网养鱼、高秆植物种植等现象。若有,应及时制止,告知公众水文监测环境保护法律法规等方面的规定,劝说其撤销或迁移,并主动联系相关部门,维护水文行业合法权益。相关情况应及时上报分局。

(2) 及时了解水文测站断面附近航道、交通、城建等相关部门是否存在可能影响水文监测的工程规划。

(3) 对国家建设确需实施的工程,要督促建设单位按行政许可流程办理影响水文监测的行政许可,并签订补偿协议等。

4.2.4 站务管理

站务管理包括岗位管理、档案管理、安全生产管理等内容。

1. 岗位管理

(1) 设置岗位职能。根据测站、中心站工作任务,设置不同岗位,制定岗位职能等。

(2) 明确岗位分工。根据不同岗位工作需要,合理配置工作人员,明确其工作职责,满足水文测验、情报预报、资料整编等工作需要。

(3) 岗位考核管理。根据不同岗位工作完成情况,对照岗位职责要求,开展岗位考核,评定绩效等级。

2. 档案管理

(1) 分类设置测站档案。分类设置文书档案、测验资料、设施设备档案、基建档案等各类测站档案。

(2) 合理使用归档设施。将档案室或档案柜标注分类标签,将各类档案装入统一规范的档案盒、档案袋集中统一存放。

(3) 建立档案领用登记。落实专人将资料档案分类、分卷装订成册,进行归档登记,编制归档目录号并建立电子文档备份等。

3. 安全生产管理

(1) 印发有关文件,培训安全生产知识,落实安全生产工作要求。

(2) 检查测站基础设施、排查隐患、按要求处置到位。

(3) 针对野外作业安全风险,特别是高空、水上等作业,提出专项要求。

(4) 配备足量安全警示、安全装备,严格规范操作、确保水文监测安全运行。

4.2.5 测站任务书管理

测站任务书管理主要包括任务书制订、任务书修订等内容。

(1) 省水文局组织各分局(管理处)编制全省基本水文站、中小河流专用站、水土保持监测站等测站任务书,省局组织审查通过后,以文件形式印发至各水文测站执行。

(2) 水文测站按照测站任务书要求完成测验工作任务。

(3) 测站在执行任务过程中,发现需要调整的内容,反馈至分局(管理处)业务主管部门,由分局(管理处)审核汇总后,拟文报送省水文局,提出修订测站任务书的请示。

(4) 省水文局根据实际情况,审核修订测站任务书内容,以正式文件批复是否同意修订。

(5) 测站按修订后的测站任务开展测站工作。

测站任务书管理流程如图 4.3 所示。

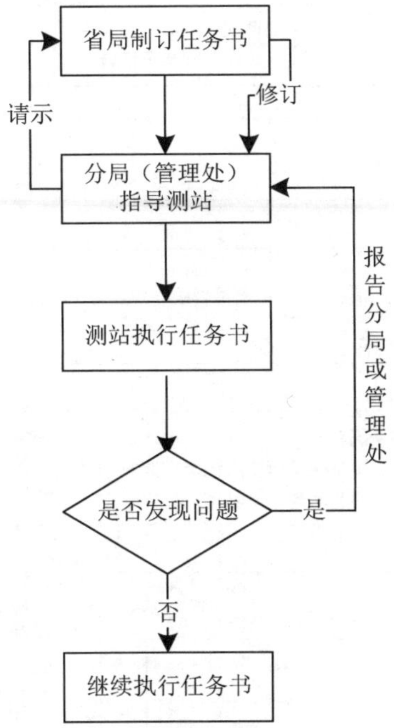

图 4.3 测站任务书管理流程图

4.2.6 站网管理

站网管理主要包括站网计划、站点布设、站网规划等内容。

1. 站网计划

(1) 省水文局每年年底前根据当年站网变动情况,制订下一年度站网计划,站网计划中含地表水、地下水、水质等各类站网测报任务情况。

(2) 省水文局以文件形式下发站网计划。

(3) 分局(管理处)按照下达的站网数量,结合测站任务书及其他文件要求,组织开展年度水文测报工作,完成年度任务。

(4) 分局(管理处)根据实际情况对站网布设、测验方式、测报任务进行调整的,应及时上报省局批复、备案。

(5) 省水文局每年 12 月份对分局(管理处)站网计划执行情况进行年度考核。

2. 站点布设

(1) 各分局(管理处)根据实际需求,提出需要设立、调整的测站。

(2) 省局视情况安排技术人员现场查勘,确定断面位置,开展选址论证等。

(3) 由分局报送相关行政许可材料,按行政许可流程办理测站设立、调整相关手续。

(4) 若为国家重要水文站,则由省水文局报水利部水文司,按行政许可流程办理。

国家基本水文测站设立和调整、上下游建设影响水文监测工程审批办理流程如图 4.4 所示。

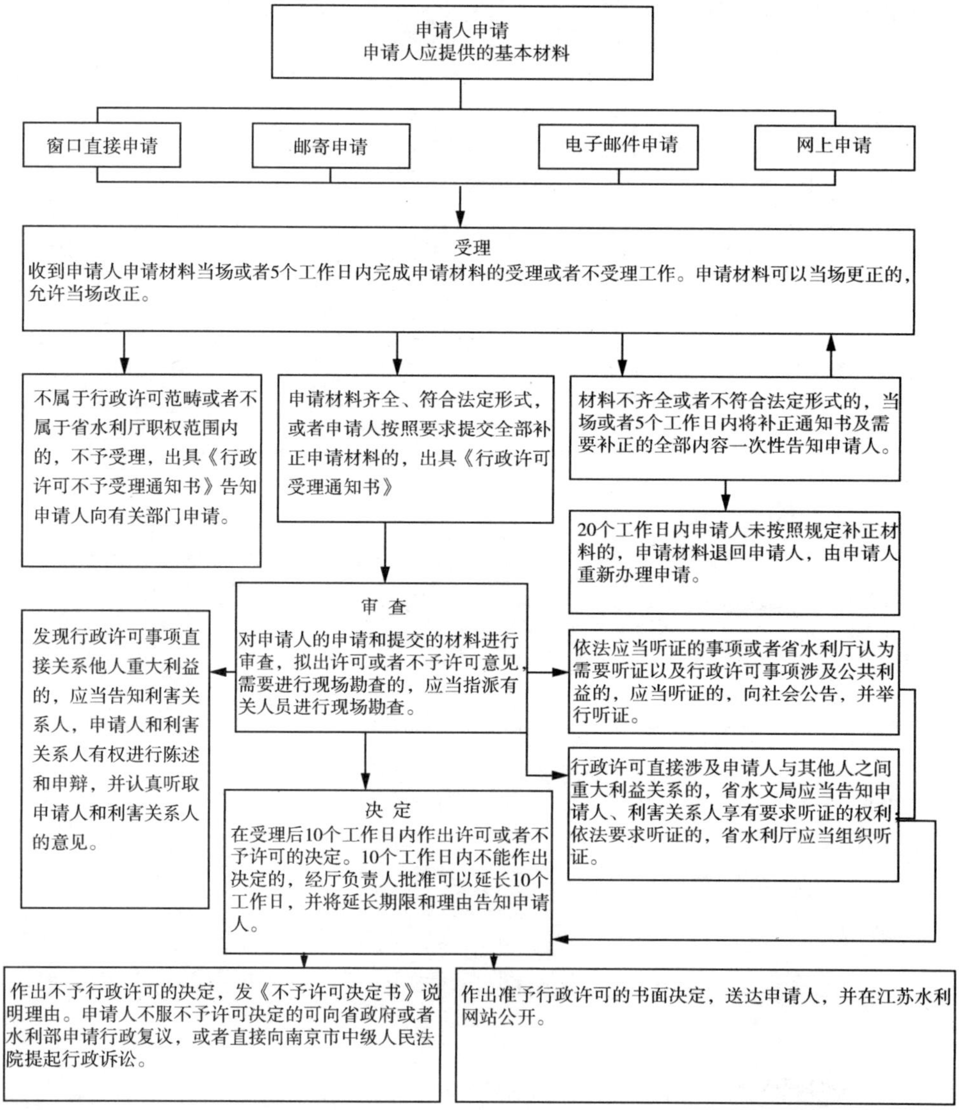

图 4.4　国家基本水文测站设立和调整、上下游建设影响水文监测工程的审批办理流程图

专用水文站设立审批流程如图 4.5 所示。

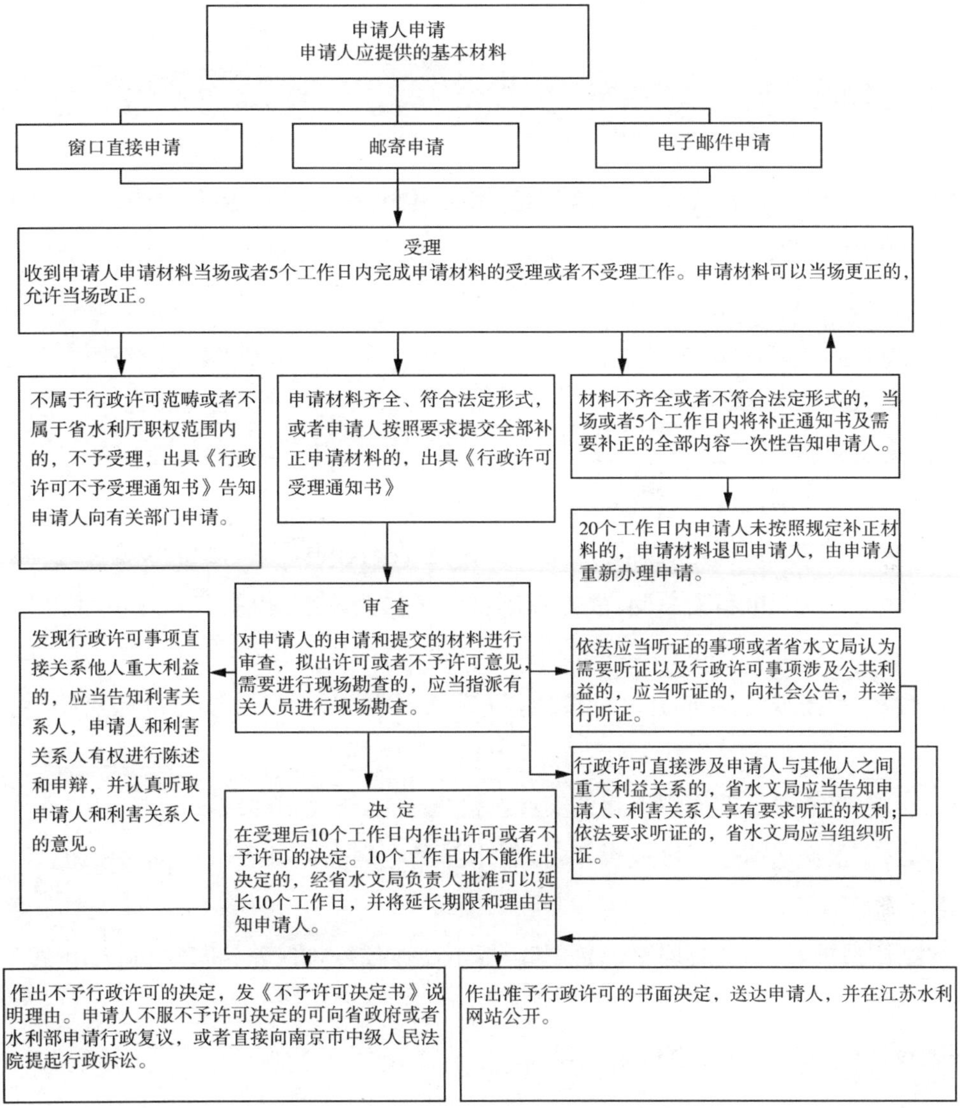

图 4.5 专用水文站设立审批办理流程图

3. 站网规划

(1) 省水文局根据社会经济发展和水利、水文工作需求，制订站网规划编制计划。

(2) 根据编制计划，组织人员编制规划大纲、编制要求等；并开展站网规划编制调研，熟悉站网现状、发现存在问题。

(3) 组织各分局(管理处)根据编制大纲开展全省水文站网规划编制。

(4) 由水行政主管部门组织规划审查。

(5) 省水文局汇总规划文本，并报送至省水利厅、省发展改革委等部门批复。

(6) 省水文局及分局(管理处)按批复后的规划组织实施,开展规划中期评估,按进度要求推进规划项目的实施。

4.3 水文测验

水文测验管理包括常规测验、水文测量、水文巡测、水文调查、应急监测、水文报汛、资料整编管理流程等内容。

4.3.1 常规测验

1. 流量测验

1) 流速仪法

(1) 准备:准备测流设备,包括流速仪、信号器等。

(2) 检查:检查流速仪外观、信号、灵敏度、信号发射器电压、控制台、绞车状态等。

(3) 供电:合上配电箱上总闸,插上控制台电源插头,合上控制台闸刀,开起电脑,打开操作程序。

(4) 对零:点击或按动向上运行按钮,将铅鱼提起,点击来回按钮对起点距零点校核对零。

(5) 安装:将检查好的待用流速仪安装在铅鱼架上,连接信号线。

(6) 运行:根据水情进行垂线设置,根据水深确定测点数。点击或按动按钮,控制运行速度,进行流速测量。

(7) 结束清理:将铅鱼收回至起始位置,拆下流速仪检查保养;断开控制台电源,清理工作台面等。

流速仪测流流程如图 4.6 所示。

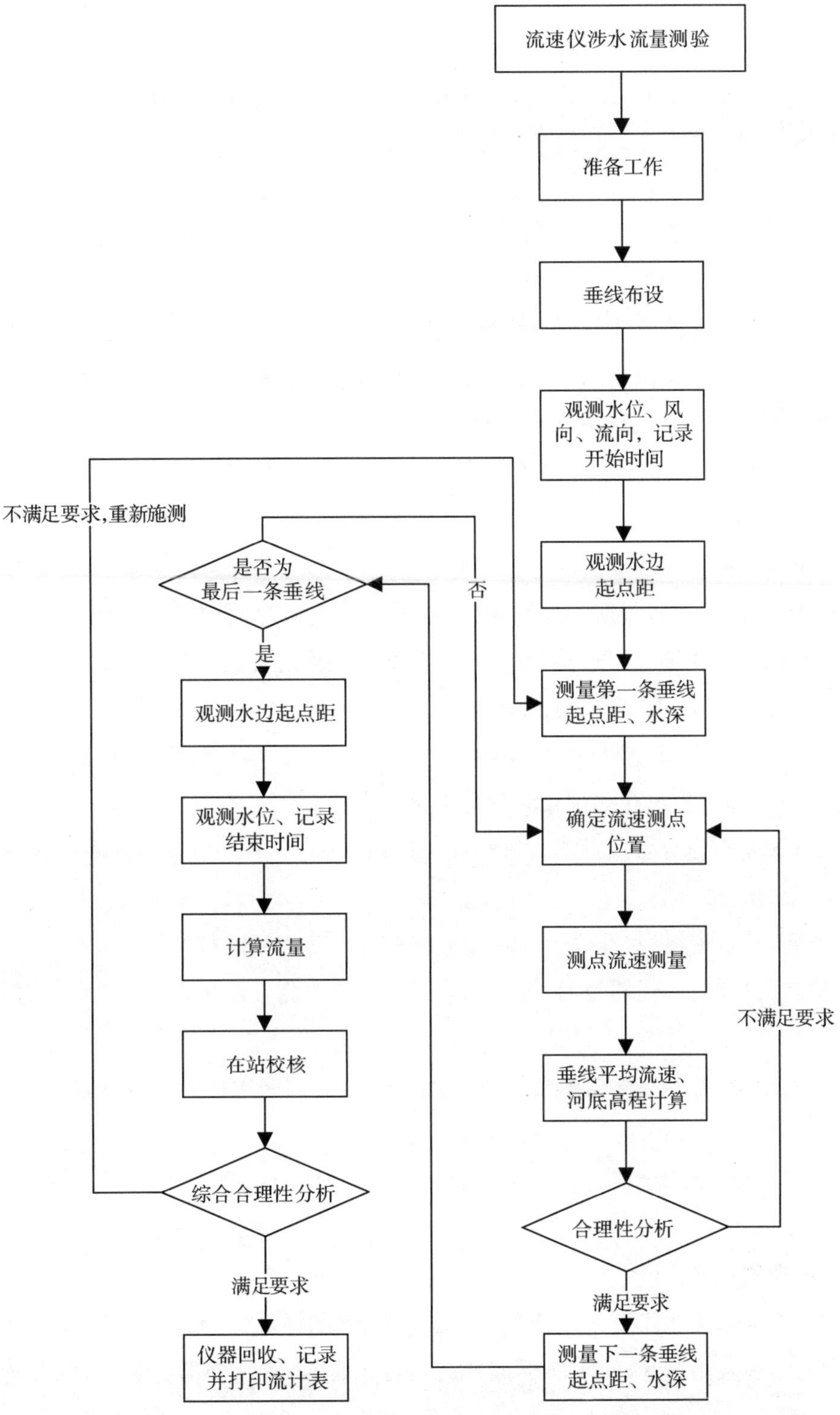

图 4.6　流速仪测流流程图

2) 走航式 ADCP

(1) 准备:准备测验设备,包括 ADCP 换能器、载体船、GPS、数传电台(蓝牙)、电脑等。

(2) 安装:将换能器和船体固定,测量电瓶电压,连接信号线、数据线等,检查电台信号是否正常。

(3) 测量:设置软件参数,进行仪器自检,开始测量并记录,选择左右岸别,测量仪器离岸距离等,开始走航,完成上半测回,重复一次,完成下半个测回测流,一般情况需要完成 2 个测回。

(4) 信息记载:在测流软件汇总流量,填写流量测验记载表有关信息。

(5) 成果整理:回放两个测回数据,检查并评价测流成果。

(6)现场清理:断开电源,拆除连线等。

走航式 ADCP 测流流程如图 4.7 所示。

2. 水位、水温观测

1) 地表水水位、水温

准备:做好观测准备,了解水尺编号(组号、脚号、支号、支号辅助号)、设备和工具等。

水温观测:在基本断面附近选择观测地点,每天观测应在同一地点进行。入水 5 分钟后提起,准确观读至 0.1～0.2℃时记录水温。

水位观测:临近水尺,蹲下身体,消除折光、波浪、壅水等影响,观读记录水尺读数、水尺编号、水尺零高,做好现场观测记录和数据上报。

校对:按规定对自计水位计水位进行人工校核。

2) 地下水水位、水温

(1) 准备:准备测绳、水准仪、水准尺、记载表或自动监测仪器等。

(2) 检查:自动监测仪器每月检查、校测一次;其他测具精度应符合要求,每半年检定一次。

(3) 观测记录:各站点根据测站类别、监测设备、监测频次按规范要求进行水位观测和记录。

(4) 核查补测:观测结束后应当场核查,发现异常应分析原因,同时检查测具和进行复测,并加以说明。

3. 降蒸观测

(1) 准备:准备翻斗式雨量计、E601 型蒸发器、遥测终端机、量杯、游标卡尺等设备。

(2) 检查:检查雨量计、太阳能板等外观是否正常,清除承雨器、蒸发器内杂物,检查终端机运行情况等。

(3) 观测:观测人工雨量器或储水瓶(桶)内水量;无人驻测站,在做维护保养时,进行仪器运行情况观测。

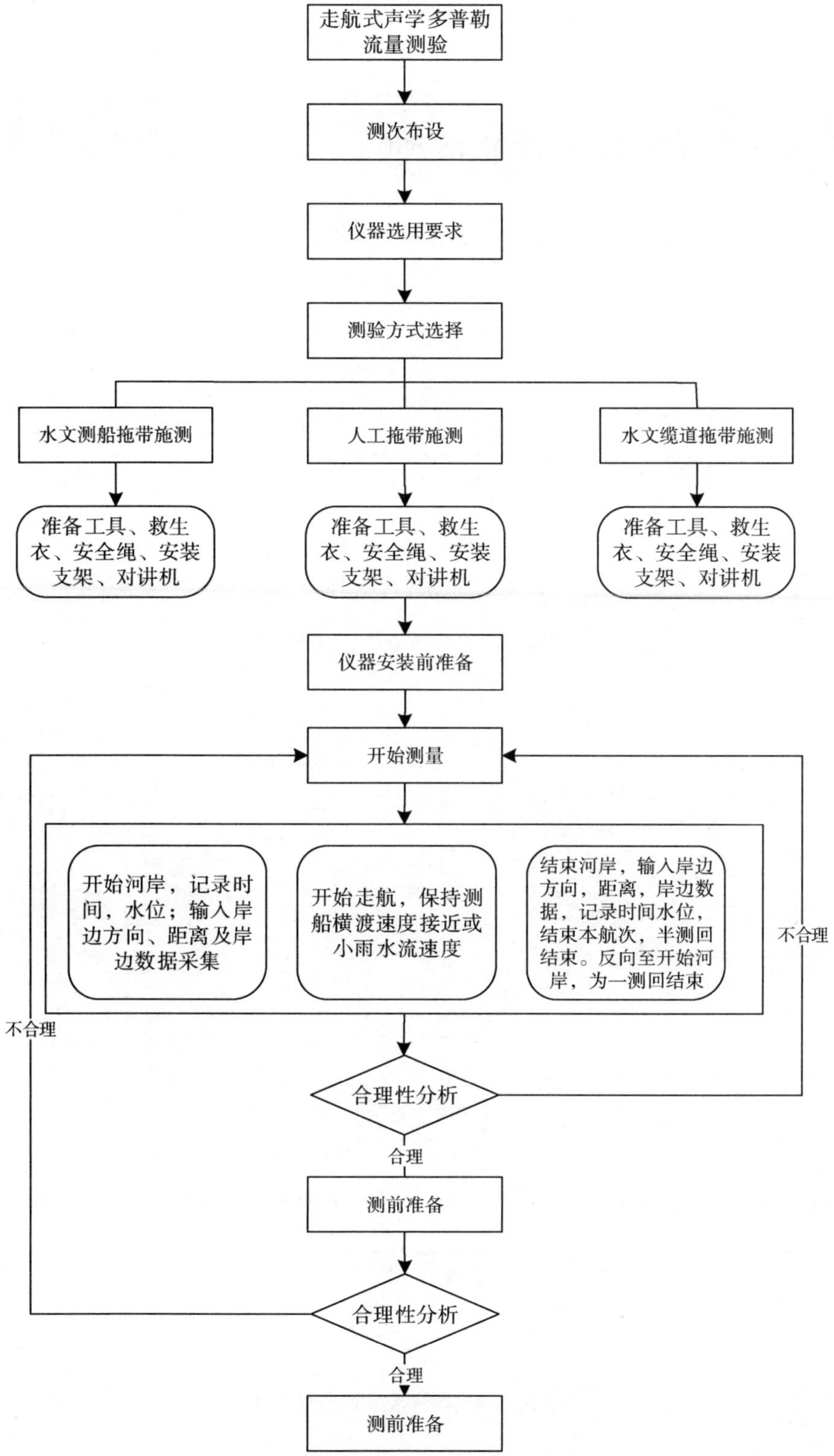

图 4.7　走航式 ADCP 测流流程图

4）记录保存：对观测、检查数据做好现场记录。驻测站做好上月数据采集、整理；无人驻测站在做维护保养时，及时采集前阶段数据并整理。

5）上报：驻测站每次观测后，根据要求做好雨情上报。

遥测雨量观测及蒸发观测流程如图 4.8 和图 4.9 所示。

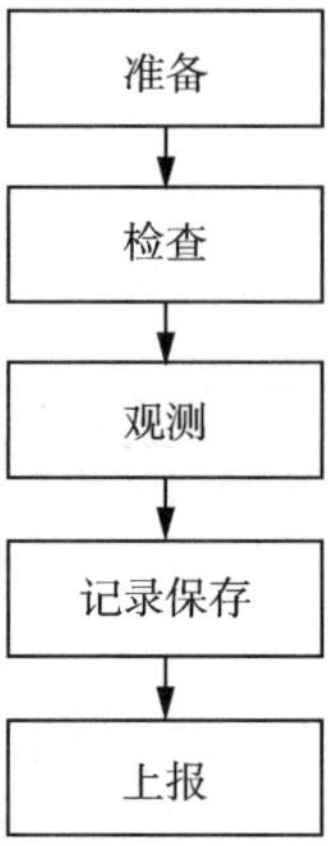

图 4.8　遥测雨量观测流程图

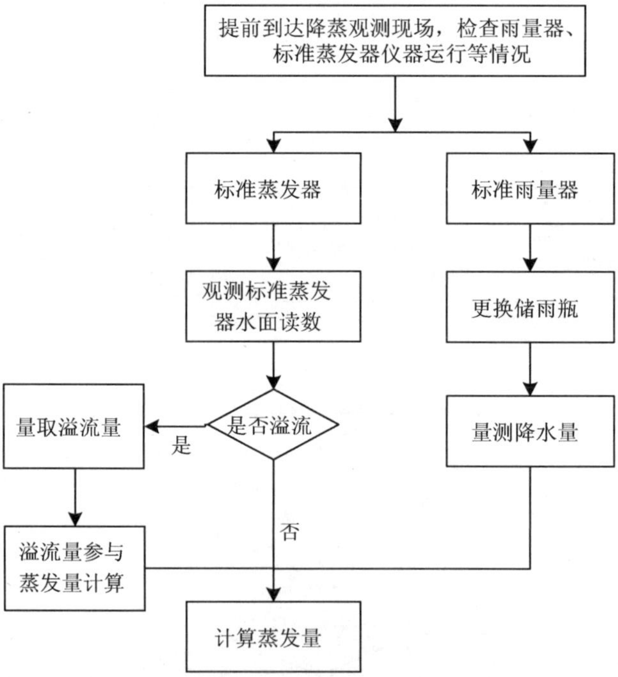

图 4.9　蒸发观测流程图

4. 泥沙测验

泥沙测验分单样含沙量测验和悬移质输沙率测验。

1）单样含沙量测验

（1）根据测验情况确定测验频次，并做好测验设备安装、取样、记录、安全等测验前准备工作。

（2）观测基本水尺水位，并记录。

（3）施测取样垂线的起点距。

（4）施测或推算垂线水深。

（5）按确定的方法取样。

（6）单样需作颗粒分析时，应加测水温。

（7）过滤泥沙，并对沙包进行烘干处理。

（8）记录并计算，绘制含沙量过程线，并进行相应分析。

单样含沙量测验流程如图 4.10 所示。

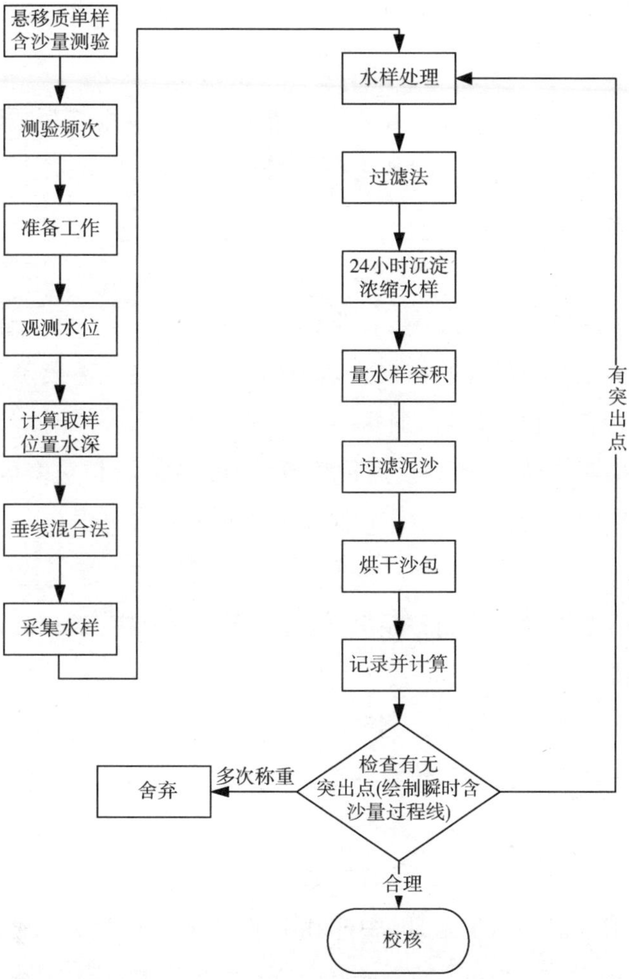

图 4.10　单样含沙量测验流程图

2）悬移质输沙率测验

（1）布置测速和测沙垂线，在各垂线上施测起点距和水深，在测速垂线上测流速，在测沙垂线上取沙洋测量含沙量，测沙垂线应尽可能与测速垂线重合。

（2）观测水位、水面比降，如需做颗粒分析，应加测水温，并按要求取留水样。

（3）需要建立单断沙关系时，应采集相应的单样含沙量水样（简称单样），条件许可时直接测得含沙量。

（4）采用浮标法测流或采用全断面混合法测输沙率时，只在测沙垂线上采取水样或测含沙量。

悬移质输沙率测验流程如图 4.11 所示。

5. 水质采样

（1）准备：准备采样器（配备测绳）、乳胶管、弹簧夹、水温计、贮样瓶、固定剂等。

（2）观测：现场观测采样时间、水温、气温、水位、流速、流量，水样外表感官、颜色、嗅觉等。

（3）取样：根据规范对采样器和贮样瓶进行清洗、取样、装箱储存，填写水质送检单。

（4）送样：在规定时间内安全及时地将样品送到实验室。

6. 植被调查和土壤水分观测

1）植被调查

（1）准备：准备植被覆盖度测量仪、计算机。

（2）拍照：植被覆盖度测量仪照相机垂直地面拍照，测定植被覆盖度；垂直向天空方向拍照，测定郁闭度。径流小区产流后，加测一次。

（3）处理：将拍摄照片导入计算机，通过图像处理软件获得植被覆盖度和郁闭度。

（4）观测记录：按照要求记录径流小区植被覆盖度和郁闭度。

2）土壤水分

（1）准备与监测：根据确定的测验频次，做好土壤水分测定仪安装、记录、安全等测验前准备工作，开展自动采集监测。

（2）率定：用烘干法率定土壤水分测定仪。

（3）传输：根据传输规约，测定、传输数据。

7. 作物测产

（1）准备：准备记录表、卷尺、刀具、样本袋等。

（2）采样：在每个径流小区的上部、中部和下部选择 3 个测点，行播作物取 2～3 行，每行取 2～3 m；撒播作物取 1～4 m^2，采集样方内所有植株，做好标记。

（3）测量：查数样本的作物株数，称量鲜重。将样本晒干称量干重并记录。

（4）产量计算：根据规范计算径流小区作物产量。

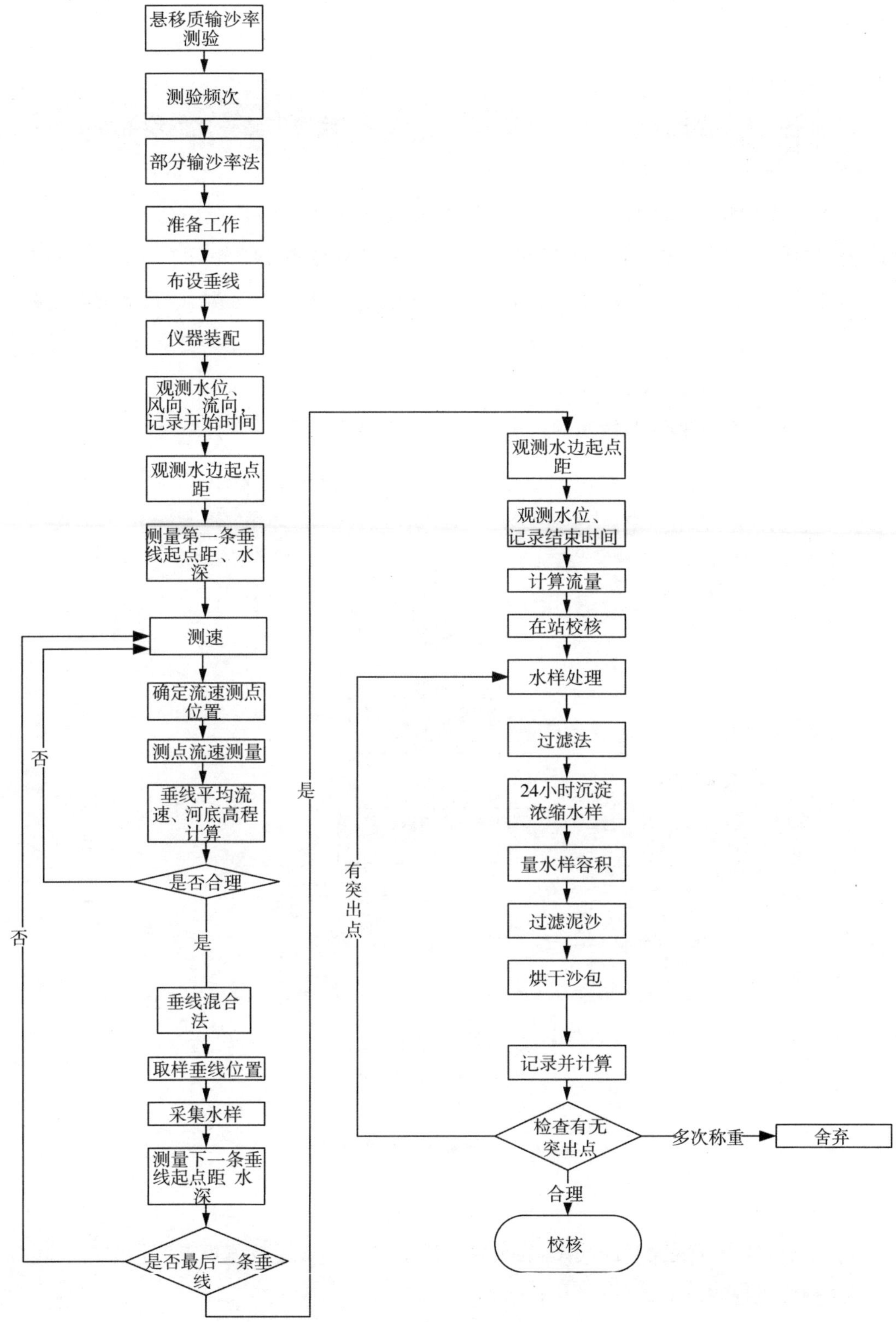

图 4.11　悬移质输沙率测验流程图

4.3.2 水文测量

1. 高程测量

(1) 准备:测量前要提前将水准仪、水准尺、地钉、记载簿等测验仪器设备准备好;并做好数据资料、测量路线、时机选择等技术准备。

(2) 测量:每测完1个测段,应立即计算往、返测或单程双转点左、右路线测量的高差,其不符值应满足限差要求,当超出限差规定时应重测和计算高差结果。

(3) 检查:检查计算无误后进行迁站,并重复前述操作测量下一测点,直至全部完成。

(4) 核查补测:测量结束,检查和整理数据资料。若符合限差规范要求,则结束测量;否则,要查找原因,并重新测量。

高程测量流程如图4.12所示。

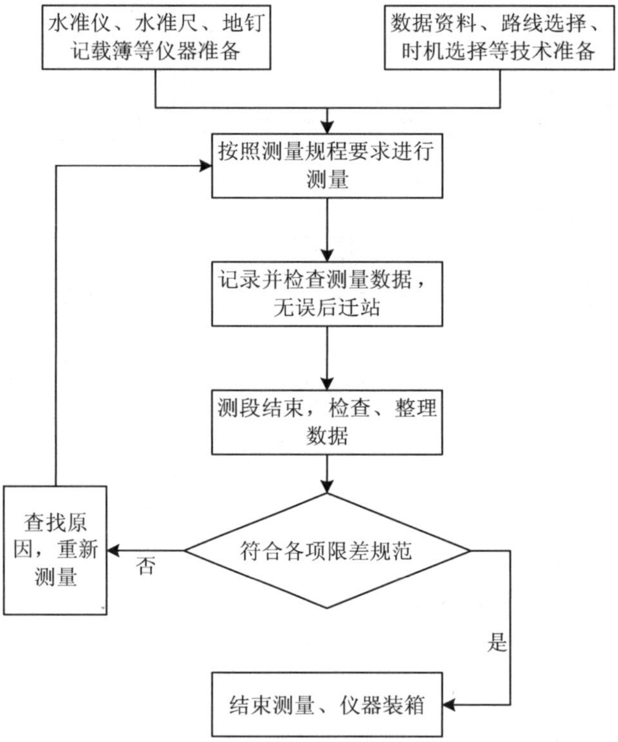

图4.12 高程测量流程图

2. 大断面测量

汛前汛后,分局开展大断面测量,省局在汛前检查以及资料整编审查过程中对大断面测量工作进行质量控制。

(1) 准备:准备水准仪、三脚架、记载表(簿)(填写表头)、一对水准尺、尺垫(小木桩)、测绳,钢针、2H铅笔、计算机(器)及防雨、遮阳工具。

(2) 仪器安置:在前、后尺中间位置安置水准仪,前后视距不等差≤2 m,测段累计误差≤5 m。

① 将三脚架下部架腿捆绑皮带解开,并松开制动螺旋。在三脚架未展开之前,伸展架腿使架头位于眼睛的高度(利用反射镜整平),或位于胸口高度(直接观察圆水准器整平)。

② 分开三脚架架腿,使其与地面呈 60°左右的正三角形,架头大致水平,其中两只脚平行于水准路线先踩实,第三脚每站点左右轮换后踩实。除路线拐弯处外,每测站上仪器和前后尺的三个位置应接近于一条直线。

③ 将水准仪安装在架头,并拧紧中心螺丝。利用三颗脚螺旋对水准仪进行预置。利用第三脚对圆水准器进行粗平,踩紧踏脚与地面。再用三颗脚螺旋使圆水准器严密聚中。

(3) 检查调焦:观察瞄准器,使物镜照准后尺。检查和调整十字丝位置、物镜成像清晰度。

(4) 观测记载:三丝能读,上下丝为视距丝;中丝为高程丝,要精确读取。

① 根据后—前—前—后的观测程序进行 8 个数值观读、记录保存。若采用电子水准仪,路线选择三等水准模式;补偿式水准仪,在读中丝前按一下补偿器。在同一仪器站上测量时,不得两次调焦。

② 对前后视距、高差和平均高差进行计算。

③ 视距应≤75 m,同尺黑、红面读数差≤2 mm,同站黑、红面所测高差之差≤3 mm。

(5) 迁站测量:迁站前应对仪器进行预置,迁站时对仪器进行有效保护。重复上一测站工作。每一测段的往测和返测,其仪器站数应为偶数,由往测转向返测时,两标尺必须互换位置,并应重新安置仪器。

(6) 计算校核评定:

① 求和:对测段后距、前距,各中丝读数,黑、红面读数差及平均高差共 12 项进行求和计算及校核。对电子水准仪后台数据处理,成果打印。

② 评定:根据允许闭合差公式:$\pm 12\sqrt{L}$,L 不足 1 km 按 1 km 计,对此次测量成果进行结果评定。

大断面测量流程如图 4.13 所示。

3. 地形测量

地形测量基本步骤如下,此处以 GPS/RTK 测量操作流程进行描述。

(1) 准备:主机、手簿、三脚架、对中杆、电池、天线、控制点坐标、电脑等。

(2) 仪器架设:基站、移动站仪器根据设备说明书架设。

(3) 新建项目:点击手簿主界面"【项目】",点击新建设置项目名,然后确认打钩。点击"项目属性"菜单下的坐标系统,设置当地椭球和投影方式及中央子午线,一般情况不用设置其他参数,点击保存即可。

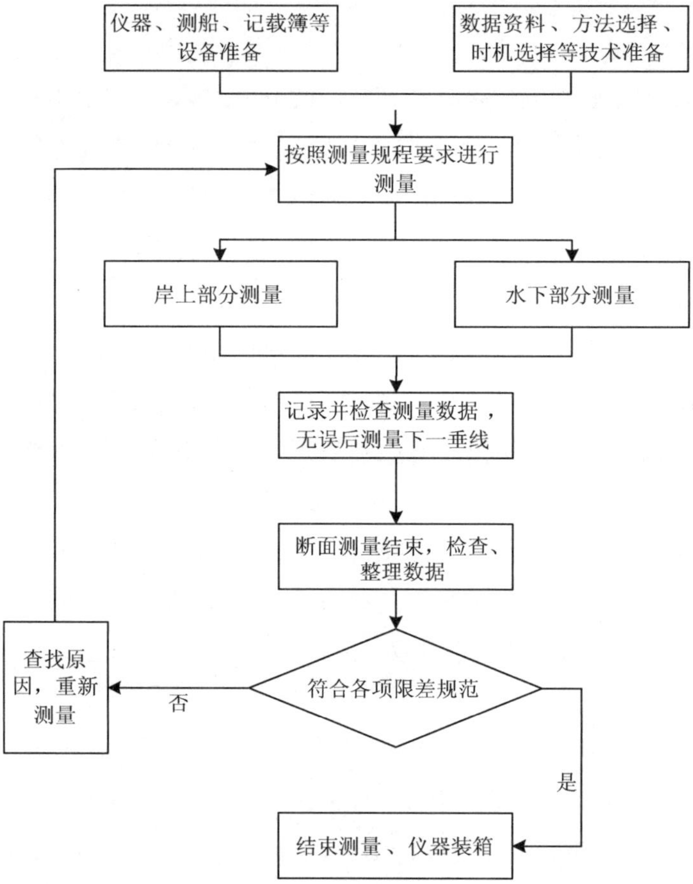

图 4.13　大断面测量流程图

(4) 设置基准站：要求高度角在 15°以上，开阔，无大型遮挡物；200 m 内无微波站、雷达站、手机信号站，50 m 内无高压线；在用电台作业时，基站与移动站之间最好无大型遮挡物；有至少两个已知点；CORS 无须设置基准站。

打开手簿主界面"【GPS】"，用蓝牙搜索主机序列号，选中该序列号点击"连接"，选中设置基准站，输入点名，如架设在已知点上，输入仪器斜高。点击"平滑"采集坐标，在平滑界面采集完后点"确定"，基站当前单点坐标就获取完毕(如果知道这点的 WGS84 经纬度坐标，也可以手工输入)。点击"数据链"，选择数据链类型；点击"其他"，选择差分模式、电文格式、高度截止角，点击确定设置成功。断开 GPS，让手簿与基站断开连接。

(5) 设置移动站：打开手簿主界面"【GPS】"，用蓝牙搜索主机序列号，选中该序列号点击"连接"，选中设置移动站，点击"数据链"，选择与基站相同的数据链类型；点击"其他"，选择与基站相同的差分模式、电文格式、高度截止角，点击"确定"设置成功。此时看见接收机 F2 灯闪动，手簿解状态为固定解 1.0。

(6) 已知点采集：点击手簿主界面"【测量】"，将对中杆垂直于已知点上，等待圆水准气泡居中后，当解状态在“固定解”下时，点击“ ”或按 F2 键，完成一个点的采集。输入已知点名，修改天线高，保存。重复测量其他已知点，完成后保存退出。

（7）参数求解：点手簿主界面“【参数】”进入坐标系统界面，再点“坐标系统”菜单下的“参数计算”，在参数计算界面选择“计算类型”和“高程拟合模型”，点击“添加”，然后点击“源点”的坐标库图标，选择记录点库的 Pt1，点击“√”，又回到坐标配对界面，再点击“目标”的坐标库图标，然后选择控制点库的 GP01 点，点击“√”，又退回到坐标配对界面，然后点“保存”，就退回到参数计算界面，这样第一个已知点就匹配好了。同样的方法添加配对其他已知点，添加完后点“解算”这个按钮。软件解算完后就弹出参数结果界面，点击“运用”，可在坐标系统启用刚才计算的参数。

（8）测量与结果：在手簿主界面点击“【测量】”就进入了碎步测量界面，如果选择手动采集，点击“手动”进行手动采集，如果选择自动采集，点击“自动”进行自动采集，方法同已知点采集。测量完成后将成果导入电脑，根据需求绘制图表。

地形测量流程如图 4.14 所示。

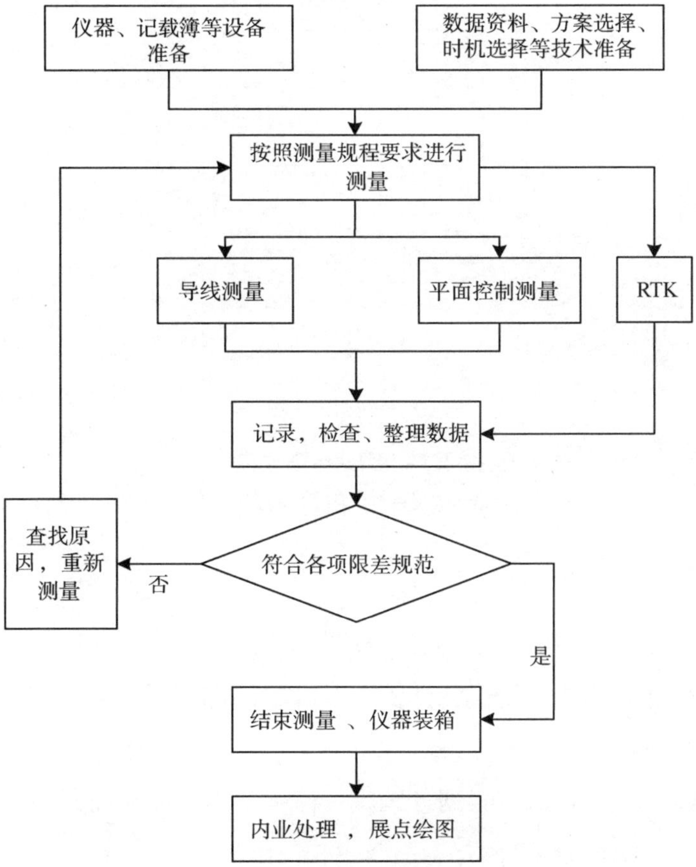

图 4.14　地形测量流程图

4. 测站考证

测站考证基本流程如下：

(1) 实施方案编制：根据要求，编制测站考证的实施方案。

(2) 基础数据调查、收集及校核：开展包括测站地理位置、所在河流演变、流域自然地理情况、流域工程分布等在内的测站基础信息、流域基础信息的调查、收集、校核工作。

(3) 外业测量：开展测站平面、测验断面及水下地形测量等外业工作。

(4) 数据图表分析整理：开展测站水文特征值整理分析，测站历史沿革、图片及影像资料收集整理等内业工作。

(5) 编制成果报告：编制水文测站考证簿和相关成果技术报告。

测站考证流程如图 4.15 所示。

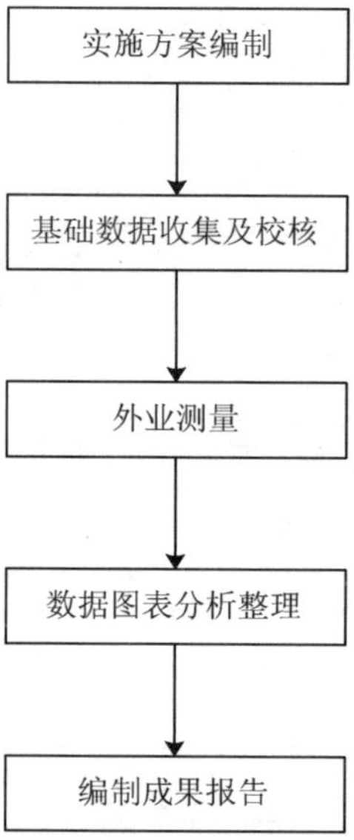

图 4.15 测站考证流程图

4.3.3 水文巡测

下达年度巡测任务—制订巡测计划开展巡测—巡测资料整编。

水文巡测流程包括巡测任务布置、巡测方案编制、巡测技术确定、巡测路线优化、巡测数据整理、巡测资料分析及巡测资料整编等。

(1) 巡测任务布置：省局每年根据各区域特性下达年度巡测任务，明确监测频次、技术要求等。

(2) 巡测方案编制：各分局根据省局布置的巡测任务制订详细的巡测方案。

(3) 巡测技术确定，即根据巡测辖区测站的分布情况、交通条件、人力资源配置、设备配置及各测站的水流特性选择巡测方法。巡测路线优化，即根据所管辖各测站的水流特性、巡测时机、交通条件等，在充分保证水文测验成果质量的前提下，以经济效益优先为原则，确定巡测路线。巡测组织保障，包括巡测辖区基本情况、巡测时机分析、巡测资源配置等内容。

(4) 巡测方案需通过省局组织的技术审查后方可实施。

(5) 开展现场巡测，收集相关监测资料。

(6) 开展数据整理与分析，并对水文站设站目的进行分析，以此决定资料整编精度要求。

(7) 编制巡测报告，总结汇总巡测成果。

巡测工作流程如图 4.16 所示。

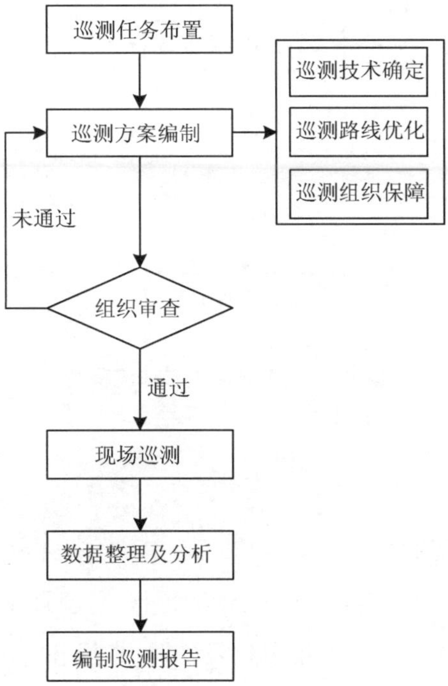

图 4.16　巡测工作流程图

4.3.4　水文调查

水文调查工作的主要流程为：

(1) 编写调查方案：主要包括确定水文调查的调查内容、调查方法和调查要求。

(2) 野外调查测量及资料收集：按照水文调查种类，根据相关技术规范开展工作，一般采用野外调查、设立辅助站、巡回测量、收集汇交等工作方法。

(3) 数据图表整理与分析：对调查数据和资料进行整理、分析、考证；对调查整编成果进行合理性分析等。

(4) 编写调查报告：调查工作结束后应及时编写调查报告，报告书内容应包括任务来源及调查人员组成情况、调查区概况、采用和参考的主要技术文献和调查方案、调查使用的技术装备情况、有关资料的收集和考证情况、成果审查与评价等。

水文调查工作流程如图 4.17 所示。

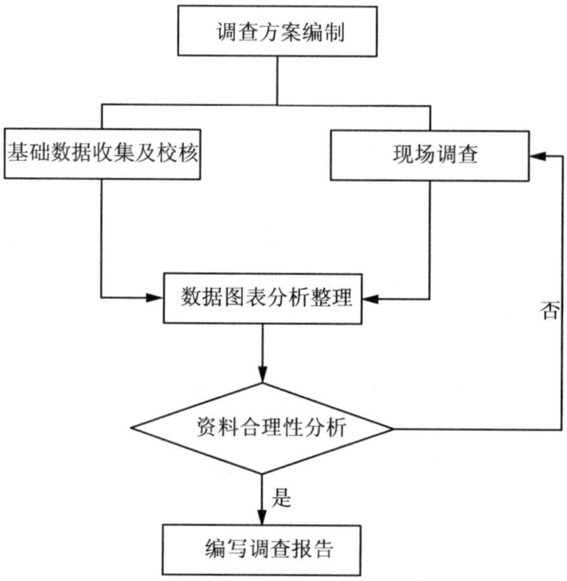

图 4.17　水文调查工作流程图

4.3.5　应急监测

1. 江苏省水文应急测报响应

应急响应内容包括应急启动、监测报送、预测预报、分析评估及应急结束等五个方面。

(1) 应急启动：当特殊水情及水污染事件发生时，省局和各分局根据突发水事件信息或由水行政主管部门领导指示，立即依据预案启动相应的水文应急监测工作，组织监测人员迅速上岗到位，开展工作。

(2) 监测报送：根据应急处置工作的需要，事发地水文分局应及时加密测点测次；监测数据的报送应充分利用现代通信及计算机网络技术，确保信息安全快速、可靠。防汛防旱重要水文数据在 20 分钟内报送省局。发生重大突发水污染事件时，各分局应在获取相关水文监测数据后 1 小时内报送省局。

(3) 预测预报：做好洪水预报工作，积极利用定量降雨预测结果，开展洪水预测分析，为防汛指挥提供决策依据；开展旱情、水量、水质趋势预测分析，为干旱及水污染事件提供信息服务；加强与地方有关部门的交流会商，提高预测预报质量。

(4) 分析评估：根据应急监测与处置工作需要，进行水文调查，做出分析评估，为应急处置提供科学依据。

(5) 应急结束：当水情得到控制，环境符合相应标准，次生灾害隐患消除，经省水文应急办公室同意后，宣布结束水文应急测报行动，并在一定范围内公布，恢复正常工作。

水文应急测报响应流程如图 4.18 所示。

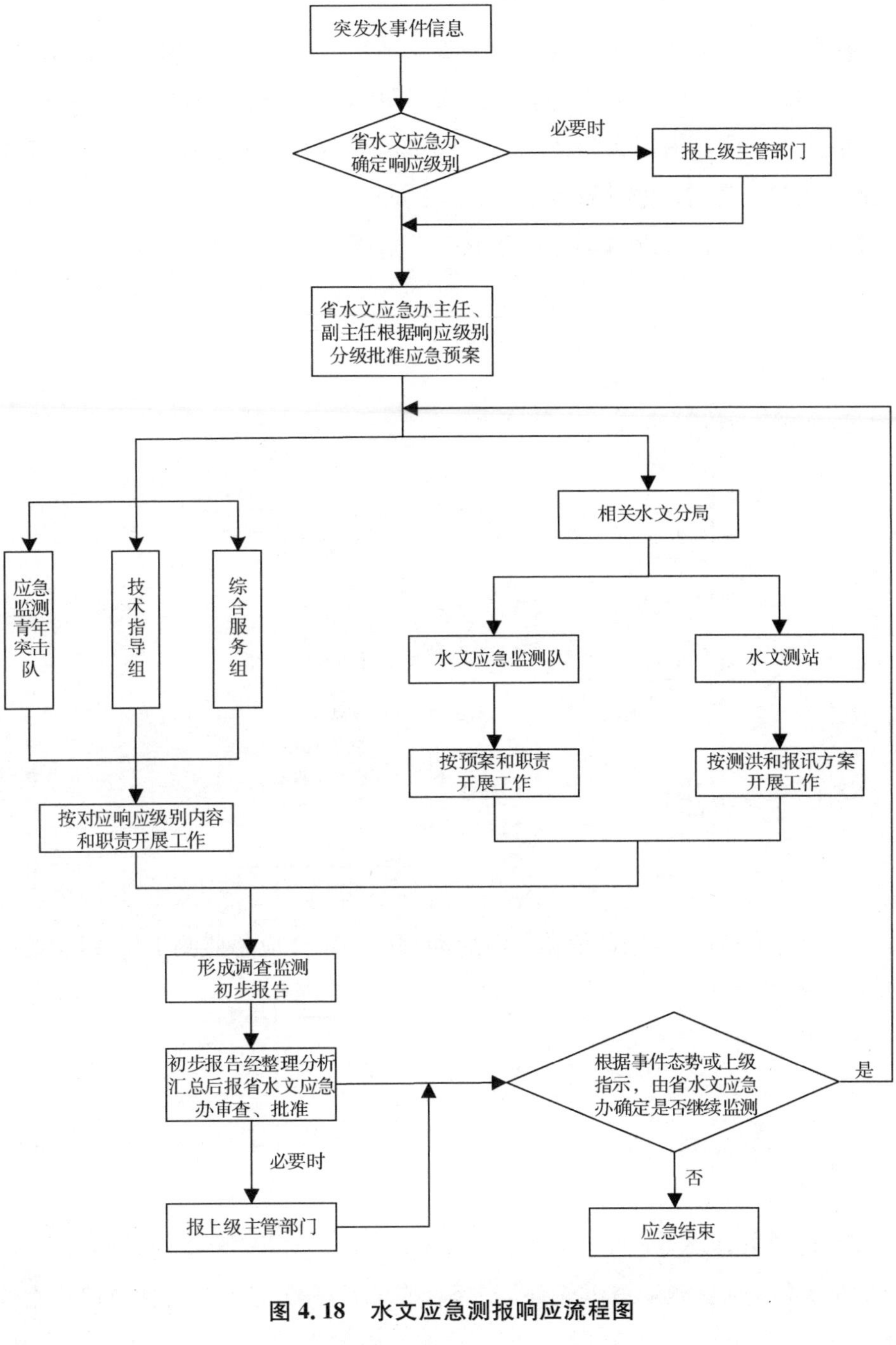

图 4.18　水文应急测报响应流程图

2. 应急监测工作安排流程

应急监测工作安排流程如下：

（1）组织全省应急监测队。省水文局成立省水文应急领导小组，领导小组下设办公室，具体承担全省水文应急监测事务管理工作。成立省水文应急监测队及应急监测分组、预测预报分组、应急通信分组和后勤保障分组。

（2）开展全省应急监测演练。各分局结合区域实际，有重点开展、对应大洪水、水质突发事件、供水、调水、防台等方面的应急演练，省局组织全省综合性应急监测演练。

（3）开展应急监测。根据实际情况组织应急监测队开展应急监测，并根据应急监测任务由省局适时调配全省应急监测资源。

应急监测工作安排流程如图 4.19 所示。

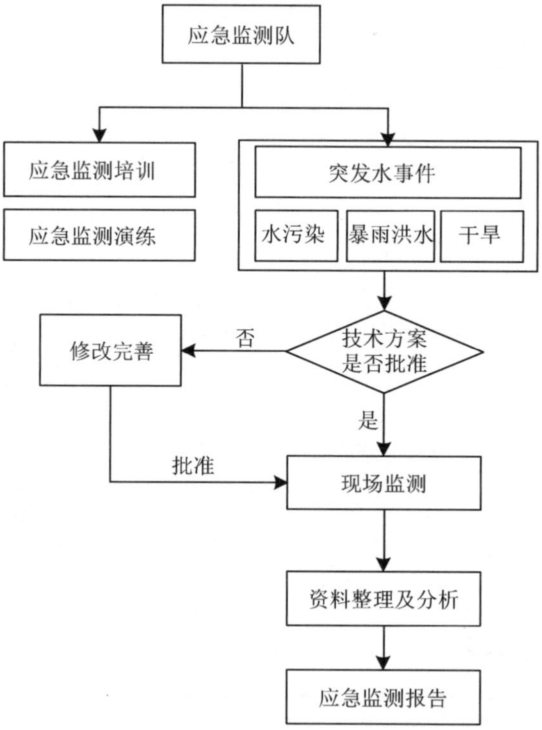

图 4.19 应急监测工作安排流程图

4.3.6 水文报汛

1. 报汛任务委托下达

（1）报汛需求征询。印发报汛任务征求函，征求水旱灾害防御指挥部门等水情需求单位的意见。

（2）报汛任务书调整。针对报汛任务征求意见和水情工作实际需求，通过与报汛单位相互沟通确认，调整报汛任务，编制报汛任务书。

（3）报汛任务审核。水行政主管部门组织水情需求单位、报汛单位专家对调整后的报汛任务书进行审核。

（4）报汛任务委托下达。水行政主管部门下达报汛任务书。

2. 水情信息交换

报汛信息交换管理流程为接受报汛任务—报汛信息质量控制—交换报汛信息—检查报汛信息交换，具体工作如下：

（1）接受报汛任务，建立信息交换台账。

（2）按时保质保量交换报汛信息。

（3）检查登记报汛信息交换情况，遇有问题，及时处理上报。

3. 报汛质量控制

（1）接受报汛任务。

（2）报汛质量控制监控。

（3）交换报汛信息。

4. 报汛质量考核

（1）评定水情信息报送时效性、错报率、更正报率。

（2）编写评定报告。

（3）下发报告并整改。

水文报汛流程如图 4.20 所示。

4.3.7　资料整编

水文资料整编的主要流程为：

（1）整理：收集原始数据、测站考证等资料，对原始水文资料进行必要的插补、订正、考证，形成基本完善的水文资料系列。

（2）审核：审核原始资料，检查测验计算方法是否正确，实测成果是否合理，全面审核原始资料和各种整编图表的内容与数字计算是否有误，做好一算二校。

（3）编制成果表：编制各类逐日表、实测成果表、洪水水文要素摘录表等。逢零逢五的年份开展测站考证工作，编制站说明表、测验河段平面图、主要水利工程基本情况表、陆上水面蒸发场说明表及平面图等。

（4）整编：绘制各种必要的分析用图，进行数据整理，录入数据文件，编制或输出各类整编成果表。

（5）单站合理性检查：绘制必要的图表、过程线，分析资料合理性，并编写水文资料整编说明书。

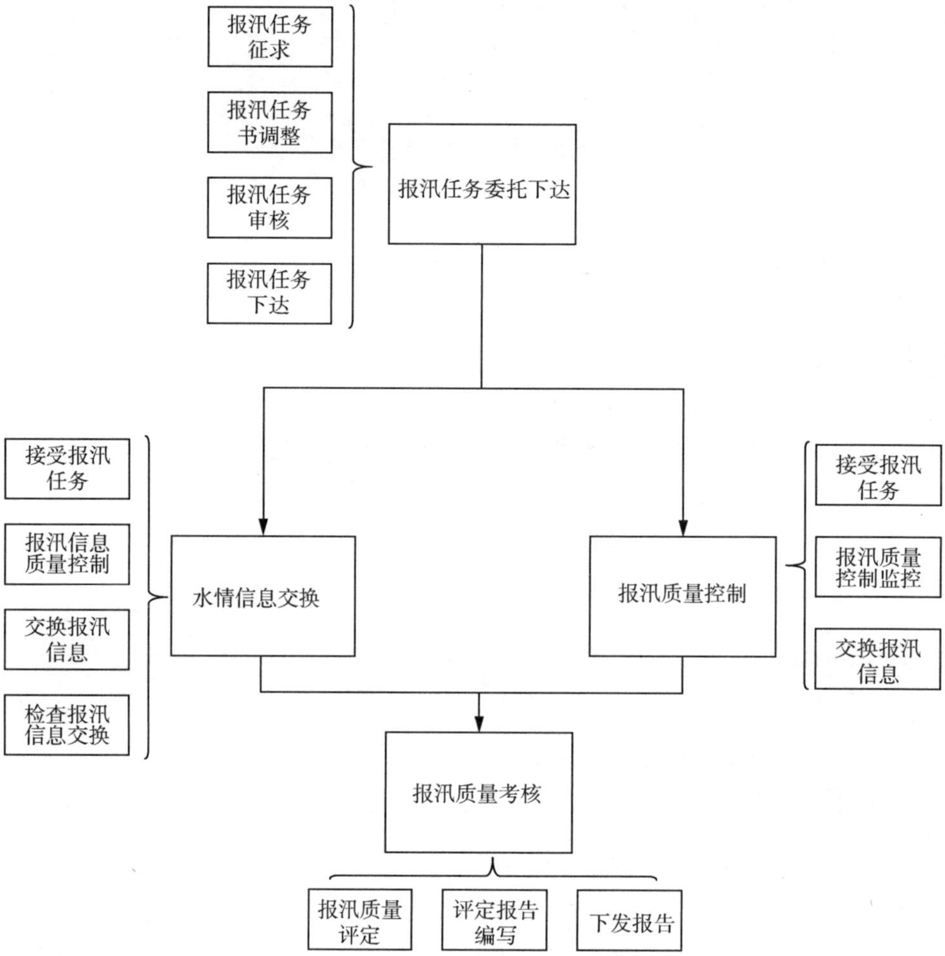

图 4.20　水文报汛流程图

资料整编流程如图 4.21 所示。

4.4　实验室检测

实验室检测管理主要包括场所管理、采样及样品管理、检测管理、质量控制管理、能力提升管理等五个方面的内容。

4.4.1　场所管理

场所管理主要是检测环境控制,使检测环境满足检测工作要求,防止检测项目间的交叉污染,确保环境条件不会使检验检测结果无效,或不会对所要求的检验检测质量产生不良影响,保证检测结果的有效性和准确性。

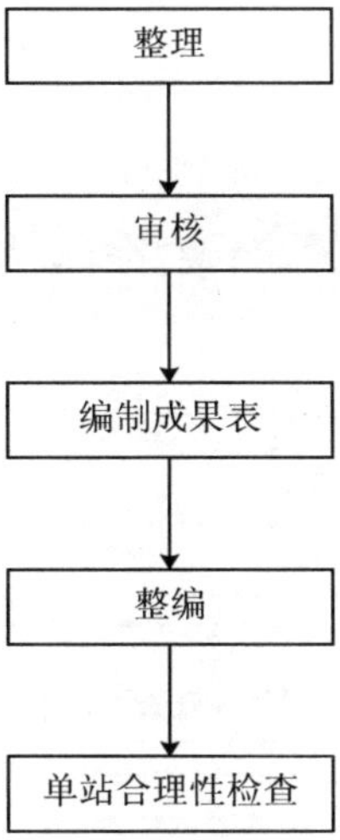

图 4.21 资料整编流程图

(1) 制订环境管理制度：监测业务室负责制订实验室环境管理制度，报技术负责人审查，中心主任批准；负责组织日常实验室环境管理制度的实施和监督检查。

(2) 提出消耗品保存要求：监测业务室根据本中心消耗品注明的保存条件，提出消耗品保存时所需的环境监控目标、监控方法及监控设施设备，每月至少进行 1 次环境监控，填写“实验室环境条件记录表(一)”。消耗品保存环境条件发生偏离后，质量负责人应对消耗品的质量进行验证，在证明质量没有发生变化后方可继续使用。

(3) 提出样品保存要求：监测业务室根据本中心日常检测样品的最严保存限制条件和所保管样品的类型、保存期限，提出本中心样品贮存的环境控制目标、监控方法及设施与设备。

(4) 对样品保存的有效性提出要求：样品管理员负责样品保存区域环境监控，样品保存期间至少每日监控 1 次，填写“实验室环境条件记录表(二)”。样品的保存条件发生偏离后，监测业务室和分析测试室负责人应对样品的有效性安排核查。在确认样品没有发生变化后应尽快恢复样品的保存环境条件，如发现样品特性发生了改变，则应立即通知委托方请求补救，并对样品做善后处置。

(5) 对检测场所提出管理要求：分析测试室组织对各检测场所的照明、采光、通风、采暖等进行每月至少 1 次环境监控，填写“实验室环境条件记录表(一)”。

(6) 对重要检测区域提出管理要求：检测人员应对重要检测区域环境条件进行监控，检测过程中监控至少每日 1 次，填写“实验室环境条件记录表(二)”。当遇到特殊客观原因导致环境条件达不到监控要求时，实施隔离措施，在实施隔离措施并确认无影响后继续检测活动。在检测过程中，发现环境条件与实验室环境条件控制一览表出现偏离，导致影响检测结果时，检测人员应停止检测活动，监测业务室组织编制检测场所和环境条件配置方案，报技术负责人审查，中心主任批准后实施。

(7) 对检测中心以外场所提出管理要求：分析测试室在中心以外的场所进行检测时，应做好环境条件记录，特别注意环境条件的影响。

(8) 对检测场所和环境控制提出要求：监测业务室负责检测场所和环境条件控制记录的收集、归档。

检测场所管理流程图如图 4.22 所示。

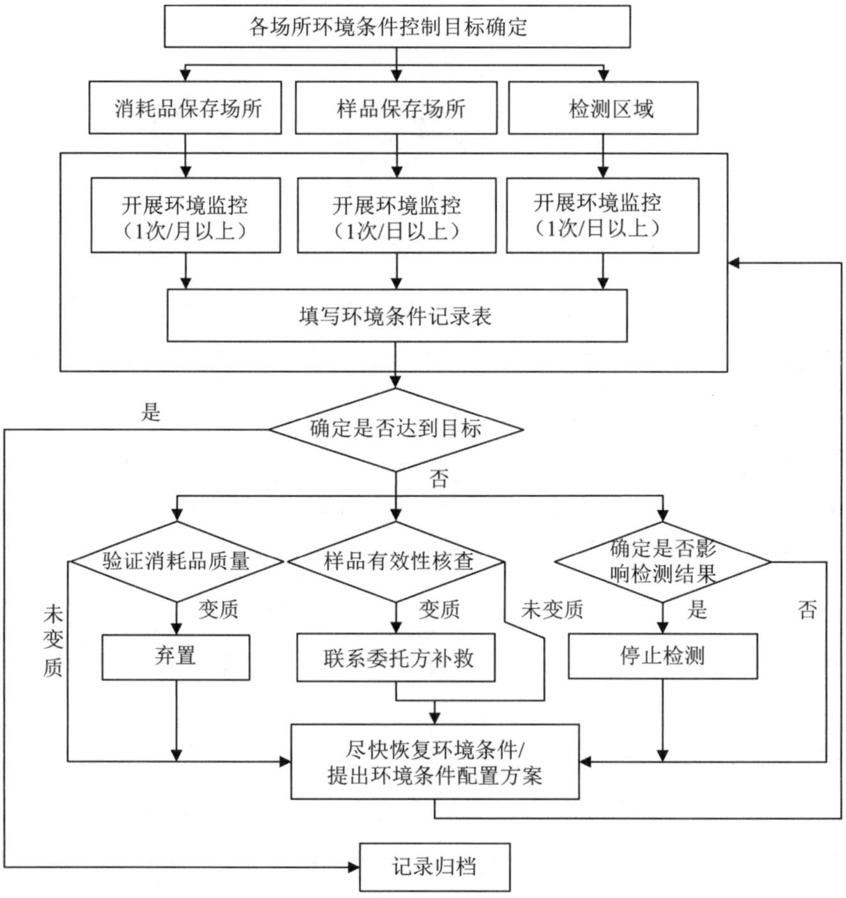

图 4.22　检测场所管理流程图

4.4.2　采样及样品管理

1. 采样管理流程

采样管理主要包括对中心采样活动进行有效控制，确保采样人员严格按照采样程序进行采样作业，保证样品采集代表性和样品采集质量。具体内容包括采样计划的制订和审批、采样计划的实施、采样后样品的标识与运输等。

1）采样计划的制订和审批

（1）监测业务室接到检测任务后制订采样计划并与分析测试室协调确定采样人员。

（2）采样计划经中心技术负责人批准后由分析测试室实施。

2）采样计划的实施

（1）采样人员根据采样计划，对拟采样品情况进行核实，核实内容包括：拟采样断面位置，交通路线安排；拟采样品名称、数量、包装等情况与委托方提供的信息是否相符；样品保存条件是否满足采样计划要求；样品运输环境是否会对样品造成污染；是否能按采样计划实施采样作业等。

（2）如经核实满足采样计划要求，采样人员应根据采样计划进行现场采样作业，准备采样设备及样品容器，保证现场监测设备运行良好并经校准，根据采样点位置合理统筹采样路线。

（3）采样人员在采样点现场采集样品，应持证上岗，规范操作，按要求监测现场测定项目及分装样品，根据采样项目分别加入适当的保存剂，填写采样记录表。采样记录应包括所采用的采样仪器、采样人姓名、环境条件、采样地点等。

（4）如经核实发现不能满足采样计划要求的，采样人员应根据现场偏离情况要求增补或删除文件化的采样计划，并将此情况和适当的采样数据一并详细记录，记入包含测试结果的所有文件中，同时通知有关人员。

（5）当委托方对采样程序有偏离的要求时，应予以详细记录，同时告知相关人员。如果委托方要求的偏离影响到检测结果时，应在检测报告中做出声明。

3）采样后样品的标识与运输

（1）采样人员在采样后须在样品容器外加贴采样标识，采样标识注明采样河流、断面、加入保存剂名称、采样时间、监测项目、容器材质及类别等。

（2）采样作业结束后，采样人员应采取适当措施，保证所采集样品的运输安全，尽快运抵分析测试室，并保证样品在传递过程中保持其原有属性。样品运输应按《水环境监测规范》(SL 219—2013)要求执行。

2. 样品管理流程

样品管理主要包括确保接收的样品满足检测要求，样品在测试活动过程中标识清晰、可追溯；避免样品在储存、制备和处置过程中出现退化、丢失或损坏，以及保证测试结果的有效性；根据客户要求做好样品的保密与安全工作。具体流程包括检测样品的接收、检测样品的流转、检测样品的储存、检测样品的处置等执行情况。

1）检测样品的接收

（1）委托检测由监测业务室统一受理，样品管理员在接收检测样品时，应检查和记录检测样品与测试方法中所描述的正常或规定状态是否相符，认真清点样品，填写“样品接收单”,并在“样品交接单”上注明交接日期和时间,签字确认。

(2) 委托检测样品由样品管理员进行编号。样品管理员对检测样品进行登记,将样品分为测试样品和保留样品,并加以标识,以确保检测样品在测试和储存过程中不会发生混淆和随意调用。样品编号(样品区分识别号)可贴在样品瓶(桶)上。样品编号由实验室代号、年份、月份、日期、样品序列号和样品标识号组成,样品标识号为样品种类(原水、不同固定水样)识别号。样品编号由样品管理员进行编制并对样品进行登记。

(3) 样品序列号由样品管理员进行编号,样品在检测的整个期间应保留编号,不可以随意更改,保证样品不发生混淆。

2) 检测样品的流转

(1) 分析测试室负责人根据测试任务通知单,通知相关测试人员接受测试任务。

(2) 测试人员在接到测试任务后,到样品管理员处领取测试样品,填写“样品分发记录表”。

(3) 样品管理员应根据测试任务通知单,做好样品分样及发放工作,并及时做好样品的流转记录。

(4) 样品所处的检测状态,用“待测试”“已测试”“留样”进行标识。

3) 检测样品的储存

(1) 测试样品的保存环境应阴凉、干燥、通风、防火,温度适宜。

(2) 保留样品应按样品性质和保存条件不同分别在不同的环境中保存,并有明显区别于其他样品的标识。

(3) 对要求在规定环境条件下存放的样品,应严格控制环境条件。

4) 检测样品的处置

(1) 超过保存期的检测样品,样品管理员应及时填写“样品处置记录表”,经分析测试室负责人审核,报技术负责人批准后统一组织弃置处理。

(2) 样品管理员在检测样品处置时,应确保客户机密和所有权得到保护。

采样及样品管理流程如图 4.23 所示。

4.4.3 检测管理

检测管理主要包括保证实验室检测及现场检测工作规范有序,检测结果准确可靠,并能对检测场所环境、样品、设备、人员等实施有效控制。

1. 制订检测计划

(1) 监测业务室根据检测任务编制检测计划。

(2) 检测计划经技术负责人审核批准后交分析测试室实施。

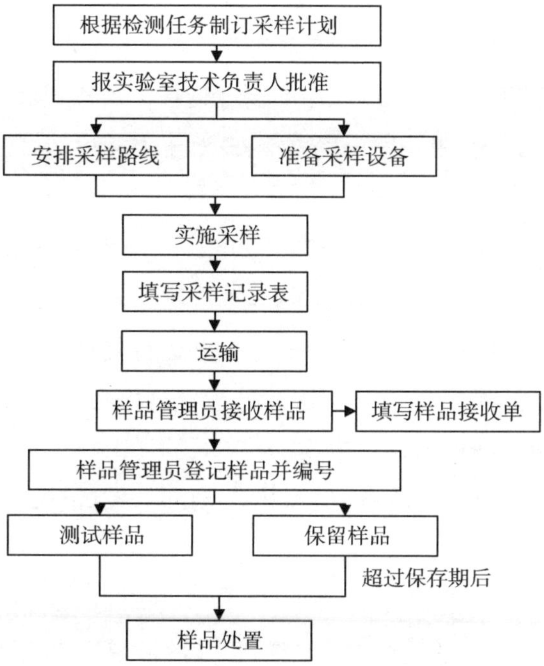

图 4.23 采样及样品管理流程图

2. 实施检测计划

实施检测计划主要包括实验室检测和现场检测。

1）实验室检测

（1）采样人员根据检测计划和采样计划，按《采样管理流程》要求进行采样，有现场检测项目的按《现场检测管理流程》执行。采样结束后，采样人员必须到样品室及时办理样品移交登记手续。样品管理员应向采送样人员收取送验单，并对样品的有效性进行确认，对合格样品进行登记。

（2）检测前，检测人员必须检查所用仪器的工作状态和环境温湿度条件，并在仪器设备使用记录表上记录；检测时，应严格遵守仪器操作规程及样品测试的方法和标准，正确填写原始记录；检测后，检测人员再次检查并记录所用仪器的工作状态是否正常，记录后恢复仪器原有的状态。原始记录数据经计算后交复核人员复核。原始记录的填写和复核工作按记录管理要求执行。

（3）检测结束后，检测人员应及时将检毕样品移交给样品管理员。

（4）复核人员将复核无误的原始记录交审核人审核，审核完后交资料管理员登记归档，检测报告编制人经技术负责人同意后编制检测报告。检测报告编制按照结果报告管理要求执行。

（5）监测业务室负责收集整理所有记录、材料及报告，按记录管理要求执行。

2）现场检测

（1）技术负责人按照有关文件、指令或合同的要求，下达现场检测任务。

（2）监测业务室根据检测任务要求，在审核现场检测所需设备和工作环境等满足检测需要的前提下，制订检测计划，报技术负责人审查；对于委托检测，现场检测计划应征得委托单位同意。

（3）监测业务室编制现场测试任务通知书，由技术（质量）负责人审核下达。

（4）分析测试室根据测试任务通知书要求，实施现场检测，现场测试应至少有 2 名监测人员在场。现场检测应按规范要求填写有关记录，并进行复核，妥善保存。

（5）分析测试室指定专人对检测数据进行分析，按《检测报告编制和管理程序》（JSSHJ－CX－28－2019）的规定编制检测报告。

（6）监测业务室负责收集整理所有记录、材料及报告，按《记录和档案管理程序》（JSSHJ－CX－19－2019）管理。

3. 处理检测数据

（1）检测人员递交原始记录，经计算、复核、审核后形成检测成果。

（2）分析测试室指定专人负责检测报告的编制工作，报告编制人对经复核无误的检测结果，按照上述规定的内容要求填制并出具检测报告，自核无误签名后，连同原始检验记录（对检验数据的计算或转换）和合同及有关证据一并送交指定的人员进行审核。

（3）分析测试室负责人负责检测报告的审核，审核无误签名后，送交授权签字人进行审查签发。发现一般性问题，返送回报告编制人，监督改正或重新出具检测报告；发现重大问题，向技术负责人报告。

（4）授权签字人对审核的检测报告进行认真审查，审查无误后签名，并交监测业务室发送；非授权签字人不得签发检测报告。

检测管理流程如图 4.24 所示。

4.4.4 质量控制管理

质量控制管理主要包括对检测全过程实施质量控制，确保检测结果的正确性和可靠性，有计划地监控和评价检测结果的有效性。

1. 质量控制方案的制订

（1）质量负责人每年初应根据质量控制要求，编制年度质量控制计划或方案，质量控制计划应包括质量控制对象、参加人员、实施日期、控制方法等。

（2）质量保证室负责人负责监督质量计划或方案的实施，一般应包括控制计划的实施，分析测试室负责人配置资源后的组织实施。

（3）质量控制方法应在质量控制计划中给予描述和确认，以确保对控制对象进行有效

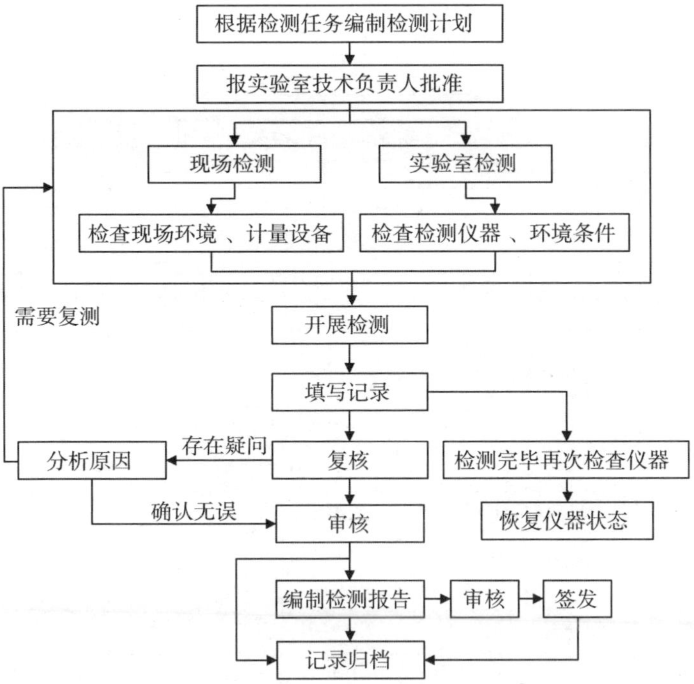

图 4.24 检测管理流程图

的监控。

2. 质量控制计划的实施

(1) 质量保证室依据质量控制计划的内容监督质量控制的实施。

(2) 分析测试室依据质量控制计划的有关内容和方法，组织质量控制计划的落实。

(3) 质量负责人组织对质量控制实施情况进行评估。

(4) 质量负责人组织编制年度监测质量管理工作报告及下一年度质量管理计划，并于次年一月底前上报。

3. 质量控制结果分析

(1) 质量保证室负责质量控制活动记录的汇总，并对测试的有效性和结果的准确性有无影响和影响程度进行统计分析，以便及时发现可能影响测试结果质量的潜在不合格原因。

(2) 填制“质量控制统计表”，并将各种质量控制活动的记录归档保存。

(3) 检测工作的原始记录应真实、详细、完整并妥善保存，以便对检测结果的有效性进行分析评价。

(4) 评审发现存在可能影响检测有效性和结果准确性的潜在不合格原因时，应给予及时消除。

(5) 质量控制结果作为管理评审的输入。

质量控制管理流程如图 4.25 所示。

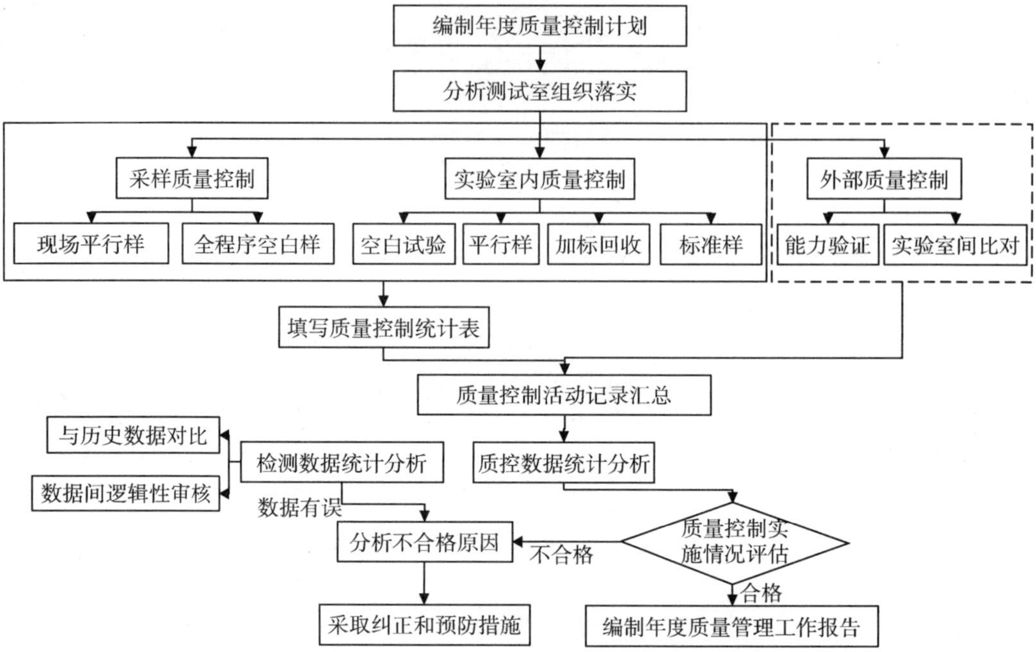

图 4.25　质量控制管理流程图

4.4.5　能力提升管理

能力提升管理主要包括检测项目和方法拓展、设施设备改造升级、人员技能水平提高和管理体系提升等四方面内容。

1. 检测项目和方法拓展

1）项目管理

（1）监测业务室根据计量科技发展动态、市场需求和客户的期望，不断检索和收集新的产品检验标准、国家计量检定规程、计量校准规范等技术规范，以及国内外学术性论文、著作，积极探索新的检测和校准方法。

（2）技术负责人根据所建议的新检测工作的特点和复杂程度，指定新检测工作负责人（小组），由新检测工作负责人（小组）负责新检测工作的开展。

（3）新检测工作负责人（小组）协助技术负责人组织由质量负责人及分析测试室、新检测工作负责人（小组）、有关人员参加的新检测工作的评审。

（4）总技术负责人批准开展新检测工作。

2）新工作开展程序

（1）开展新检测工作申请。新检测工作负责人提交新检测工作的申请审批表，交分中心监测业务室负责人进行初步审查，申请报告内容应包括检测新项目的名称、采用的检测方法、仪器设备、环境基础设施和主检人员及实施方案，经总技术负责人批准后方可试行。

（2）编制原始记录表格格式。

（3）按《人员培训考核程序》(JSSHJ－CX－02－2019)培训检测人员。

（4）相关检测人员负责准备新项目所需的技术资料、仪器、设备和试剂等。

（5）相关部门负责所需物品的购置，新仪器的计量检定，建立仪器档案。

（6）按标准规范、检测细则进行试验并记录，组织比对和验证试验，确保新开展项目的可靠性。

（7）对照标准要求审查检测工作，证实其结果是否符合标准要求。若完全符合要求并经过多次以上检测后，可组织开展新检测工作的评审。

3）新检测工作的评审

（1）新检测工作评审内容包括以下几个方面：

① 检测目的、范围是否恰当、明确。

② 涉及的法律法规是否恰当、明确。

③ 检测方法标准、作业文件是否适当、完备可用，操作程序是否正确。

④ 仪器设备是否完成检定/校准。

⑤ 检测的环境条件及设施、供应服务等是否得到保障。

⑥ 上岗人员是否已确定，技术人员的培训工作是否已完成，是否具备应有的资格和能力，技术人员能否熟练、规范操作。

⑦ 检测方法验证报告是否符合开展新检测工作的要求。

（2）监测业务室根据评审结果编写检“开展新检测工作评审报告”，并报总技术负责人审查。

（3）新项目批准后，由省中心监测业务室按资质认定有关规定上报。

（4）监测业务室负责收集整理所有记录、材料及报告，按《记录和档案管理程序》(JSSHJ－CX－19－2019)管理。

检测项目和方法拓展管理流程如图 4.26 所示。

2. 设施设备改造升级

设施设备改造升级管理主要包括加强中心检测设备设施的管理，保证中心在用检测设备设施的技术性能、量程、准确度、分辨率等满足所开展检测项目标准的要求，使用中的仪器设备始终处于良好状态，防止检测设备设施污染或性能退化，技术性能满足检测要求。

（1）提出检测设备设施采购申请。分析测试室提出检测设备设施的采购申请，填写“检测设备设施购置申请表”，说明申请缘由、明确用途，确定检测设备设施技术指标要求，辅助设备器材、软件要求及特殊约定，建议型号、生产厂家等。

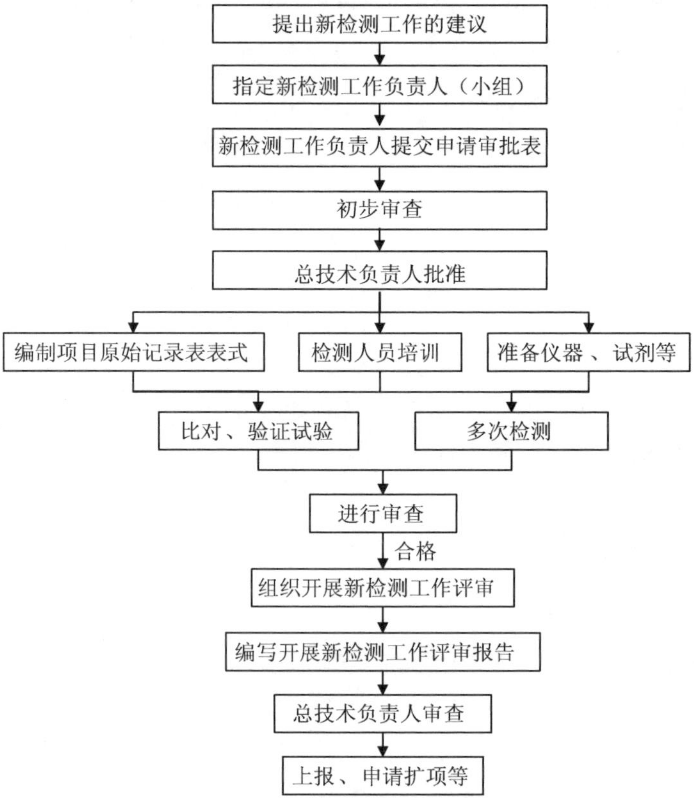

图 4.26　检测项目和方法拓展管理流程图

(2) 复核采购申请。监测业务室对采购申请进行复核，必要时组织开展相关仪器设备的调研、试用、比对，提交技术负责人审核，报中心主任批准。

(3) 组织实施设备设施采购。经中心主任批准的检测设备设施采购申请作为设备设施采购依据。监测业务室根据《服务和供应品程序》(JSSHJ - CX - 13 - 2019)组织实施采购。

(4) 验收采购的设备设施。监测业务室负责检测设备设施的查收、保管，组织开箱验货、现场安装调试、软件测试、校准(检定)或功能检查等。验收合格后由仪器设备管理员建立检测设备设施档案、标识；验收不合格由监测业务室按合同(协议)等规定办理。

(5) 必要时组织技术人员进行培训。有培训需要的检测设备设施，监测业务室和分析测试室负责组织检测设备设施的现场培训和厂家培训，技术人员培训合格后方能上岗操作，大型仪器设备由技术负责人核发授权使用书。检测设备设施使用人员的培训、考核、授权执行《人员培训考核程序》(JSSHJ - CX - 02 - 2019)。

设施设备改造升级管理流程如图 4.27 所示。

3. 人员技能水平提高

人员提升管理主要包括保持和提高本中心人员技术知识和检验检测能力，对本中心参与检测活动的各类人员进行有计划的教育、培训，提高本中心检测人员专业技术知识和检测

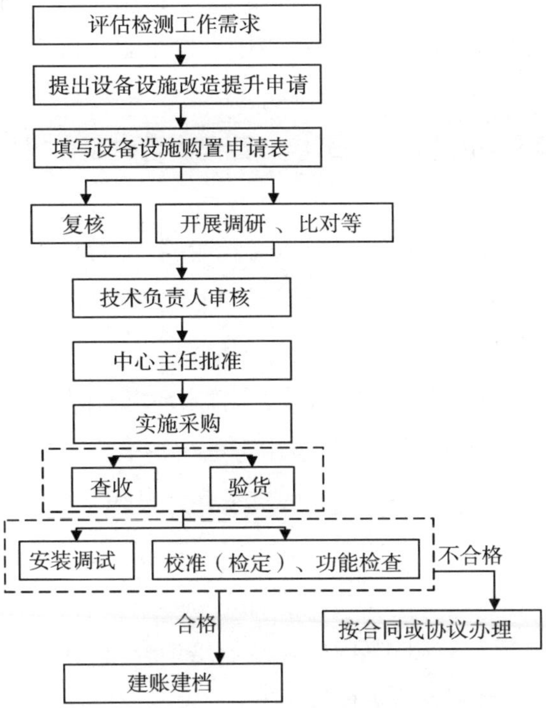

图 4.27　设施设备改造升级管理流程图

能力，以满足本中心工作任务完成的能力和资格要求。

1）计划制订

（1）监测业务室依据中心人才结构、人员素质现状及本中心社会和行业长远发展需要，组织拟订本中心教育规划、中长期培训要求和年度培训计划表。

（2）中心其他部门依据本中心工作要求，提出本部门培训计划和培训需求，配合监测业务室制订本中心的培训计划。

（3）中心技术负责人负责本中心年度检测人员培训计划的审核，中心主任负责本中心检测人员培训计划的审批。

（4）监测业务室协助技术负责人组织本中心检测人员培训计划的实施和评估。

2）培训内容

（1）政策法规学习。定期组织相关法律知识、政策法规的学习，有计划地组织检测人员参加对《检验检测机构资质认定评审准则》的培训学习，了解掌握最新相关法律法规动态及要求。

（2）贯标培训。对所有人员进行本中心管理体系文件的宣贯培训，掌握本中心管理体系对各岗位的要求。

（3）专业技能培训。有计划地组织检测人员和管理人员参加岗位培训、接受继续教育，根据本中心检测工作需要，结合本中心工作需求，组织新规范、新标准、新技术、新方法、新仪器的学习，掌握最新的检测技术和方法，提高本中心检测能力和服务水平。

3）培训考核

（1）从事本中心管理体系内部审核工作的管理体系内部审核员，应按期参加资质认定部门的培训，并考核合格。

（2）进行样品采集的检测人员须经培训、考核合格，取得样品采集、检测人员上岗证书后持证上岗。监测业务室按照本中心年度培训计划，组织样品采集、检测人员进行新增项目检测前和新进人员上岗前的培训。

（3）样品采集、检验人员上岗考核执行《江苏省水环境监测人员岗位技术培训和考核实施细则》，填写水利系统水质监测人员岗位技术考核申请表、水利系统水质监测人员岗位技术考核项目统计表。省中心实验室检测人员及采样人员由上级行业主管机构负责考核发证，分中心检测人员及采样人员由省中心负责考核发证，测站参加采样和现场检测的人员由分中心负责考核发证。

（4）大型仪器设备管理和使用人员，应经专业培训合格或专业人员指导具备操作能力后，由本中心技术负责人审核授权后上岗。

4）培训管理

（1）监测业务室及时收集、保存所有检测人员的资格、培训、技能和经历等记录。填写中心培训记录统计表。

（2）监测业务室组织对年度教育培训效果进行评估，年度培训评估包括年度培训计划执行情况、取得效果、不足及改进措施，作为本中心管理评审的输入。

人员技能水平提高管理流程如图4.28所示。

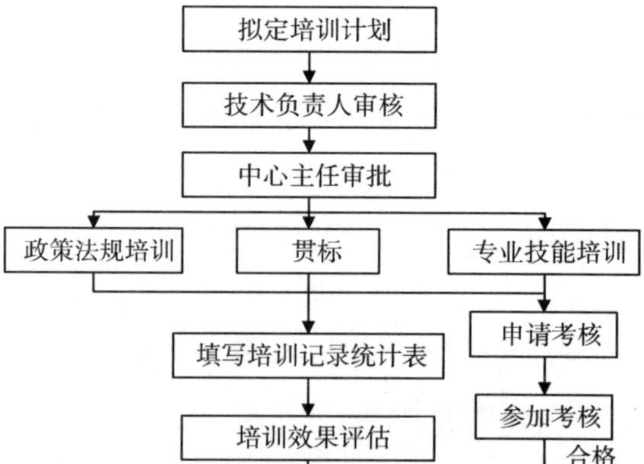

图4.28　人员技能水平提高管理流程图

4. 管理体系提升

1）内部体系审核

（1）内部审核由省中心组织制订年度内部审核计划，经省中心主任批准后实施。

（2）内审组召开内审准备工作会议，明确内审依据，确定审核方法和审核计划安排，分配任务，编写检查表，准备工作文件，审阅相关管理体系文件。

（3）由内审组长主持召开首次会议，内审组成员和被审核部门有关人员参加。首次会议主要内容：宣布审核的目的、范围和依据；简要介绍实施审核所采用的方法程序；安排审核日程及澄清审核计划中不明确的内容；到会人员签到，做好记录。

（4）由内审组长主持现场审核，审核员根据内部质量审核计划进行现场审核（检查），确保审核的独立性。

（5）审核员通过交谈、阅读文件、检查现场、收集证据，核实受审核部门的管理体系的实施效果是否达到规定的要求，并按规定做好记录。

（6）审核结束后，由内审组长召集内审组成员召开会议，讨论审核结果，确认不符合项及基本符合项。

（7）内审组与被审部门负责人交换审核意见，由审核员填写《不符合项报告》中的"不符合事实描述"和"纠正措施建议"等内容，并由被审核部门负责人签字认可。

（8）编写审核报告。审核报告由内审组长或其授权的审核员编写，内审组长、受审部门质量负责人和中心主任签字确认。

（9）由内审组长召集受审核部门负责人、内审组成员及其他有关人员召开末次会议，宣布审核结果，提出针对不符合项制订纠正措施的建议。

（10）受审中心在收到《不符合项报告》后，应立即执行《不符合工作处理程序》（JSSHJ－CX－16－2019）、《纠正措施程序》（JSSHJ－CX－17－2019）和《预防措施程序》（JSSHJ－CX－18－2019），制订不符合项纠正措施和预防措施，质量负责人对纠正措施确认后由相关责任部门和责任人实施纠正，同时采取切实可行的预防措施，纠正后由质量负责人对实施效果进行验证，七个工作日内提交给内审组组长，由内审组组长负责纠正措施实施效果的验证。

（11）内部管理体系审核结果作为管理评审的输入。

（12）内部审核相关记录按《记录和档案管理程序》（JSSHJ－CX－19－2019）的规定保存。

内部体系审核流程如图 4.29 所示。

2）管理评审

（1）监测业务室制定"管理评审实施计划"。计划中应明确评审所需要准备的资料和资料的提供部门，经中心主任批准后下达至各相关部门及负责人员。

（2）监测业务室做好评审准备，收集汇总有关的评审资料，管理评审输入应包括，检验

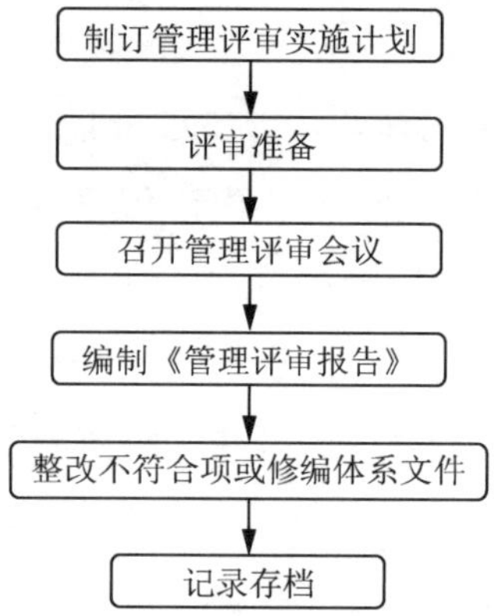

图4.29　内部体系审核流程图

检测机构相关的内外部因素的变化，目标的可行性，政策和程序的适用性，以往管理评审所采取措施的情况，近期内部审核的结果等。管理评审输出应包括：管理体系及其过程的有效性，符合本标准要求的改进，提供所需的资源，变更的需求等。

（3）中心领导召开管理评审会议，各部门负责人及相关人员参加，到会人员签到。

（4）按评审计划安排，技术负责人、质量负责人、各相关部门按评审计划要求进行专项报告，到会人员进行讨论、分析。

（5）监测业务室记录管理评审会议内容，填写并保留管理评审的记录，确保管理体系的适宜性、充分性和有效性。

（6）监测业务室依据管理评审会议提出的结论意见编制《管理评审报告》，提出完善管理体系，修订管理体系文件的建议或意见，经技术负责人审核，报中心主任批准下达执行。

（7）管理评审中发现不符合工作时，应执行《不符合工作处理程序》（JSSHJ－CX－16－2019）、《纠正措施程序》（JSSHJ－CX－17－2019）和《预防措施程序》（JSSHJ－CX－18－2019），质量负责人对纠正和预防效果进行验证。

（8）管理评审中提出的改进措施，由责任部门制订改进措施的实施与验证计划，填写"管理评审改进措施表"，由技术负责人组织实施。监测业务室检查、验证改进措施计划的实施效果，填写"管理评审改进措施表"，由技术负责人向中心主任报告。管理体系文件需要更改时，由省中心总质量负责人组织相关人员按照《文件控制程序》（JSSHJ－CX－10－2019）进行更改。

（9）管理评审相关记录按《记录和档案管理程序》（JSSHJ－CX－19－2019）的规定保存。

管理评审流程如图4.30所示。

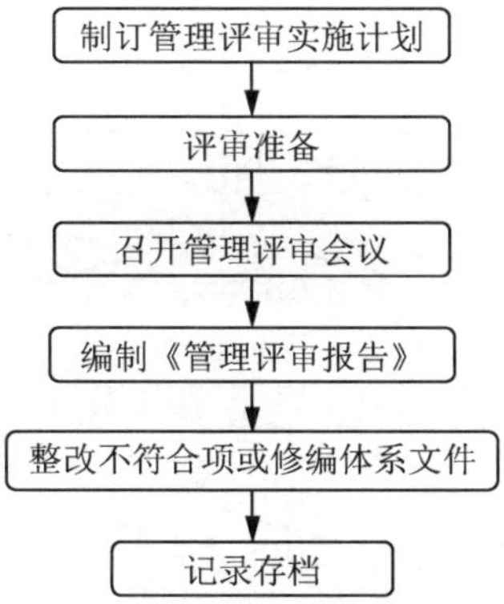

图 4.30 管理评审流程图

4.5 水文信息传输与存储

水文信息传输与存储主要包括传输管理、存储管理、服务管理等三方面内容。

4.5.1 传输管理

1. 信道监视及采集平台管理

1）信道监视及采集平台日常监视

（1）采集平台管理人员应在工作日及值班日期间每日至少 2 次对采集平台的运行状况、测站反应状态、信道状态进行监视操作。

（2）管理人员应使用具备查看、监视权限的账号登录采集平台。

（3）首先判断程序整体运行状态是否正常，如果出现异常状态，应重新启动服务器和程序进行二次观察；如异常状态无法消除，则需进行故障修复处理，无法及时处理的故障应启动应急预案，采用备份手段建立临时采集平台恢复生产；若平台运行无异常，则对测站信道状态进行逐一观察，发现异常情况则启动故障处理流程进行修复。

（4）对每次异常状态均应详细记录。

采集平台日常监视管理流程如图 4.31 所示。

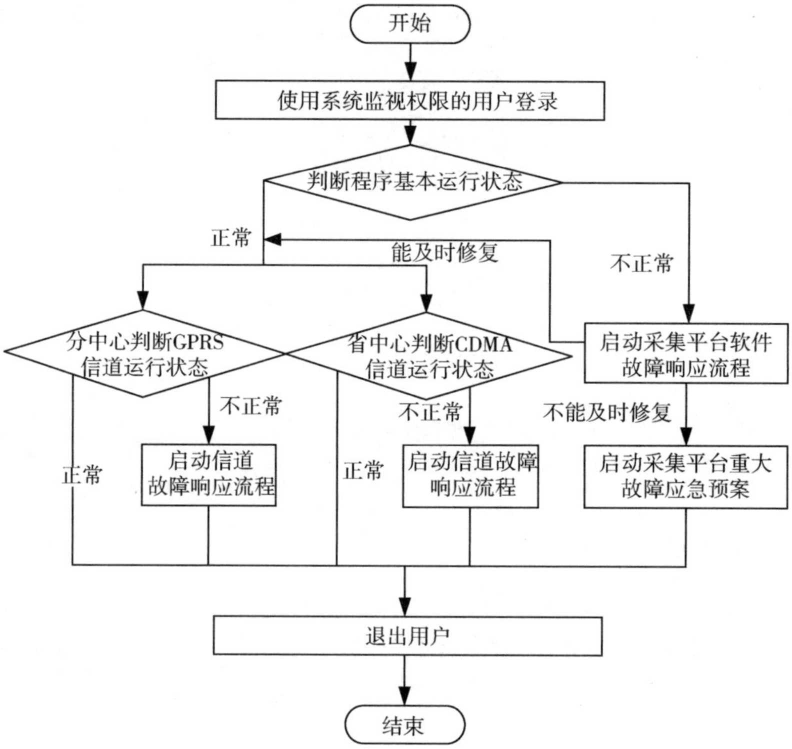

图 4.31　采集平台日常监视管理流程图

信道故障响应流程如图 4.32 所示。

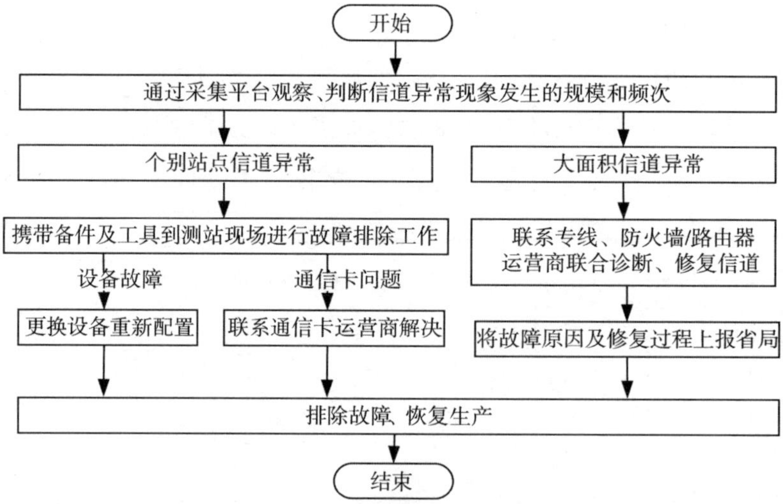

图 4.32　信道故障响应流程图

采集平台故障响应流程如图 4.33 所示。

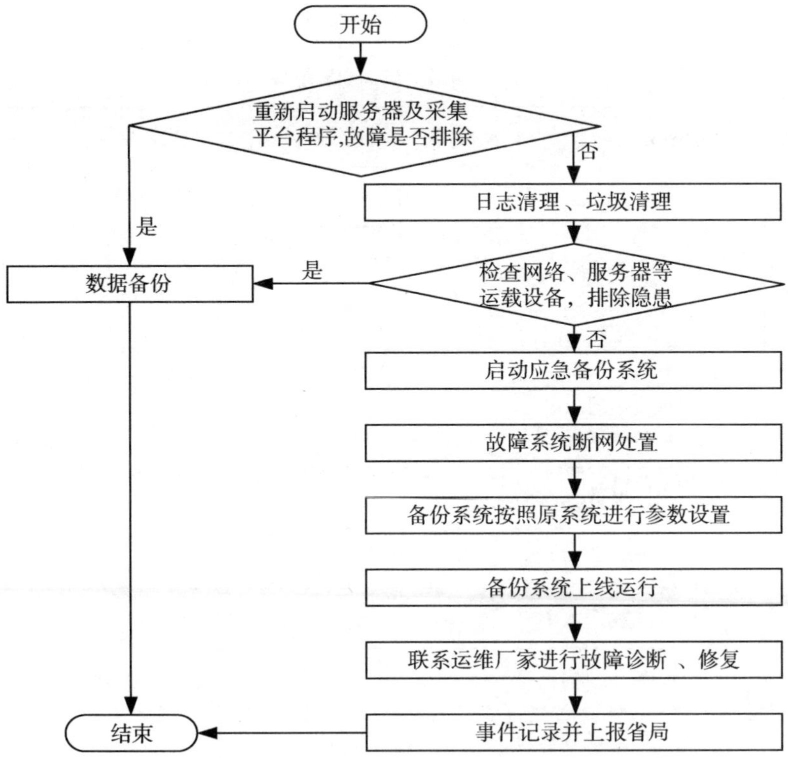

图 4.33　采集平台故障响应流程图

2) 采集平台巡检

(1) 省中心每年组织汛前系统第三方巡检。

(2) 要求按照巡检记录表(见表 4.1)检查、记录采集平台软件及服务器参数,检查采集平台备份记录,检查采集平台运维台账,检查采集平台应急备份系统及备品备件。

表 4.1　采集平台巡检记录表

中心站配置信息记录表			
巡检人员		巡检时间	
配合人员		联系电话	
采集服务器内网 IP 地址		采集服务器登录用户名/密码	
采集服务器品牌型号/操作系统		数据库服务器品牌型号	
数据库服务器内网 IP 地址		system 密码	
数据库名		表空间	
用户名		密码	

续表

<table>
<tr><td colspan="6">中心站配置信息记录表</td></tr>
<tr><td rowspan="5">采集平台
软件参数</td><td>软件型号</td><td>ACSCOMM</td><td>软件版本号</td><td></td><td></td></tr>
<tr><td>遥测站分组</td><td>RTU 终端数</td><td>遥测站分组</td><td>RTU 终端数</td><td></td></tr>
<tr><td></td><td></td><td></td><td></td><td></td></tr>
<tr><td></td><td></td><td></td><td></td><td></td></tr>
<tr><td></td><td></td><td></td><td></td><td></td></tr>
</table>

中心站检查记录表			
检查项目	分项明细	检查结果	备注
采集平台检查	自报数据接收		
	主备信道招测		
	数据入库		
数据库检查	库表结构检查		
	库表容量检查		
	数据库空间检查		
	数据库备份		
服务器其他软件检查	操作系统检查		
	病毒防护软件检查		
	应用软件检查		
服务器硬件检查	服务器清洁除尘		
	服务器布线检查		
	服务器质保期检查		
电源	主电源检查		
	备用电源检查		
备品备件			
应急备份			

巡检负责人签字：________________　　　　分中心负责人签字：______________

（3）针对检查中发现的问题和隐患下达整改通知书，采集平台运行管理单位收到整改通知书后，必须书面确认整改意见并立即整改。

(4) 各分中心可参照省中心巡检章程自行制订巡检制度。

采集平台巡检管理流程如图 4.34 所示。

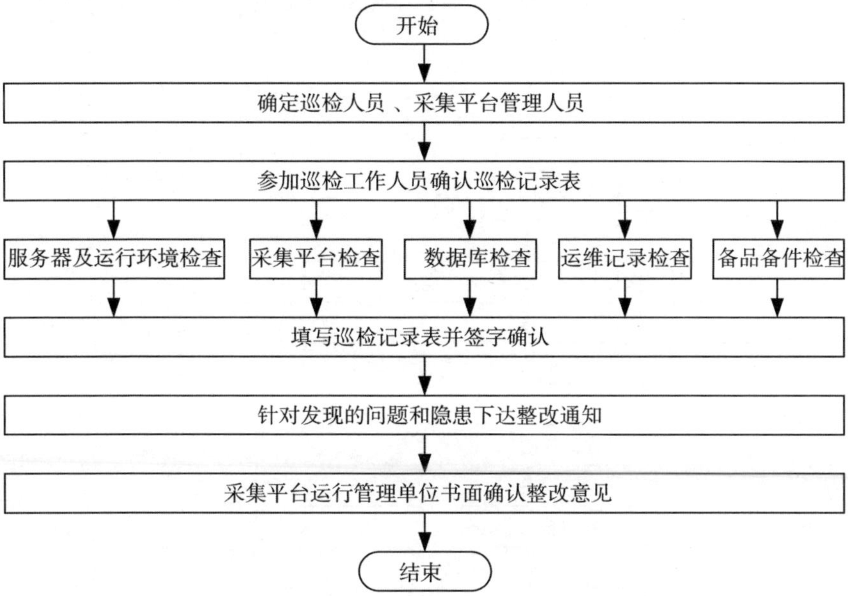

图 4.34 采集平台巡检管理流程图

3) 采集平台站点增加

(1) 有增加站点需求的单位应首先在本地市水文分局站网管理部门取得站点的站码并提交省局站网科报备、审核。

(2) 获取站码后，填写增加站点申请表(见表 4.2)，提交省局通信网络科，通信网络科负责向站网科确认站码审核结果。

表 4.2 采集平台增加站点申请表

站名	站码	站点类型	采集项目	移动卡号	电信卡号

(3) 通过确认后，组织技术人员在采集平台上进行加站操作，并填写采集平台操作单。

采集平台增加站点管理流程如图 4.35 所示。

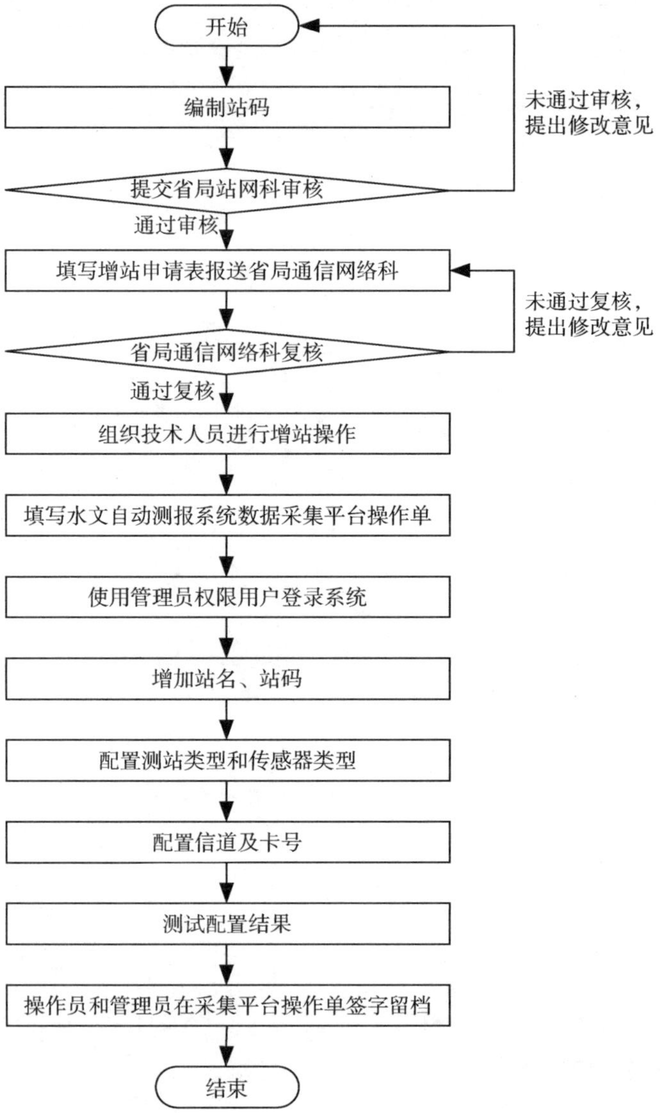

图 4.35　采集平台增加站点管理流程图

4）采集平台站点变更

（1）有变更站点配置需求的单位需填写站点配置变更申请表，提交省局通信网络科。

（2）通信网络科负责审核配置变更是否可行，通过审核后组织技术人员在采集平台上进行配置变更操作，并填写水文自动测报系统数据采集平台操作单（见表 4.3）。

采集平台站点配置变更管理流程如图 4.36 所示。

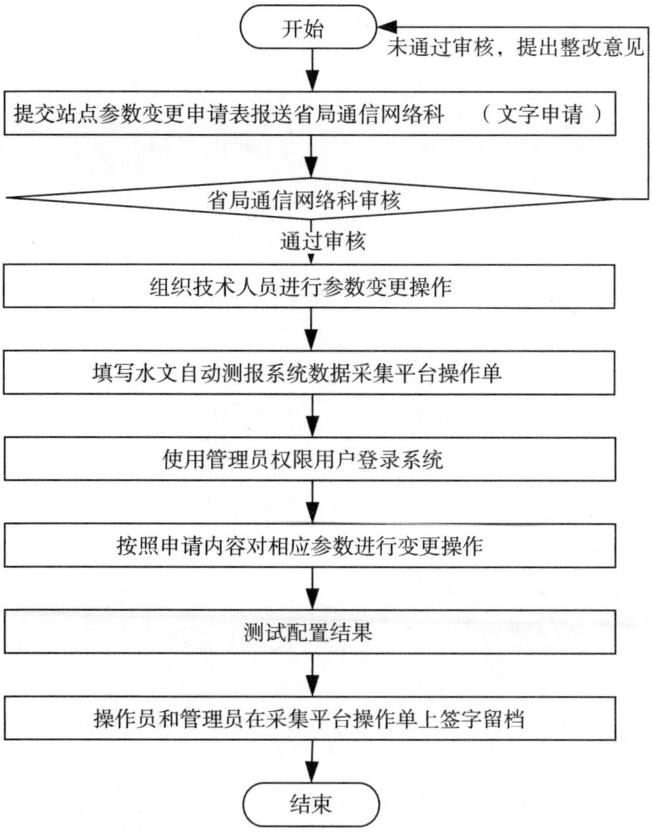

图 4.36 采集平台站点配置变更管理流程图

表 4.3 采集平台操作单

项目名称：			分中心/省中心：	
申请人：			审批人：	
事由：	站名：		站码：	
	增加：□ 删除：□ 修改：□		站码确认签字：	
	采集要素：			
	详述：			
操作人：			操作时间：	

续表

项目名称：		分中心/省中心：	
操作前状态：			
操作记录：			
操作后状态：	确认签字：		

5）遥测原始数据库日常运维管理

遥测原始数据库日常管理属于数据存储管理，其流程参照 4.5.2 中数据库日常管理流程。

2. 交换平台管理

1）日常巡检

交换平台日常巡检是一项基础性的日常工作，主要包括：检查交换前置单位的交换服务状态、检查数据有无正常汇集到省中心（同时也是检查数据库状态），如发生故障，则通知相应管理单位进行处理。具体流程如下：

（1）检查交换平台统一管理后台运行状态。打开交换平台统一管理后台，如后台能正常打开，可进行下一步检查，如管理后台不能正常显示或报错，则需启动实施故障恢复流程。

（2）检查各交换前置单位服务工作状态。如前置服务状态为红色，代表服务不在线，此时需进行连通测试，如状态恢复正常，则视为正常，一般原因为网络异常丢包导致；反之，如状态仍为红色，代表服务确实不在线，此时需通知相应单位系统管理员进行故障处理，直至故障消除。

（3）检查数据汇集入库情况。打开江苏省水文信息查询系统，依次点击“遥测”“分区”；在打开的分区查询页面左侧勾选所有选项，点击“查询”，等查询结果出来后，检查 19 个水情分中心数据更新情况，如个别水情分中心数据未更新，则需通知相关水情分中心检查处理，如大部分水情分中心数据未更新，则需检查省中心交换前置工作状态，实施故障恢复。

（4）确保所有水情分中心数据均已正常更新，则本次日常巡检流程结束。

日常巡检流程如图 4.37 所示。

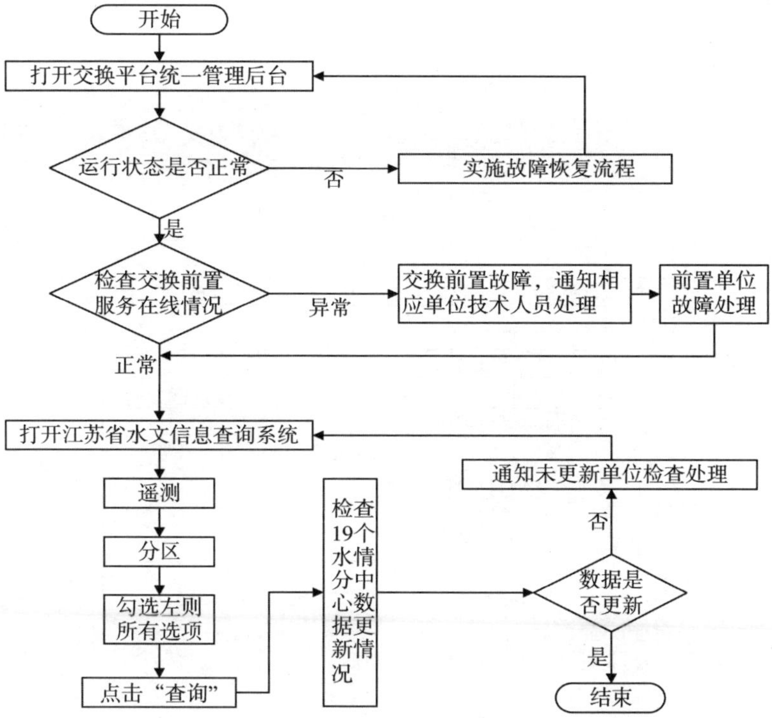

图 4.37　日常巡检流程图

2）故障处理

交换平台故障现象一般包括：前置故障、数据未更新、数据库故障三类。其中前置故障与数据未更新的处理步骤类似，数据库故障分析排除相对复杂，对技术要求相对较高。具体流程如下：

（1）接收故障处理通知。故障处理通知的来源一般为省中心巡检人员通知、水情分中心系统管理员通知、用户单位通知；接收通知方式有电话、QQ 消息、微信消息等。接收到故障处理通知时需进行登记，内容应包括故障现象、通知人、通知方式、通知时间等。

（2）根据故障现象排查故障原因，确定故障点。依次从前置、数据未更新、数据库三方面进行逐一排查。

（3）前置故障或数据未更新故障处理。

① 关闭前置进程。

② 检查排查时间戳文件损坏故障。

③ 启动前置进程。

（4）数据库故障处理。依数据库故障处理流程进行故障分析排除。

（5）启动日常巡检流程进行复查。仍未恢复，则重复(2)～(4)步。

（6）确认故障恢复后，需进行故障处理登记，记录处理人、处理过程等。

(7)流程结束。

故障处理流程如图 4.38 所示。

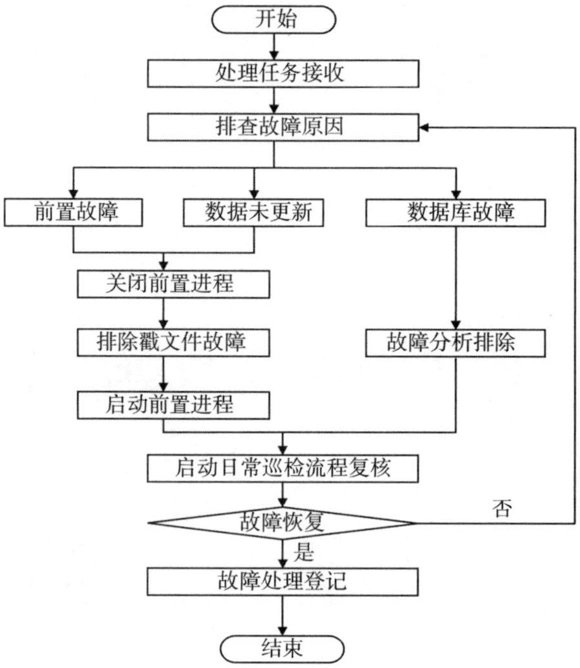

图 4.38　故障处理流程图

3）系统备份

系统备份需统一采用异机或移动介质执行。

(1) 平台软件备份。此步骤由省中心执行，内容为拷贝省中心交换平台后台管理软件部署文件夹目录至备份介质。

(2) 前置软件备份。此步骤要求省中心、水情分中心、用户单位均需执行，内容为拷贝交换前置软件部署文件夹目录至备份介质。

(3) ESB 备份。此步骤要求省中心、水情分中心执行，内容为拷贝交换前置服务器中 ESB 目录至备份介质。

(4) 交换规则文件备份。此步骤要求省中心、水情分中心、用户单位均需执行，内容为拷贝交换前置服务器中规则文件存放目录的上一级目录至备份介质，一般为 xietong2 或 xietong目录。

(5) 发布工具 Tomcat、JDK 备份。此步骤要求省中心、水情分中心、用户单位均需执行，内容为拷贝 Tomcat、JDK 安装包至备份介质。

(6)交换平台运行支撑库备份。此步骤为省中心执行，内容为运行备份脚本以生成运行支撑库备份数据包文件，在备份介质上新建目录(以内容+时间为佳)，将生成的数据包文件拷贝至备份介质上新建的目录内。

系统备份流程如图 4. 39 所示。

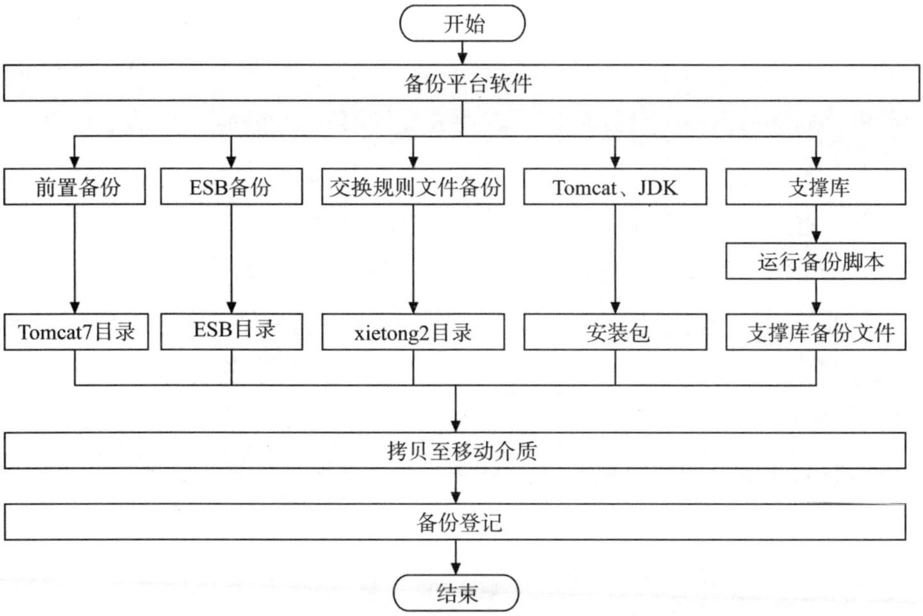

图 4. 39　系统备份流程图

4）灾难恢复

(1) 确认原运行环境不可恢复，一般为服务器损坏或操作系统崩溃。

(2) 落实备用服务器。

(3) 安装操作系统。

(4) 依正确步骤安装 JDK 软件(JAVA 环境)。

(5) 验证 JAVA 环境。在服务器端，使用 DOS 界面工具，执行 JAVA 命令以验证。

(6) 安装 Tomcat。安装时注意设置端口与原系统一致。

① 删除新安装的 Tomcat 目录下所有内容。

② 拷贝备份介质上 Tomcat 目录下所有内容至服务器上新安装的 Tomcat 目录内。

③ 拷贝备份介质上 ESB 目录至服务器。

④ 拷贝备份介质上交换规则备份目录到服务器，注意必须与故障前的位置一致。

⑤ 检查系统工程文件包中相关配置，确保配置路径或 IP 地址正确。

⑥ 启动 ESB。

⑦ 启动 Tomcat/bin/tomcat7. exe 或 startup. bat 或 startup. sh。

⑧ 验证确保系统恢复正常。

⑨ 故障处理登记，并结束该流程。

5）安全加固

(1) 定期进行系统安全漏洞扫描。

（2）执行平台系统备份流程。

（3）操作系统漏洞升级。先依据漏洞扫描报告中的漏洞情况，收集需要升级的补丁，再依次进行补丁安装升级。安装过程中如涉及发布工具或JDK，则需先关闭发布软件。

（4）平台代码漏洞升级。通知软件开发商进行代码安全加固，要求其进行自测检查，漏洞消除后形成新软件包并进行软件包更新。

（5）验证平台是否运行正常。

（6）系统安全漏洞复扫。不通过则执行(3)～(5)步。

（7）复扫通过后，如有代码级更新，则需再次执行平台系统备份流程；如无，则进行台账登记并结束流程。

6）用户管理

（1）使用数据交换平台需要进行相应的审批手续。首先要求需求单位与数据生产单位协商，达成一致意见。

（2）依据行业内、行业外执行不同的审批流程。

行业内：

· 市县水行政主管部门

① 由需求单位依据需求向相关数据生产单位提出书面申请，内容应包括所需数据清单及用途。

② 由数据生产单位进行初审，通过后报省局。

③ 省局应由站网科会相关业务科室进行复审。

④ 省局领导签批，同意则按相关技术要求提供，不同意则结束流程。

· 厅机关处室及厅直单位

① 由厅机关通过书面形式下达任务。

② 经省局局领导签批后交技术部门进行技术实施。

行业外：

① 由需求单位提交申请函/文。

② 厅领导签批。同意则执行下一步，不同意则直接结束流程。

③ 数据生产单位核实交换清单。

④ 相关业务部门主要负责人签字确认。

⑤ 省局主要领导签字。

⑥ 分管厅长签字。

（3）省局信息应用科负责技术实施。

（4）制订交换规则并完成技术处理。

（5）收集审批材料，登记台账。

用户管理流程如图 4.40 所示。

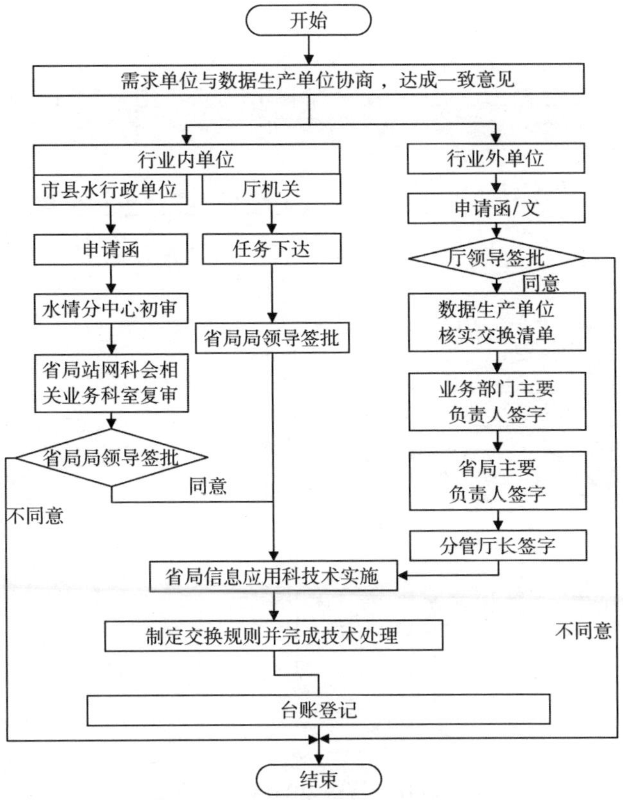

图 4.40　用户管理流程图

4.5.2　存储管理

1. 硬件资源管理

1）设备登记与上架

新设备上架前需按规定登记相关台账信息，填写设备登记表。

设备登记与上架流程如图 4.41 所示。

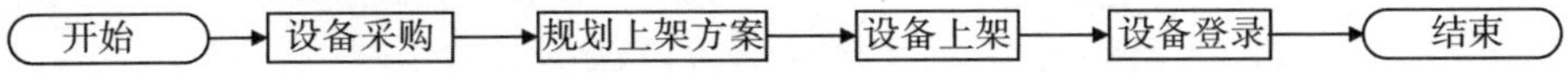

图 4.41　设备登记与上架流程图

2）状态巡检

进入机房，通过肉眼观察设备是否有告警故障提醒，观察内容应包括设备前面板及背板。如发现有告警提醒，则立即通知运维单位进行处理。

3）详细检查

由设备管理员登录设备管理后台，检查设备运行日志，查看各项参数，不合理或异常状态需及时处理。

检查设备运行流程如图 4.42 所示。

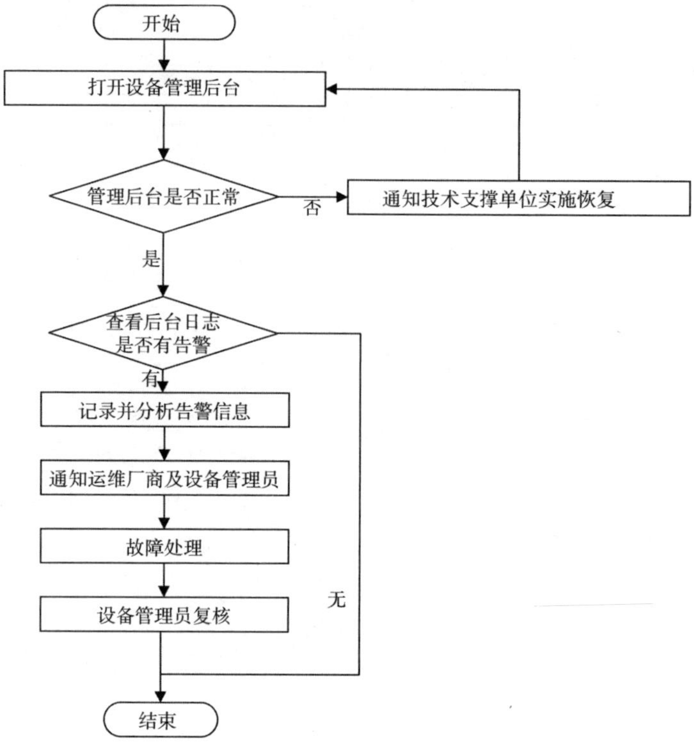

图 4.42　检查设备运行流程图

4）故障处理

服务器、存储故障基本上为硬件老化损坏，一般处理方式为更换损坏部件。当发生故障后，需第一时间通知运维厂商更换处理，并做好更换记录。

5）安全加固

定期对设备进行安全扫描，若发现漏洞，需尽快进行升级加固，并建立台账。

安全加固流程如图 4.43 所示。

6）异常报告

建立异常报告制度，一般出现关键设备告警或存储容量达 80%后，需第一时间报告科室主要负责人，由科室主要负责人报告分管领导。

2. 数据库管理

1）数据库资源建设

由数据生产部门提供数据规格说明，应用部门提出数据使用需求，信息化部门根据网络、计算和存储资源池，进行信息资源规划，或分配已有数据库资源。

（1）实时采集和人工报汛数据：核心数据区。

（2）应用型、管理型数据：内部业务区。

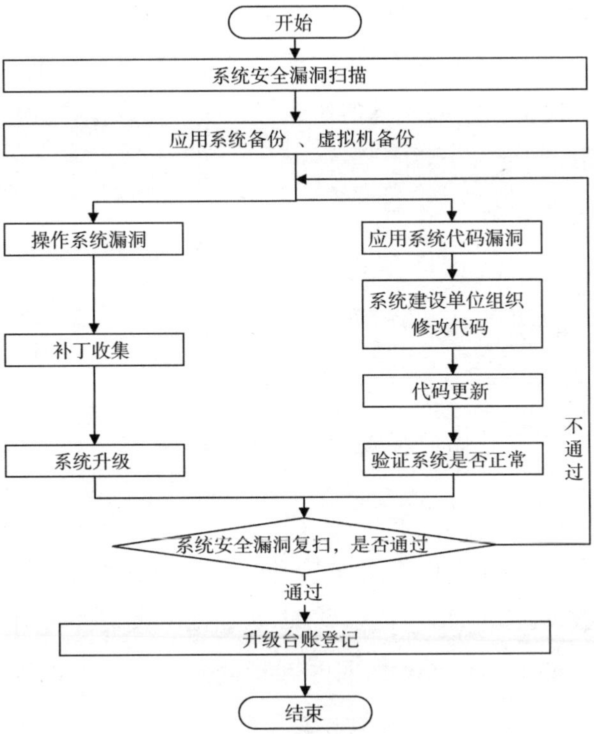

图 4.43　安全加固流程图

(3) 对外发布数据：DMZ 区。

(4) 历史水文数据库：物理隔离的局域网。

数据库资源建设流程如图 4.44 所示。

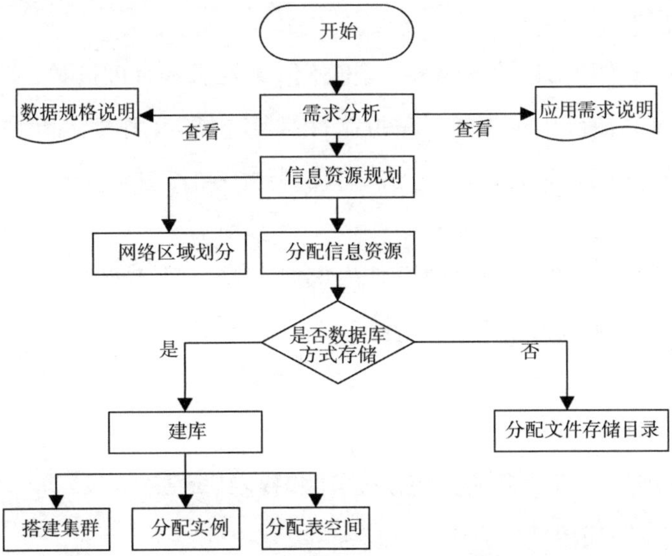

图 4.44　数据库资源建设流程图

2）建库和性能调优

数据建设部门提供建库 SQL 脚本，数据管理部门对数据库对象 DDL 进行审核约束（以避免不合理的触发器、存储过程、缺乏键值约束等），执行建库操作，检查执行日志，根据需求调整性能参数，进行访问测试。

建库和性能调优流程如图 4.45 所示。

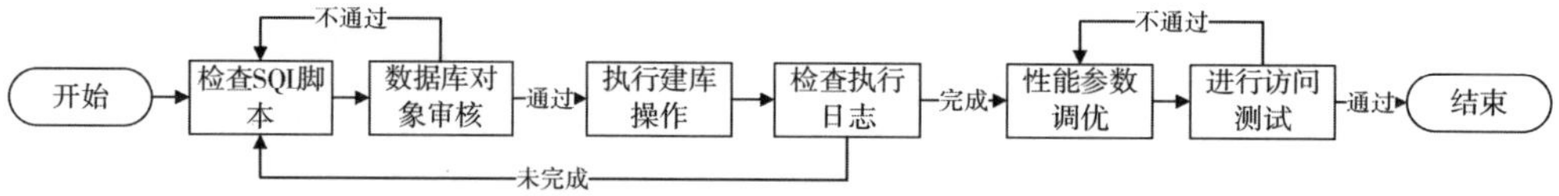

图 4.45　建库和性能调优流程图

3）数据容灾备份

包括：制订备份策略、编写备份脚本、配置备份环境、检查备份执行、备份介质管理、数据恢复测试。对核心数据区，内部业务区、DMZ 区数据库及文件采用 NBU 备份软件备份；核心区数据库采用 Oracle DataGuard 做实时同步；此外，还要求各数据责任部门采用脚本方式，备份自己的数据集。

数据容灾备份流程如图 4.46 所示。

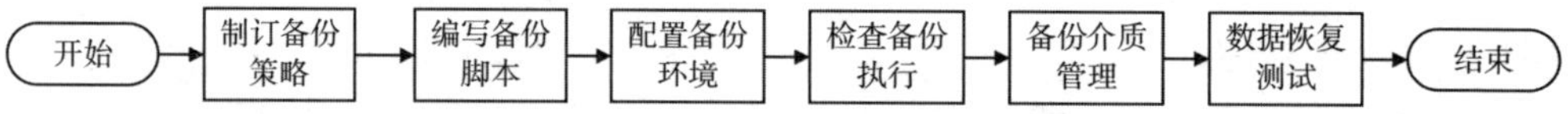

图 4.46　数据容灾备份流程图

4）日常巡检管理

常规由值班人员进行每日状态巡检，运维外包单位执行月度巡检，发现问题及故障，简单问题即时修复，复杂故障由运维外包单位制订修复方案，在评估风险和完全备份后实施，必要时经领导同意，启用应急预案。对巡检情况和运维操作记录台账。

日常巡检管理流程如图 4.47 所示。

5）用户权限管理

（1）用户单位填写数据库资源申请表。

（2）用户主管部门领导签字。

（3）信息化部门科室领导审核。

（4）数据库管理员负责实施，进行用户创建和权限、资源分配。

（5）实施结果反馈用户单位。

6）故障处理

（1）收集故障现象并记录。

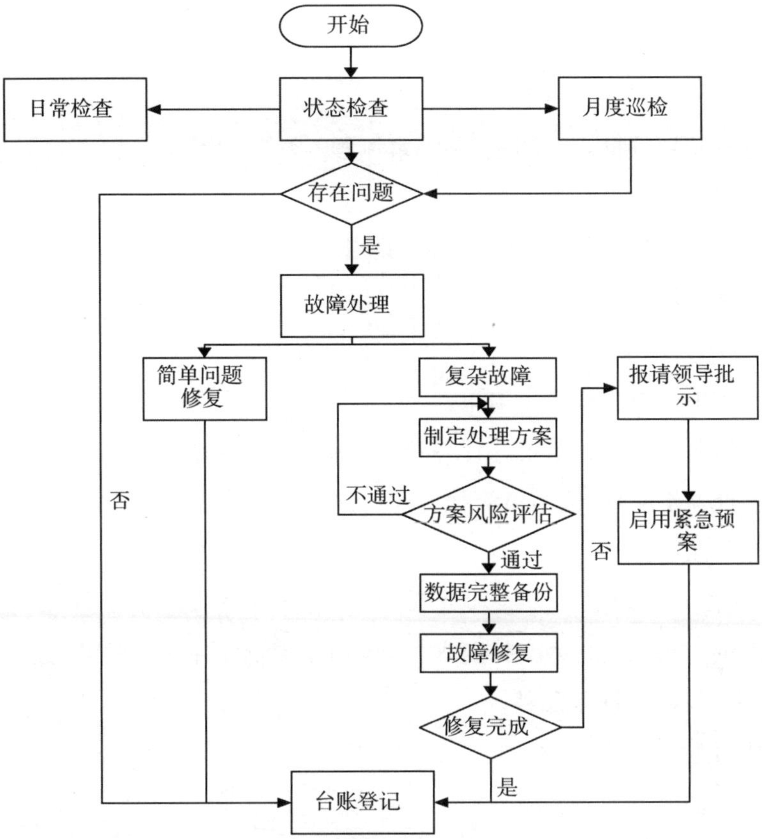

图 4.47 日常巡检管理流程图

(2) 分析、诊断故障及原因。

(3) 拟定故障修复方案。

(4) 执行排除。

(5) 验证故障是否已恢复。

(6) 记录处理过程。

7) 台账管理

数据管理台账应包含:备份台账、日常管理台账、用户管理台账、故障处理台账等。

4.5.3 服务管理

数据服务包括历史资料服务与实时资料服务两类。

1. 历史资料服务

历史资料服务又依行业内、外不同服务对象进行不同的审批处理流程。

1) 行业内

(1) 申请受理。水文分局以函形式申请,厅机关单位以任务下达方式申请,省局资料管理部门负责受理。

（2）服务需求单位填写资料申请单。

（3）信息应用科核查资料清单。

（4）省局分管领导签批。不同意，则结束流程。

（5）资料收集。

（6）资料提供。此处需严格交接要求。原则上以纸质件提供，不得在网上传送。

（7）资料服务登记。

2）行业外

（1）服务需求单位填写资料申请单。

（2）信息应用科核查资料清单并计算费用。

（3）领导签批。不同意，则结束流程。

（4）签合同及保密协议。

（5）资料收集。

（6）资料提供。此处应严格交接要求。原则上以纸质件提供，不得在网上传送，留存交接人的单位介绍信及身份证复印件。

（7）合同款项跟踪，直至完成。

（8）资料服务登记。

历史资料服务管理流程如图 4.48 所示。

2. 实时资料服务

实时资料服务按服务形式分为线下服务与线上服务，其中线上服务应依据交换平台用户管理流程执行。这里着重叙述线下数据服务流程。

线下数据服务流程根据行业内单位与行业外单位服务对象的不同，分别执行不同的受理流程。

1）行业内

（1）申请受理。水文分局以函的形式申请，厅机关单位以任务下达方式申请，省局资料管理部门负责受理。

（2）服务需求单位填写资料申请单。

（3）信息应用科核查资料清单。

（4）省局分管领导签批。不同意，则结束流程。

（5）资料收集。

（6）资料提供。此处需严格交接要求。原则上以纸质件提供，不得在网上传送。

（7）资料服务登记。

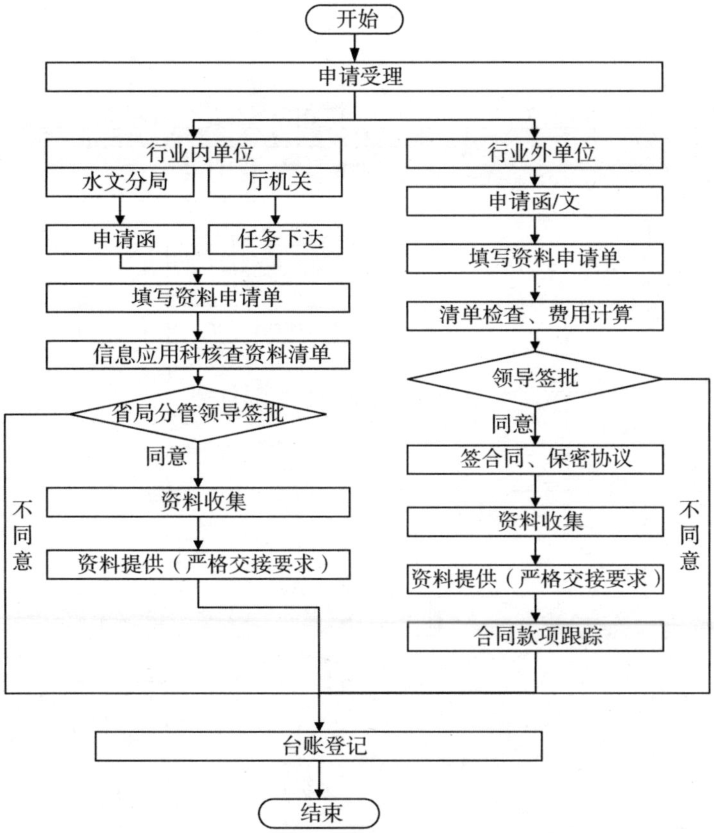

图 4.48　历史资料服务管理流程图

2）行业外

（1）服务需求单位填写资料申请单。

（2）数据生产部门核查数据清单。

（3）数据生产部门主要负责人签字。

（4）省局主要领导签字。

（5）分管厅长签批。不同意，则结束流程。

（6）资料收集。

（7）资料提供。此处需严格交接要求。原则上以纸质件提供，不得在网上传送，留存交接人的单位介绍信及身份证复印件。

（8）资料服务登记。

实时资料服务流程如图 4.49 所示。

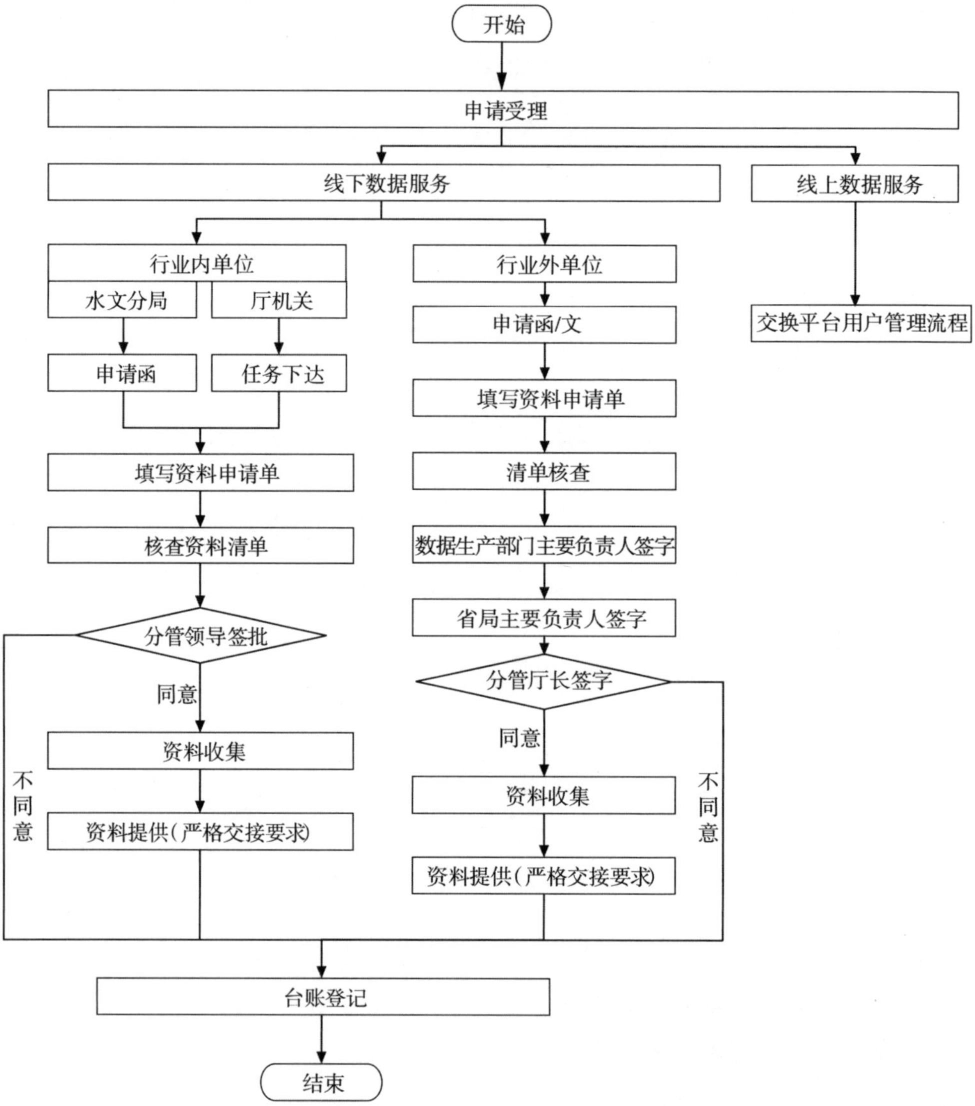

图 4.49　实时资料服务流程图

4.6　水文分析评价

4.6.1　水资源数量

水资源数量评价时，在明确技术方案后，开展各内容和要素分析评价。对取得的评价成果需进行合理性分析，在经过内部、外部一系列成果协调后，开展报告编制工作。一般会针对报告编制成果开展专家咨询，进而修订完善报告，最终成果经过校核、审核、审定等一系列程序后，完成报送。

水资源数量评价总流程如图 4.50 所示。

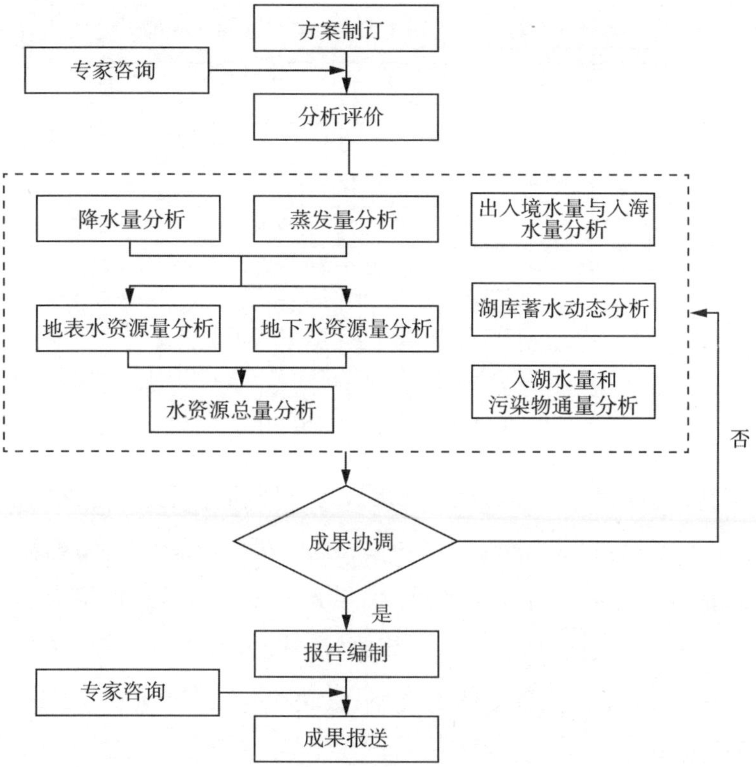

图 4.50　水资源数量评价总流程

1. 方案制订

（1）根据水资源分析评价任务，开展基础资料收集，制订技术路线及人员安排、时序进度等。

（2）负责人召集工作组全体人员交流讨论，编制分析方案初稿。

（3）据工作需要，征求部门、专家意见，并及时修订方案。

（4）方案确定后，在工作组内部宣贯，确保方案有效执行。

方案制订流程如图 4.51 所示。

2. 分析评价

分析评价的内容主要包括降水量、蒸发量、地表水资源量、地下水资源量、水资源总量、出入境水量与入海水量、湖库蓄水动态、入湖污染物量等内容。

1）降水量分析

（1）计算单元确定

① 确定评价范围。

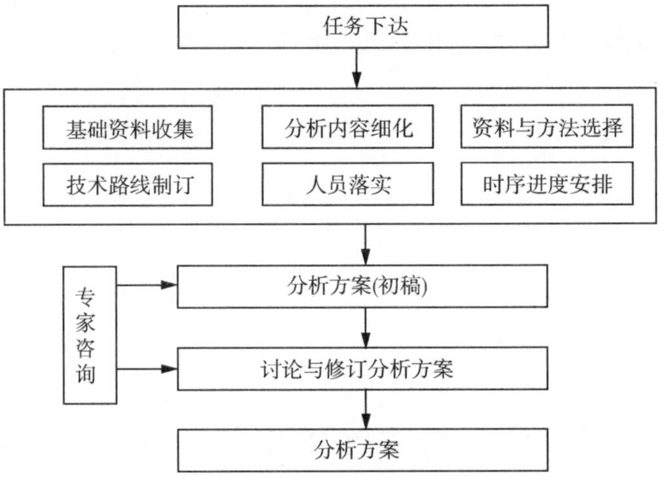

图 4.51　方案制订流程图

② 综合考虑行政分区和水资源分区，在水资源分区和行政分区范围内进一步细化。行政区分为省级、市级、县级，水资源分区分为一级区、二级区、三级区、四级区。

③ 确定评价标准。省级评价计算单元一般为水资源三级区或四级区套地级市行政区、水资源四级区套县(市)行政区，市级评价计算单元一般为水资源四级区套县(市)行政区。

④ 将行政分区、水资源分区在地图上叠加，形成基本计算单元。

(2) 代表站选用

① 确定站网密度。

② 确定代表站位置区间。

③ 确定代表站年限。

④ 分区内测站协调。

(3) 降水量计算

① 单站降水量

通常选用降水量资料系列在 30 年以上的雨量站，分析计算长系列降水量统计参数(均值、Cv 值、Cs/Cv 值)、不同频率(P=20%、50%、75%、95%)年降水量。通过单站长短系列特征值和丰枯年数组成的对比分析，评价其不同系列年降水量的代表性。分析长系列雨量站年降水量的多年变化规律，包括丰、平、枯周期、连丰连枯状况、年极值比等，并分析其年降水量多年情势变化。

② 分区降水量

在各单站降水量统计分析成果的基础上，采用算术平均法、等值线量算法、泰森多边形法、网格法等方法算出计算单元的面雨量系列，通过面积加权计算各级水资源分区、行政分区年降水量系列。

按各级水资源分区、行政区分别计算年降水量特征值，包括统计参数(均值、C_v值、C_s/C_v值)及不同频率($P=20\%$、50%、75%、95%)的年降水量。分析年降水量的多年变化规律，包括丰、平、枯周期、连丰连枯状况、极值比等，分析年降水量多年情势变化。

2) 蒸发量分析

蒸发是影响水资源数量的重要水文要素，评价内容包括水面蒸发和干旱指数。

水面蒸发的分析计算要求选取资料质量较好、面上分布均匀且观测年数较长的蒸发站作为统计分析的依据，一般不少于20年。不同型号蒸发器观测的水面蒸发量，应统一换算为E601型蒸发器的蒸发量。

蒸发量分析工作流程如图4.52所示。

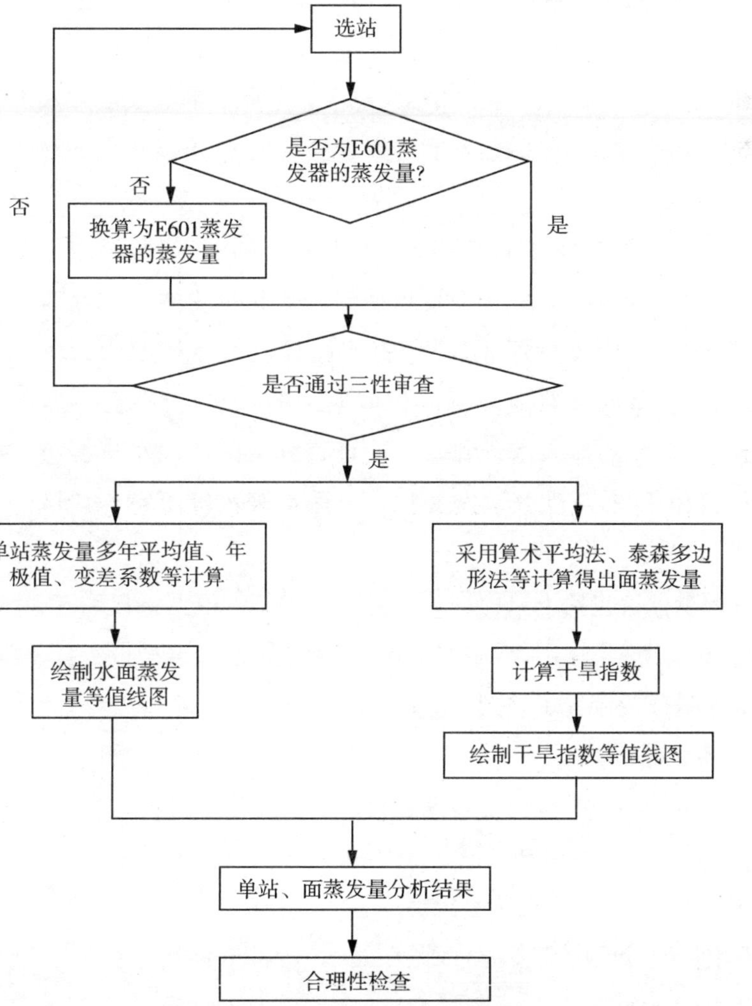

图4.52 蒸发量计算分析步骤流程图

依据工作需求，具体流程如下：

(1) 首先选站，要通过可靠性、代表性、一致性审查。

(2) 开展单站蒸发量的统计，分析单站蒸发量多年变化规律；根据各站水面蒸发量统计分析结果，绘制多年平均年水面蒸发量等值线图。

(3) 计算水资源四级区套地级行政区和县级行政区年蒸发量系列，在此基础上汇总得到各级行政分区和水资源分区年蒸发量系列和多年平均水面蒸发量评价成果。采用面积加权法计算全省及我省三大流域月年蒸发量系列，分析各行政分区、水资源分区的多年平均面蒸发量、月分配。

(4) 根据各分区的逐年面降水量、水面蒸发量，计算其年干旱指数，绘制多年平均干旱指数等值线图。

(5) 各分区不同频率年水面蒸发量经频率计算后得到。

(6) 合理性检查。一般而言，气温随高程的增加而降低，风速和日照随高程的增加而增大，因此蒸发能力一般是随高程的增加相应减少。平原区的蒸发能力大于山丘区，水土流失严重、植被稀疏、干旱高温地区的蒸发能力大于植被良好、湿度较大的地区。

3) 地表水资源量分析

地表水资源量评价在水文站实测径流资料的基础上进行，可根据条件采用数学模型法或水文站控制法、水文比拟法等。实测径流若受到受测站上游水库调蓄、用水消耗、引入引出水量等的影响，应进行还原计算，将实测径流数据还原为天然径流。当无水文站控制时，利用水文模型或自然地理特征相似地区的降水与径流关系，由降水系列推求径流系列，求得计算单元的地表水资源量。计算各分区的地表水资源量，并与上年、多年平均地表水资源量相比较，反映其动态变化。分区地表水资源量为该区降水形成的年径流量，不包括入境水量。

地表水资源量评价包括下垫面划分、计算单元划分、模型参数确定、降水数据整理、蒸发数据整理、模型运算、成果输出、成果复核比较、形成图表和编写报告。

地表水资源量分析流程图如图 4.53 所示。

4) 地下水资源量分析

地下水资源量计算一般按以下步骤进行：

(1) 基本资料的收集和分析整理。

(2) 地下水埋深、矿化度等值线绘制。

(3) 地下水资源量评价类型区的划分。

(4) 计算面积确定。

(5) 水文地质参数的确定。

(6) 矿化度≤2 g/L 计算分区各项补给量、各项排泄量、地下水蓄变量及地下水资源量

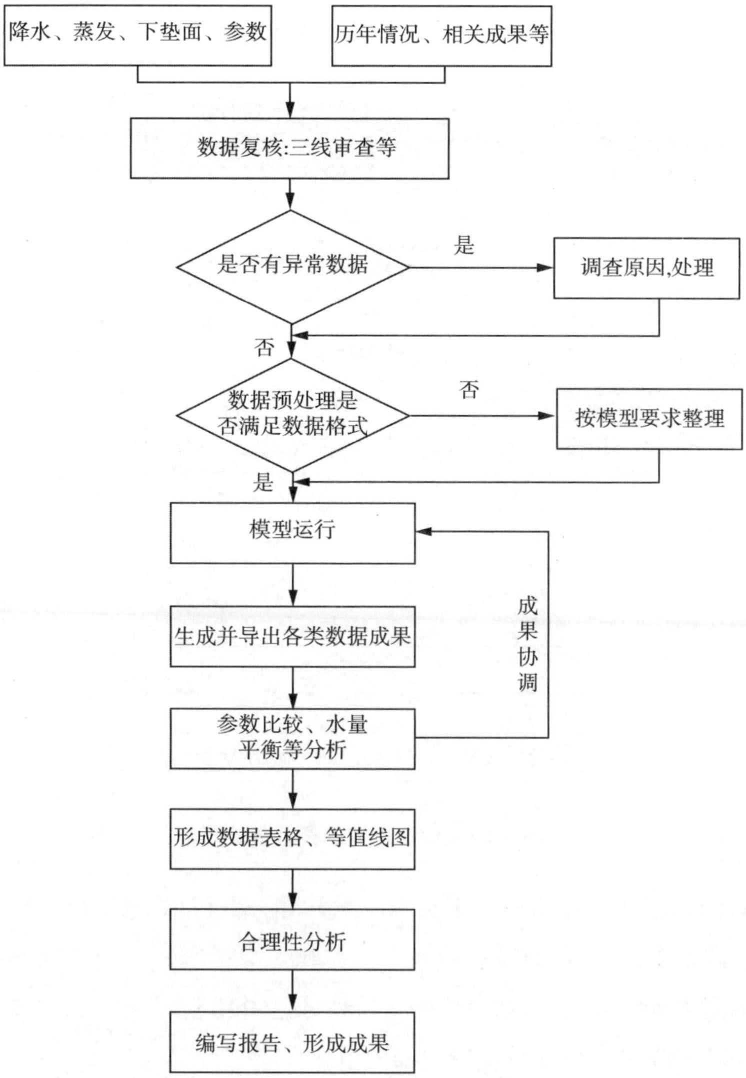

图 4.53 地表水资源评价流程图

的计算。包括:

① 平原区各项补给量、各项排泄量、地下水资源量及地下水蓄变量的计算。

② 平原区水均衡分析。

③ 山丘区各项排泄量及地下水资源量的计算。

(7)各水资源分区、行政分区地下水资源量的计算。

地下水资源量分析流程如图 4.54 所示。

5) 水资源总量分析

水资源总量是指当地降水形成的地表和地下产水量,即地表径流量(河川径流量与河川基流量之差)与降水入渗补给地下水量之和。平原区降水入渗补给量形成的河道排泄量与

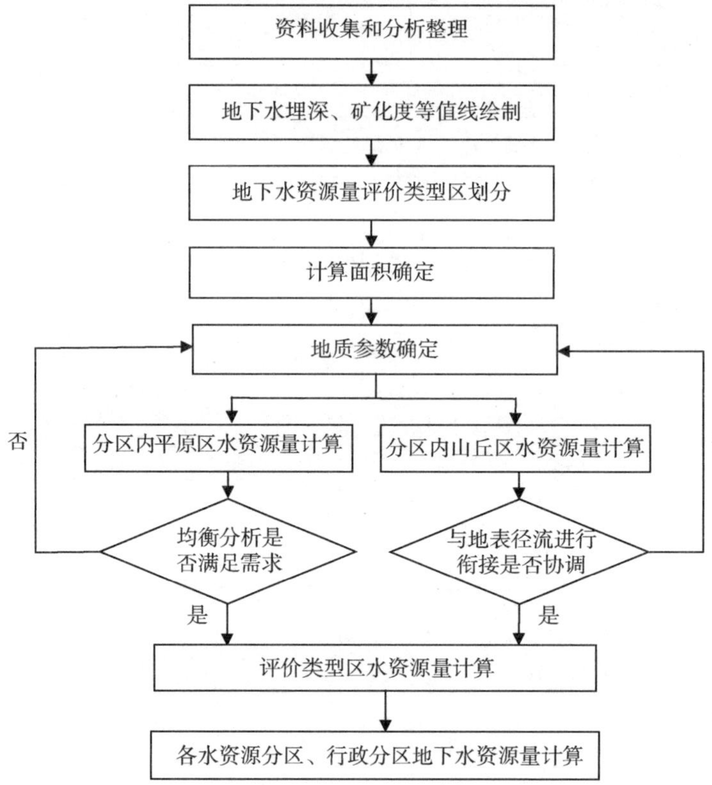

图 4.54　地下水资源量分析流程

平原区地下水对河道排泄量相协调。水资源总量计算一般按以下流程进行：

(1) 收集不同水资源分区、行政区地表水资源量。

(2) 收集不同水资源分区、行政区平原区降水入渗补给量。

(3) 计算平原区降水入渗补给量形成的河道排泄量。

(4) 计算水资源总量。

(5) 空间分布及模数分析。

水资源总量分析流程如图 4.55 所示。

6) 出入境水量与入海水量分析

出入境水量与入海水量计算应选取河流入海口或评价区边界附近的水文站，根据实测径流资料采用不同方法换算为入海河道断面或出、入境河道断面的逐年水量，并分析其年际变化趋势；凡资料质量较好、观测系列较长的水文站均可作为选用站，包括国家基本站、专用站和委托观测站、报汛站。

在没有水文站控制的地区，可利用自然地理特征相似地区的降雨-径流关系，由降水系列推求径流系列。还可以通过逐年绘制年径流深等值线图，从图上量算分区年径流量系列，经合理性分析后采用。

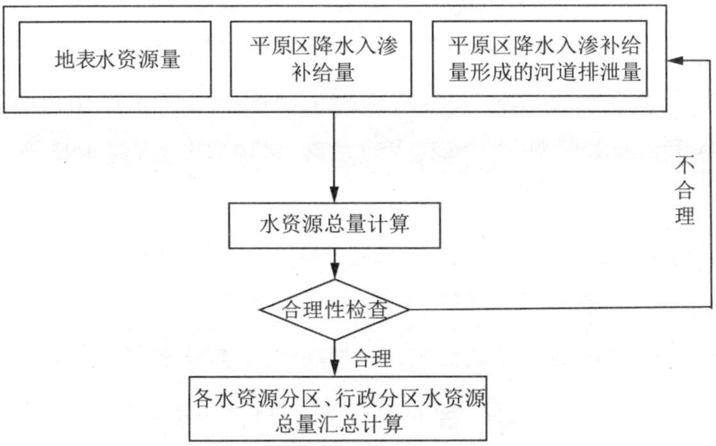

图 4.55 水资源总量分析流程

出入境水量与入海水量分析流程如图 4.56 所示。

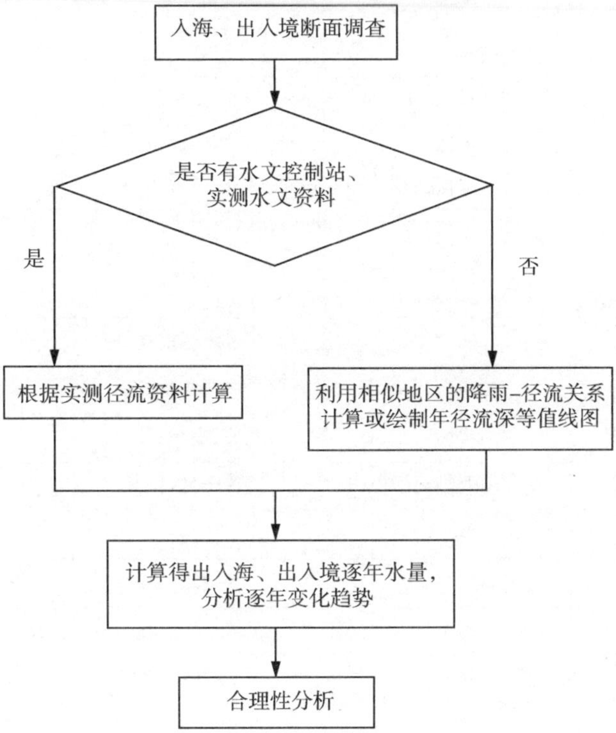

图 4.56 入海、出入境水量分析流程图

计算时需注意：

(1) 选取省界附近的水文站，根据实测径流资料计算入省境水量、出省境水量和流入省际界河水量。当选用水文测站距省界较远时，应根据测站的位置对出入省境水量进行多控区间或未控区间水量的修正。

（2）计算入海水量时，应尽量选取沿海的水文站。当沿海水文站距海口较远时，应将测站水量加上未控区间水量作为入海水量。对于无测站小河的入海水量也要求进行估算。

（3）对于边界附近无水文站的河流，可根据下垫面和气候条件相似地区的降水与径流关系、水量平衡关系或水文模型等估算其入境水量、出境水量、入海水量等。

7）湖库蓄水动态分析

湖库蓄水动态分析流程如下：

（1）统计确定省内大型和中型湖库名录。

（2）确定各大中型湖库的控制站点名录。往年确定的湖库及控制站点名录见表 4.4。

表 4.4 省管湖泊水位代表站一览表

湖泊	控制站	站码	备注
洪泽湖	尚咀	50916200	四站平均水位
	高良涧	50916400	
	蒋坝	50916500	
	老子山	50916600	
骆马湖	杨河滩闸(闸上游)	51107800	
固城湖	高淳	62912800	
长荡湖	王母观	63101550	
滆湖	坊前	63102050	
宝应湖	阮桥闸下	51003051	
高邮湖	高邮(高)	51003650	
邵伯湖	六闸(三)	51003800	
阳澄湖	湘城	63204650	
白马湖	山阳	51003000	
太湖	望亭(太)	63201300	五站平均水位
	大浦口	63201050	
	洞庭西山(三)	63201400	
	夹浦	63201900	
	小梅口	63201850	

（3）收集控制站年初（计算当年 1 月 1 日）、年末（后一年 1 月 1 日）的 8 时水位资料。

（4）资料审查。

（5）收集蓄水动态，分析湖库最新湖库容积曲线成果。

（6）确定选用湖库容积曲线成果。

（7）分析计算湖库蓄水量。

(8) 成果的合理性分析。

8) 入湖污染物通量分析

污染物通量主要根据各入湖口门断面的水量与水质监测成果，以入湖口门断面水量与入湖河道污染物浓度计算，一般包括氨氮、总磷、总氮、高锰酸盐指数等水质参数的污染物量。

入湖污染物通量分析流程如下：

(1) 确定分析区域范围。

(2) 了解区域内水系及水利工程概况。

(3) 明确区域内监测站点，各监测点监测项目、监测频次。

(4) 收集整理各入湖河道水质水量同步监测资料，并做“三性”分析。

(5) 确定计算方法。

(6) 分析计算污染物通量。

(7) 检查成果的合理性。

(8) 编制报告。

3. 成果协调

(1) 组织工作组全体人员开展初步分析内部交流，保证分析成果的内部协调，文字表述风格、图表格式等的统一性。

(2) 从时空角度协调，在区域、流域及同比、环比、多年趋势等方面开展成果协调，分析差异，研究原因并提出解决方案。

(3) 从相关部门或相关业务角度协调，分析成果与供用耗排等水资源开发利用的符合性。

(4) 根据分析成果具体情况，多方统筹，内外兼顾，多角度完成分析成果协调后，开展成果合理性分析。

成果协调流程如图 4.57 所示。

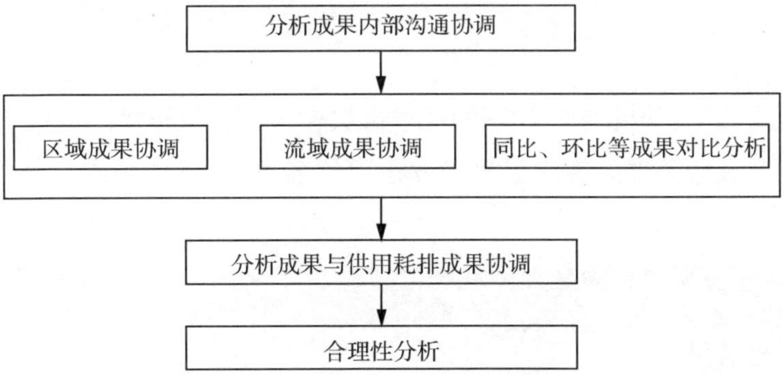

图 4.57　成果协调参考流程图

4. 报告编制

(1) 根据前期分析与协调情况，工作组内部讨论宣贯最终报告编制大纲，进一步明确编制要求，细化任务分工，明确时序进度。

(2) 在前期成果分析的基础上，规范图表内容与体例格式，编写文字分析报告。

(3) 报告初稿完成后，内部校核、审核后，据需要征求相关部门、专家意见，并逐条落实完善，修订报告，提供问题或建议修改清单对照表。

(4) 相关人员对修订后的报告进行校核、审核与审定，完成报告最终稿。

报告编制流程如图 4.58 所示。

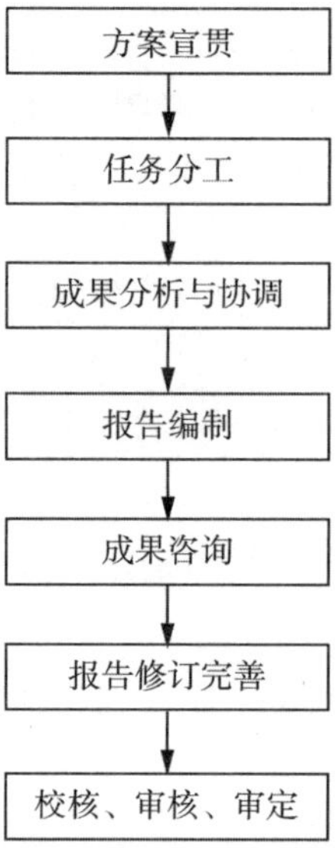

图 4.58　报告编制参考流程图

5. 成果报送

(1) 对分析报告再次履行校核、审核及审定程序，确定最终成果报告。

(2) 最终报告文本送单位定点专业部门印制，原则上文档处理成 PDF 格式。

(3) 报告样稿出来后，安排 2 人校核，要求样稿内容与原件完全一致，报告格式符合约定要求。

(4) 报告正式印毕，随机抽取 10%的样本再次检查内容与样式。

(5) 根据领导及相关部门确定的报告发送单位名单，通过邮寄或自送方式发送相关部门与领导。

(6) 报告、校审签字及相关文档整理登记、归档。

4.6.2　水资源质量

水资源质量分析评价管理主要包括编制技术大纲、水质分析评价、编制评价报告、审查评价报告、成果报送等五个方面。

1. 编制技术大纲

(1) 明确水资源质量分析评价任务及目标。

(2) 收集目标水体各项水资源质量数据及水域基本情况。

(3) 制订水资源质量分析评价技术大纲。

2. 水质分析评价

(1) 根据目标水域类型及特点确定评价要素。

(2) 明确评价标准、评价项目、评价方法、评价时段。

(3) 利用水质分析评价软件建立评价模式。

(4) 将水质数据代入已建立的评价模式。

(5) 做出分析评价结果。

(6) 对分析评价结果进行合理性分析,当结果不合理时应分析原因。

3. 编制评价报告

分析评价结果经复核后,按报告大纲要求,形成成果表格、图件和文字报告。

4. 审查评价报告

(1) 各级负责人校核、审核、审定水质分析评价报告,对分析评价成果进一步确认。

(2) 根据项目需要由相关部门组织审查。

5. 成果报送

(1) 水资源质量分析评价报告定稿后及时报送有关部门或单位。

(2) 原始数据、成果报告等资料记录存档。

水资源质量分析评价流程如图 4.59 所示。

4.6.3 水文情报

水文情报分析包括实况报告、阶段性分析和专题分析三种类型。分析的流程分为制订工作方案、分析及报告编制、汇总校核、审查发布四个阶段。

1. 实况报告

实况报告是依据当前水雨情状况开展的实时分析工作,一般分为每日短信和外网公告、当日雨水情快报。

1) 制订工作方案

(1) 每日短信和外网公告发布是一项日常工作任务,应在汛前明确发布内容、发布频次、发布时间和发布对象。

(2) 当日雨水情快报在汛期日常制作,亦可在出现特殊水情和业务需求时按要求制作,提供相应的报表报告。

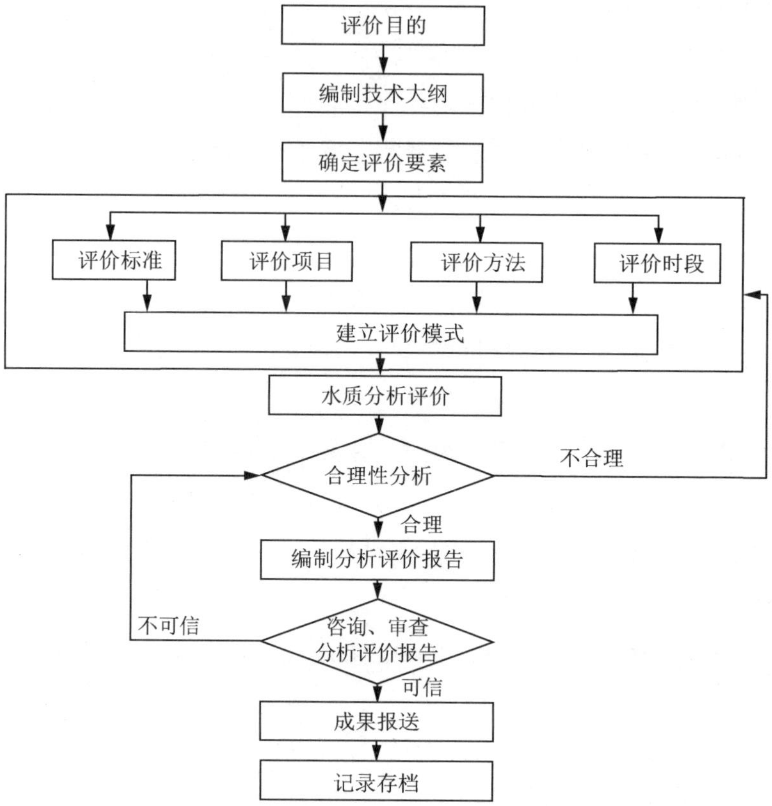

图 4.59　水资源质量分析评价流程图

2）分析及报告编制

（1）每日短信和外网公告。编写前应收集前日雨情、水情和当前水情信息；开展对当前雨水情的简要分析，反映当前重点区域雨水情；编制内容由前日雨水情和当前水情组成。

（2）雨水情快报。编写前应收集区域内降水过程情况，相关流域、区域河湖水位情况，并对收集到的信息进行简要分析，具体分析内容包括面雨量、最大点雨量站；当时段雨量达到相应量级时，还应绘制降雨等值线图、统计分级降雨笼罩面积，分析降水空间分布情况；分析相关流域、区域河湖水位及河湖出入水量变化情况，并根据预案要求对相应河湖重要断面进行预测预报；针对数据分析结果编写报告。

3）汇总校核

实况报告汇总后应当进行校核，校核的重点为相关数据的准确性、真实性以及行文格式的正规性。

4）审核发布

（1）每日短信和外网公告。每日短信和外网公告校核后，非汛期由当日值班人员通过短信发布平台和江苏省政府门户网站群内容管理平台及时发布；汛期由当日领班审核后发布。

（2）雨水情快报。雨水情快报校核后，提交科室负责人或当日领班审核，审核完毕由当日值班人员按照相应公文发布要求以纸质或邮件方式发布，发布对象一般为：厅领导，省防办，厅有关处室、单位，局领导，局有关部门和部门水情信息中心。

2. 阶段性分析

阶段性分析是以时间为周期的雨情水情分析，如水情简报、周报、月报、年报等。各类阶段性分析可根据实际工作需求包含未来趋势预测内容，并补充针对性分析内容；年度分析应包含工作大事记内容。

1）制订工作方案

确定任务的主要内容、工作分工、时间进度安排。

2）分析及报告编制

（1）阶段性分析的主要内容必须包括摘要、雨情分析、水情分析、建议四部分内容。

（2）摘要对分析周期内雨水情特点进行全面高度概括。

（3）雨情分析主要包括降水量分析、降水时空分布分析、与历史比较分析等。

（4）水情分析主要包括长江流域水情分析、太湖流域水情分析、淮河流域水情分析、大中型水库水情分析、墒情分析等。

（5）长江流域水情分析包括长江干流来水量及与历史比较分析、沿江潮位代表站潮位过程及超警分析、秦淮河和滁河水位过程及超警分析、固城湖和石臼湖水位过程及超警分析。

（6）太湖流域水情分析包括太湖水位过程及超警分析、环太湖出入湖水量分析、苏南运河水位过程及超警分析、太湖河网水位过程及超警分析、沿江引排水量统计分析。

（7）淮河流域水情分析包括：①淮河水系。淮干上游来水量及与历史比较分析、洪泽湖水位过程及超警分析、洪泽湖出入湖水量分析、里下河地区水位过程及超警分析、沿海引排水量统计分析。②沂沭泗水系。骆马湖水位过程及超警分析、骆马湖出入湖水量分析、石梁河水库水位过程及超警分析。

（8）大中型水库水情分析包括大中型水库蓄量及与历史比较分析，按三大流域分为淮北地区、江淮之间、苏南地区统计分析。

（9）墒情分析包括墒情及成因分析，按三大流域分为淮北地区、江淮之间、苏南地区统计分析。

（10）提出决策支撑建议。

3）汇总校核

由汇总统稿人汇总各章节编制内容。应至少进行一次校核，审查采用数据的一致性、准确性、合理性，分析成果逻辑性。

4）审核发布

组织内部审核，特别重要的阶段性分析可组织专家审查。完成审核程序后方可印制。

3. 专题分析

专题分析是为大区域尺度的暴雨洪水进行的分析，一般分析区域范围较大，多为全国或流域尺度。

1）制订工作方案

编制专题分析工作方案，明确分析范围、技术路线、工作流程，明确报告主体内容和章节编排，明确组织安排、时间进度和经费筹集等。

2）分析及报告编制

（1）描述专题的背景情况（成因，例如上游来水、本地降雨、台风雨等）及此次洪水带来的影响。洪水专题立项的必要性和可行性。

（2）根据工作方案的技术要求、组织分工和时序安排，开展相关分析，主要内容包括区域概况、降水、蒸发、洪涝旱渍水情及工程调度等实况资料以及长短历时雨量系列资料、典型年降雨过程重现期、境外来水、特征水位及过程、灾情险情等。

（3）分析时空尺度：空间上包括全省、流域、市县行政区、点，时间上根据需求按年、月、日、小时，汛期、非汛期，梅雨期、台风期、场次等时段分析

3）汇总校核

由汇总统稿人汇总各章节编制内容。应至少完成两次校核，一校重点为数据的一致性、准确性、合理性，分析性的逻辑审查；二校重点为章节排版、体例结构，要求内容特点突出、详略得当。

4）审查发布

根据编制内容组织专家技术审查，修改完善后印制。

编制的流程如图 4.60 所示。

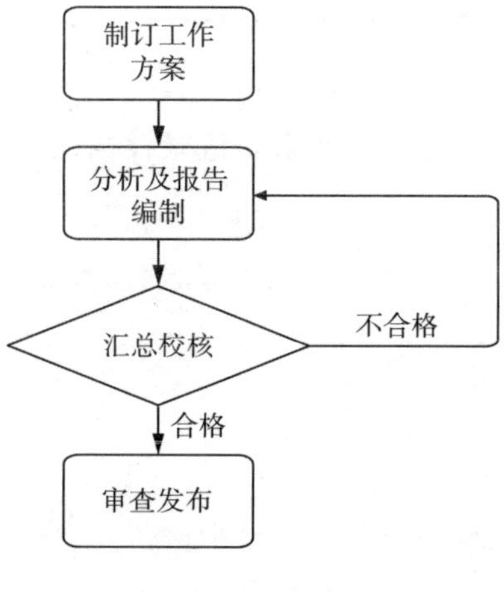

图 4.60　编制流程图

4.6.4 水土流失

水土流失分析管理流程主要分为实施方案制订、分析评价、报告编制、成果审查和成果报送五个主要环节。

1. 实施方案制订

(1) 收集基础资料、明确任务内容、制订技术路线、确定分析方法、提出预期成果、合理安排人员与进度。

(2) 负责人召集工作组全体人员交流讨论,编制实施方案初稿。

(3) 征求部门、专家意见,并及时修订方案。

(4) 方案确定后,在工作组内部宣贯,确保方案有效执行。

2. 分析评价

(1) 根据水土流失分析目标确定评价要素、内容。

(2) 根据模型计算土壤侵蚀模数。

(3) 评价土壤侵蚀强度等级,统计水土流失情况。

(4) 结合已有监测成果,分析评价水土流失消长情况。

(5) 野外复核实地验证评价结果。

(6) 对分析评价结果进行合理性分析,对不合理的内容进行修改完善。

3. 报告编制

分析评价结果经复核后,按照成果报告大纲要求,形成成果表格、图件和文字报告。

4. 成果审查

(1) 各级负责人校核、审核、审定水土流失分析成果报告,对分析评价成果进一步确认。

(2) 根据项目需要由上级水行政主管部门组织专家审查。

(3) 根据要求,由水利部组织专家进行成果复核。

5. 成果报送

(1) 水土流失分析成果报告定稿后及时报送有关部门或单位。

(2) 原始数据、中间成果、成果报告等资料记录存档。

4.7 水文预测预报

4.7.1 水情预报

1. 预报方案的制订与修编

根据水旱灾害防御等需求编制水文预报方案,当雨水情超出预报方案的适用条件,或水利工程发生变化时，应对相关站点现有预报方案开展评定，必要时进行修编。预报方案制订与修编应按以下要求开展。

（1）测站基本情况。

包括预报断面的集水面积、设站年份、测站变迁、大断面、水位流量关系、上下游水利工程等。

（2）河流水系及站网资料。

① 河流水系：包括断面流域面积、河道长度、河道比降、上下游传播时间等。

② 站网：搜集流域内现有气象台（站）、雨量站、蒸发站、水位站、水文站（包括水文实验站）的分布情况，同时绘制流域站网分布图。

（3）断面资料。

搜集预报区域内主要控制节点的断面资料，按照水文测验规范要求，填写断面成果表，绘制大断面图。

2. 预报方案的制作和说明

1）方案定义

确立预报方案的结构，选择相关图预报方案或水文模型预报方案，输入预报方案属性值，生成预报方案的框图或流程图。

2）方案属性

各预报方案应对预报断面站码、计算时段长、预见期、预热期、方案输出类型、告警阈值、水位流量关系曲线等属性进行确定。

3）资料选用

制定预报方案可选用场次洪水过程资料、汛期或全年相关资料。

4）参数率定

选用率定期资料对确定预报方案中的相关参数进行调制优化。

5）预报方案检验和精度评定

选用检验期资料和参数率定成果对预报方案进行检验和精度评定。

6）预报方案的成果

根据参数率定和预报方案检验及精度评定结果，综合选定适用预报方案。

方案修编流程如图 4.61 所示。

3. 预报任务制订与下达

（1）根据各级防汛抗旱、水资源管理的需求，及水利部和流域机构下达的任务要求，确定预报站点。

（2）根据站点预报方案及监测资料情况，确定预报任务。

（3）编制测站预报任务书，征求相关部门意见并修订。

（4）通过公文流程下发测站预报任务书。

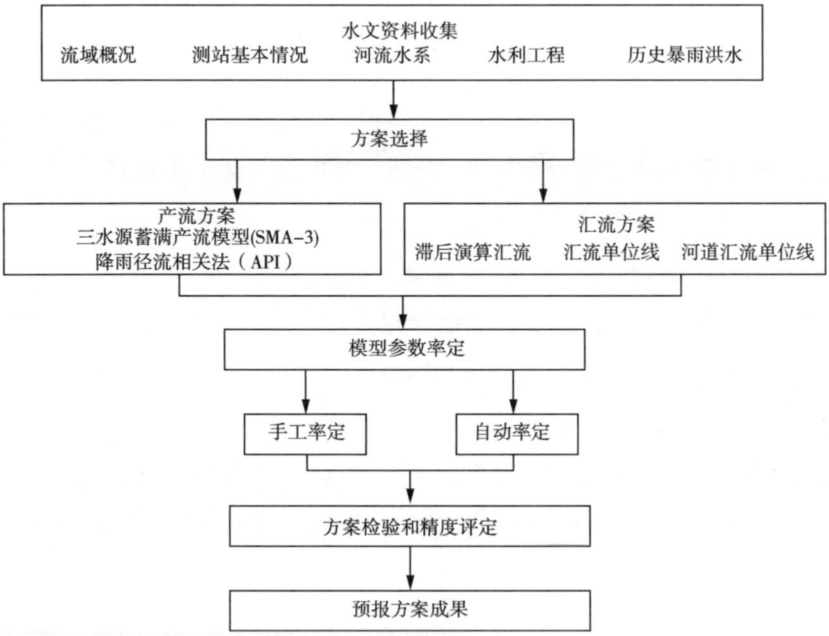

图 4.61　方案修编流程图

4. 预报作业的执行

作业预报工作流程包括雨水情监视与核对、水文情势分析、预报计算、综合分析、预报修正、精度评定等。

(1) 雨水情监视和核对。水情人员通过雨水情自动测报和展示系统接收、汇总、统计、分析雨水情实时信息。

(2) 水文情势分析。水情人员对各种水文要素进行数据复核、时段统计、过程分析、历史对比等工作，对实时雨水情趋势进行初步研判。

(3) 预报计算。水情人员在通过对实时雨水情信息进行分析和研判的基础上，根据重点雨水情特点，选择合适的预报系统和预报方案进行预报作业计算。

5. 综合分析

水情人员（预报员）根据水文预报系统计算的结果，综合气象、水文、工情、调度等信息，结合个人预报经验和主观判断，对预报成果进行综合分析。

6. 预报修订

根据综合判断对预报成果进行修订和调整。

7. 预报会商

按照《江苏省洪水作业预报工作规程（试行）》（水文〔2020〕84 号）有关预报会商的要求，组织预报单位对预报初步成果进行商讨，确定最终预报成果。

(1) 会商启动：根据水情等级、预报站类别，确定会商时间、参加人员、主持人、会商方式等，发布会商预告。

（2）会商准备：参加人员按照会商预告要求准备相关材料，主要包括当前汛情概况、会商河流、流域或区域基本情况、测站位置以及实时水情信息、历史洪水信息、相关工程运行调度情况、风险影响、预报初步成果及建议等，必要时制作多媒体汇报材料。

（3）预报会商：预报单位汇报初步预报结果、预报依据、调度建议等；主持人组织对初步预报结果进行讨论，参加人员发表意见，形成会商综合成果。

（4）成果发布：根据会商综合成果，编制预报专报，主要内容应包括会商概况、会商主要内容、会商意见、会商记录以及会商综合成果等。

8. 预报考核

（1）根据预报任务书要求的预报频次和预报要素，考核测站预报任务完成情况。

（2）根据《水文情报预报规范》(GB/T 22482—2008)评定预报成果的合格率。

4.7.2 水资源数量预测

水资源数量预测主要包括方案的编制、建立模型、资料整理、预测作业等步骤。

1. 编制方案

（1）了解本地区的流域自然地理特性、水文特性、水资源站网设置和水文测报等情况，了解水工程设施的建设管理和人类活动等情况；了解本地区历史上洪涝旱灾害情况和水文气象演变规律，制订适合本地区的水文预报方法与技术途径。

（2）根据生产需要，确定预报方案的预见期。

（3）编制预报方案，评定精度，组织专业审查。

2. 建立模型

（1）输入下垫面情况，搭建模型框架。

（2）选定参数，并对其进行率定。

（3）建立模型并验证其精度。

3. 资料整理

（1）根据预报范围选择站点。

（2）收集主要控制断面水文资料，历史实测气象资料，地形资料，土壤数据、土地利用数据，大气环流、海温及高空气压场等数据。

（3）开展收集数据的初加工，包括数据的可靠性、一致性、代表性检验，系列数据的趋势分析等等。

4. 预测作业

（1）输入有效数据。

（2）调整参数，生成成果。

(3) 成果可靠性合理性检验。

(4) 生成预测报告。

水资源数量预测流程如图 4.62 所示。

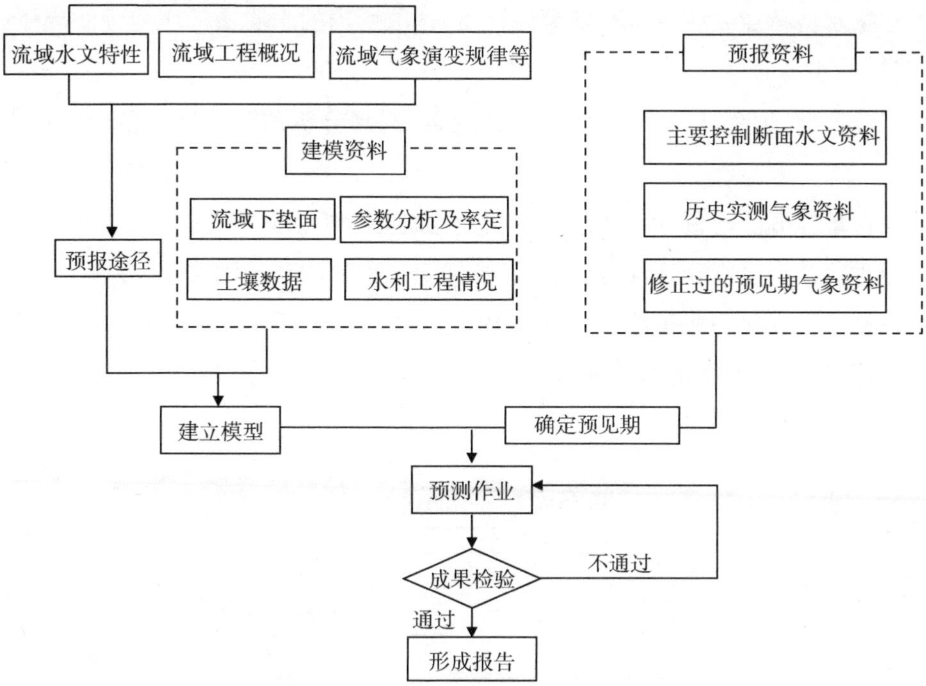

图 4.62 水资源数量预测的流程图

4.7.3 水资源质量预测

水资源质量预测主要包括背景调查、方法确定、结果预测、结果分析等内容，其目的是从不同方面了解和判断水中污染物随时间和空间的变化。水资源质量预测分为日常水质变化趋势分析和应急水质变化趋势预测。

1. 日常水质变化趋势分析

(1) 当进行站点水质变化趋势分析和流域及区域水质变化趋势分析时，收集目标水域不低于 5 年的水质监测数据。

(2) 根据水域特点选取适当的评价项目。

(3) 确定趋势分析对象及分析方法，一般采用季节性 Kendall 检验方法。

(4) 对目标水体进行水质变化趋势分析。

(5) 对分析结果进行合理性检验，进一步优化技术方法。

(6) 编制水质变化趋势分析报告及成果图。

(7) 经审核、审定报送有关部门。

2. 应急水质变化趋势预测

(1) 当发生特殊水情或突发水环境事件时,收集目标水域水环境基础资料,调查周边情况,掌握预测水域历史数据与敏感目标。

(2) 根据水情特点或突发水环境事件性质,选取适当的水质指标作为预测因子,并选择合适的算法、模型等技术途径,必要时可多个方法同时分析。

(3) 拟合模型、训练算法,修正各项参数权重,提高分析预测结果的显著性水平或相关性系数。

(4) 选择最佳方法对目标水体进行水质变化趋势分析预测,形成预测结果。

(5) 对预测结果进行合理性分析,进一步优化技术方法和预测结果。

(6) 编制水质变化趋势预测报告及成果图。

(7) 经审核、审定后报送有关部门。

水资源质量预测流程如图 4.63 所示。

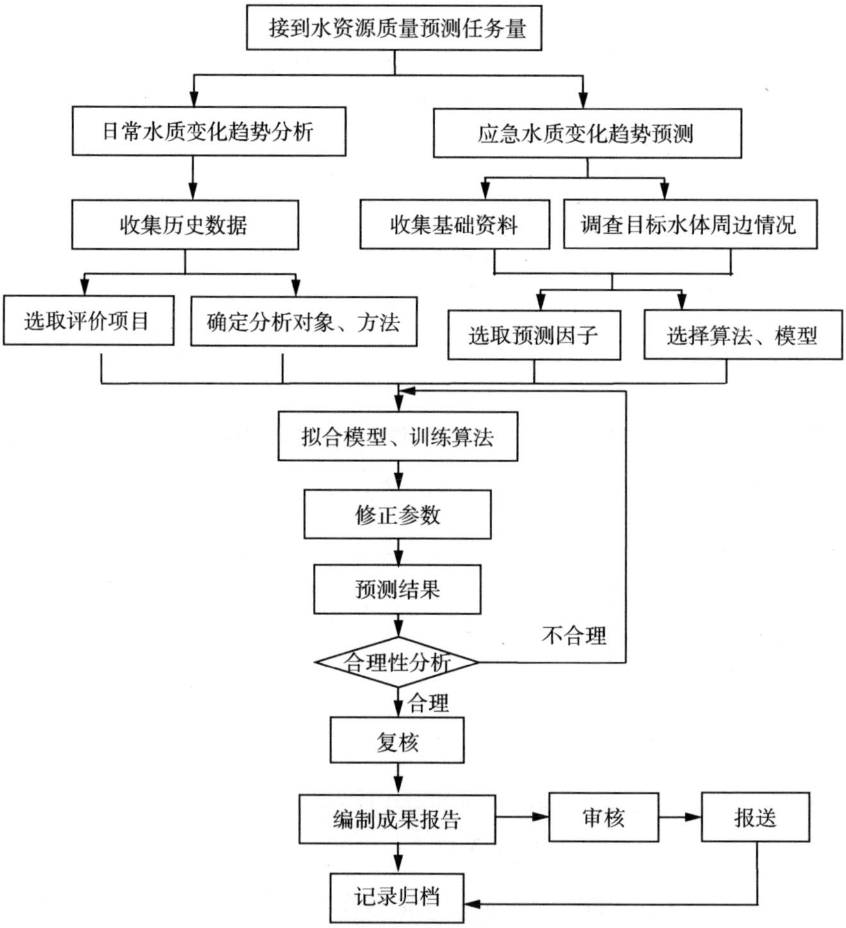

图 4.63　水资源质量预测流程图

4.7.4 水土流失状况预测

水土流失状况预测管理流程主要包括资料收集、方法确定、遥感解译、外业核查、消长分析、合理性审查、成果报送七个方面。

1. 资料收集

应收集获取与应用有关的基础数据，强化各有关部门的数据资料共享，并对基础数据资料的真实性、客观性以及合理性进行检查。

2. 方法确定

制订水土流失预测方案，明确职责与分工，开展水土流失预测工作培训，包括技术方案、实施流程、成果汇总以及质量控制等内容，确保工作技术方法、质量控制要求保持统一。

3. 遥感解译

建立解译标志，以县级行政区为单位，土地利用和水土保持措施的解译标志应不少于1套，可参考使用历史解译标志库。

基于遥感影像，结合解译标志，提取土地利用类型和面积，提取水土保持措施类型、面积或数量。

依据解译获取的土地利用和水土保持措施类型，确定土壤侵蚀地块边界。

根据遥感解译和收集到的相关资料，以及遥感影像，提取水土保持重点工程相关信息，包括项目区范围与面积，并补充或校核土壤侵蚀地块变化解译结果。

完成提取信息校核和野外验证。

4. 外业核查

以县级行政区为单元，开展水土流失预测工作，各市县做好任务分配，并进行相应的野外实地调查工作。

明确外业核查管理目标，做好核查管理控制，形成核查记录表。

5. 消长分析

确定动态消长分析尺度和范围，分别对土地利用、植被覆盖度、土壤侵蚀、水土保持措施、人为水土流失地块等进行动态变化分析。

县级行政区应按年度或对比分析周期，进行土地利用、土壤侵蚀的空间转移矩阵分析，县级行政区以上其他统计单元一般进行转移矩阵统计分析。

可根据工作安排或管理需求开展相应的深度分析。

6. 合理性审查

合理性审查不仅是成果审查，同时也应做到监测数据全过程的质量控制。

分析结果应与年度水土流失监测成果进行对比分析，评价各地水土流失消长预测准确度，分析变化原因和结论的合理性并进行预测模型的完善。

7. 成果报送

汇总后的成果上报流域管理机构，完成成果整汇编和数据入库工作。待水利部将全国汇总成果按程序审查、发布后，省级管理单位可以编制省级年度水土流失成果报告并发布。

水土流失状况预测流程如图 4.64 所示。

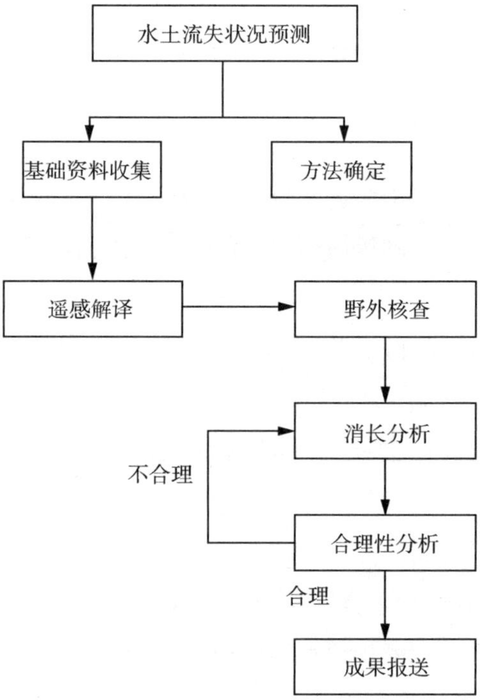

图 4.64　水土流失状况预测流程图

第五章 管理制度

制度是共同遵守的办事规程或行动准则，是技术发挥其作用的保证，制度建设是严肃的、严密的、系统的。水文精细化管理的制度体系，一般包括技术管理细则、各类操作规程和规章制度等方面，各类制度既有分工、互不冲突又相互联系、协调配合，共同发挥作用，做到系统、管用、可行，切实保证各项工作规范有方、管理有章、执行有据。同时，要不断修订完善，加强制度执行。

5.1 一般要求

(1) 结合江苏水文工作的实际需求，建立健全各项规章制度。

(2) 各项规章制度的内容和深度应满足水文工作精细化管理的需要，可操作性强，并不断修订完善。

(3) 对管理细则和规章制度进行年度培训，组织职工学习，建立记录台账。

5.2 水文站网

从设施管理、仪器设备管理、测站环境管理、站务管理、测站任务书管理、站网管理等六个方面分别介绍相关制度。

5.2.1 设施管理

设施管理制度包括设施检查时间、检查内容要求、组织形式等。

(1) 设施需定期开展检查，检查分为日常检查、定期检查和特别检查。

(2) 日常检查是经常开展的、以目视方式为主进行的检查，每日或每周乃至每月检查 1 次，无人值守站每月不少于 3 次检查。

定期检查是在规定时间内开展，主要集中在每年汛前、汛后各检查 1 次，汛前检查每年 3 月 20 日前完成，汛后检查每年 10 月底前完成。

特别检查是在遇台风、暴雨、特大洪水、风暴潮等灾害性天气，发生不可抗拒自然灾害，以及出现其他可能影响设施设备安全运行事件时即刻开展的检查。

(3) 日常检查由测站(监测中心)负责。定期检查和特别检查由分局负责。省局每年汛前、汛中、汛后根据情况开展抽查。

(4) 开展检查时需填写设施巡视检查记录表。

(5) 检查以眼观、耳听为主，必要时应借助仪器、工具进行。

(6) 设施内部检查可采用仪器设备进行，必要时可开挖、拆卸。

(7) 加强日常设施管护工作，一旦发现问题需及时处置。

(8) 设施管护中，进行新建、维修、养护、改造等项目的，项目开展需按照相关“管理流程”进行，不可“越序”进行。

(9) 加强设施建设过程管理，严把质量控制关，及时进行项目验收。

(10) 抓好项目实施过程中的安全生产工作，严格按安全生产相关规定施工，不可盲目操作、野蛮施工。

5.2.2 仪器设备管理

仪器设备的管理制度包括对仪器设备的检查、检验及其他相关要求等。

(1) 仪器设备需定期开展检查，检查分为日常检查、定期检查和特别检查。

(2) 日常检查需每日检查 1 次，无人值守站每月需检查不少于 3 次。

定期检查需每年汛前、汛后各检查 1 次，其中汛前检查每年 3 月 20 日前完成，汛后检查每年 10 月底前完成。

特别检查需在水文测验数据出现异常时开展检查。

(3) 开展检查时要填写仪器设备巡视检查记录表。

(4) 仪器设备需按要求开展检验检测，其中流速仪应每年检验一次。

(5) 仪器设备在启用前、汛前、汛后应进行检查、校测，定期进行检定。

(6) 仪器设备说明书等资料应归档保管，做好日常使用、检修记录。

(7) 仪器设备管理上要坚持使用和维护相结合，做到“三好”(管好、用好、维护好)，“四会”(会使用、会保养、会检查、会排除故障)。

(8) 严格按照仪器设备的使用操作规程、使用手册等进行操作，严禁野蛮操作。

(9) 测站人员应按《水文仪器报废技术规定》(SL 416—2007)、《江苏省水文行业专业资产配置暂行标准》(苏水财〔2018〕17 号)等规定对仪器设备进行停用报废，并报分局批准。

5.2.3 测站环境管理

1. 测站站容站貌管理分自查、抽查及督查。

测站自查每日1次，保持办公场所、水位台、缆道房清洁卫生；所有测站每月进行1次大检查；每年汛前、汛后各进行1次全面检查，相关检查结果要及时报至分局。监测中心抽查每月不少于1次；分局(管理处)随时随地检查，汛前、汛后全面督查。

2. 各单位需在站区内设置基本水文测站标识标牌

标识标牌材质、大小、外观造型执行省局制定的统一要求，为适应特殊环境、历史沿革等因素需求，对位于风景区、城市风光带或其他有特殊要求(如，百年水文站)的基本水文测站，在满足基本要素的前提下，可按当地规划要求更改标识标牌材质、大小、外观造型并增加其他个性化内容等。规章制度需上墙公布。外观样式按"设置指南"设置，具体内容按省局统一规定。

3. 监测环境保护

测站每月定期检查监测环境。分局(管理处)不定期抽查、督查监测环境。汛前、汛后要对监测环境进行全面检查。测站在检查中出现的问题应及时整改并做好相关记录，若无力解决需尽快上报。禁止在监测环境保护范围内从事与监测内容不相干或对监测有干扰的活动。

5.2.4 站务管理

站务管理包括岗位、资料、安全等管理内容，并制订相应管理制度。

1. 岗位管理制度

制订水文测站岗位责任制度，对测站岗位具体要求如下：

(1) 按时完成本站降水量、水位、流量等水文要素的日常观测(测验)、记载和人工报汛。

(2) 及时了解工情、雨水情变化，随时关注气象信息。

(3) 及时根据测站任务书等要求进行加测加报(含校测)。

(4) 加强遥测设备设施的巡查和遥测数据的检查，发现问题及时处置。

(5) 遇重大事情或紧急情况应及时向上级汇报。

(6) 做好值班记录(承办事项及处理情况等)，并及时进行资料的整理和归档。

(7) 及时清扫站房，保持工作环境整洁卫生。

(8) 严格交接班手续，在值班记录上写明值班情况和待办事宜，并向接班人员交代清楚。核对无误后，交接班人员均应签名。

(9) 值班期间严禁擅离职守。严禁酒后值班，不做与值班工作无关的事。

(10) 值班人员应保持通信畅通。

(11) 各种雨水情资料未经分局同意，不得擅自以任何方式对外提供。

2. 资料管理

水文测站档案主要包括测站站房、测验设施设计建设资料，仪器设备档案、仪器设备检验记载，水准点资料、水准点接测记载，水文要素观测记录、整编成果，检查管理台账、维修养护记录等及其他相关文件。

结合管理任务、标准等要求，制订资料及档案管理制度，具体内容如下：

(1) 测站主要业务、技术档案应进行备份，对原始测报记载、整编成果数据等重要资料进行电子文档备份。应建立归档、保管、借阅、保密、鉴定销毁、统计和利用等档案管理制度。

(2) 落实专人负责档案管理，档案管理人员工作变动时，应按规定办理移交手续。

(3) 管理资料应按规定建档立卡，分类清楚，存放有序，归档资料应做到准确、完整、系统。档案借阅应做到收、借有手续，定期归还。

(4) 应设有专门的档案室，其位置、防护结构及配套设施设备等应符合有关规定，满足防潮、防火、防盗、防光、防蛀等要求。管理单位的档案管理设施设备无法满足规定的，管理单位应及时将纸质档案交由测站主管部门统一保管，但管理单位应制作和保存电子档案，以待备查。

(5) 基本站测站原始观测记载簿应于每年复审时带至现场，复审完成后，由省局统一汇交给省水文发展基地存档。

(6) 基本站水位、降水量等原始遥测数据应于每年复审时带至现场，由省局刻入光盘后统一汇交给省水文发展基地存档。

3. 安全生产

制订测站安全生产责任制度，具体内容如下：

(1) 坚持“安全第一，预防为主”，牢固树立责任意识和防范意识，以安全生产保障测站各项工作的顺利开展。

(2) 测站站长(或测站负责人)为本站(含属站，下同)安全生产第一责任人，负责组织、检查本站的安全生产工作。

(3) 加强对测站职工的安全教育工作，建立健全安全生产规章制度和操作规程，并确保各项安全生产制度及措施落实到位。

(4) 每年汛前、汛中、汛后进行三次安全生产检查，全面检查生产、办公及生活区等范围，重点排查测站监测环境、设施及生产中的安全隐患并及时整改。

(5) 开展水文监测时，应进行测前、测中、测后安全检查，并严格按照规程操作和穿戴安全防护用具，严禁违规操作。

(6) 降蒸观测场、水位台及缆道房等生产和办公场所禁止无关人员进入。

(7) 各种资料须指定专人保管，做好防火、防水、防潮、防鼠、防虫、防丢失等安全工作。

(8) 加强电器设备的使用管理，定期检查电线电路，定期检查更换消防器材，消除安全隐患。

(9) 发生安全事故及时向监测中心和分局报告，并按有关规定及时处理。

5.2.5 测站任务书管理

测站任务书是测站(含水土保持站)工作安排和部署的主要依据，也是评定测站工作完成情况的标准。测站应按本站任务书的要求，制订岗位责任制度，明确工作职责，保证测站任务的圆满完成。

1. 任务书的制订

水文测站根据测站水文特性，明确各项水文测验、报汛、分析、整编任务，水土保持测站明确各项径流、泥沙、田间管理、土壤墒情、整编任务。

2. 任务书的执行

按测站任务书的规定完成各项任务，如遇特殊原因难以正常完成时，应采取措施补救，并及时报告上级单位；测站应严格执行各种技术标准和规范，遵守各项操作规程，确保安全生产。

3. 任务书执行情况检查

各分局(管理处)每年应定期或不定期检查所辖各站测站任务书的执行情况，指导并督促测站完成测站任务书中规定的各项任务，审查测站提交的各项水文监测成果。省局对各分局(管理处)测站任务书执行情况开展不定期检查。

4. 任务书的管理

省局负责全省水文站网的统一管理，未经省局批准，不得任意裁减观测项目、简化测报任务，不得任意撤销各类辅助站、调查站及属站。各站在执行中如发现任务书要求不符合实际情况时，应及时报告分局(管理处)，由相应分局(管理处)起草任务书修订方案，上报省局批准后实施。

5. 任务书的修编

由分局(管理处)检查测站任务书执行情况，并根据测站实际监测需求，对测站任务书提出修编申请；省局同意修编申请后，分局(管理处)方可组织修编、上报；省局审定并批复后方可实施。

5.2.6 站网管理

1. 站网计划

站网计划每年由省局发文布置，并对站网任务执行情况进行检查。分局(管理处)根据省局下达的站网监测计划，组织实施。测站、分局(管理处)根据监测站点实际及监测站点的地位、作用等提出站点监测意见或修改意见。

2. 站点布设

站点的布设由省局或分局根据实际情况开展。对于水文测站的设立、调整、迁移,均应编制相关材料,按行政审批流程办理。其中国家重要水文测站的设立和调整,由省水行政主管部门报国务院水行政主管部门批准。其他国家基本水文测站的设立和调整,由省水行政主管部门批准,并报国务院水行政主管部门备案。对于因重大工程建设确需迁移国家基本水文测站的,应由建设单位在建设项目立项前向省水行政主管部门提出申请,并按相应流程办理。水文测站迁移所需费用由建设单位承担。专用水文测站的设立不得与国家基本水文测站重复。

3. 站网规划

由省局组织编制相关站网规划,做好全省水文站网布设顶层设计。根据社会经济发展和水利以及其他涉水部门的需求,每十年进行一次全省水文站网规划,其间五年可进行修订,以满足社会对水文的需求。

5.3 水文测验

根据工作任务情况,水文测验任务管理制度主要包括常规测验、水文测量、水文巡测、水文调查、应急监测、水文报汛、资料整编等七个方面。

5.3.1 常规测验

常规测验包括流量、(潮)水位(含地下水)、降水量、蒸发量、含沙量、水温、墒情、水土保持监测等,由各水文测站按照测站任务书要求开展相应工作任务。对常规测验从质量检查、测验规程等方面提出具体管理制度。

1. 水文测验质量检查

每年汛后开展一次全省水文测验质量检查。检查站点为国家基本水文测站,专用站可参照执行。

2. 流量测验

(1) 各水文测站应有两套以上测洪方案。

(2) 流量测验次数应符合测站任务书的规定,测次均匀分布,满足整编要求。

(3) 汛前应进行缆道计数器与实际起点距比测,控制水平定位误差,应有记载。

(4) 汛前应做好测流(含备用)断面的大断面测量等工作,及时分析断面变化原因。

(5) 年初检查流速仪是否率定,是否有备用。

(6) 测流作业操作者要严格执行缆道操作规程,严密注意附近河流情况,特别是洪水期漂浮物动向等,作业结束后,及时切断电源,确保安全。

(7) 采用声学多普勒流速仪进行流量测验，操作人员应经过培训。测验前应对声学多普勒流速仪进行自检，船速宜保持且接近或小于流速。仪器使用后应按照要求进行检查，及时维护系统软件和硬件。

(8) 所测流量要随时计算、点绘、分析，发现不合理的测点，要找出原因，并加以说明，不能随意舍弃，有条件的应及时重测或补测。

(9) 涉水测量时必须穿着救生衣，须有两人同行，密切关注水位变化，确保自身安全。

3. 水位观测

(1) 每日应检查遥测系统情况(包括设备设施安全、系统运行及数据状况)，发现异常后及时处理，并上报分局水情科和监测中心。

(2) 当发现遥测系统故障时应立即采用人工观测或仪器自记，以满足水情报汛及资料整编需要。

(3) 水位台室内环境必须保持通风、明亮、整洁、有序。

(4) 水位测井、进水管及引水槽必须保持通畅、无淤积；水尺桩设置应稳固，水尺刻度应清晰可读。

(5) 应按规定频次校测遥测水位，并记入“水位观测记载簿”中。

(6) 当确认校测水位与遥测水位的偏差值较大时(水位平稳期大于 2 cm 以上，洪水涨落期应结合校核水位变化过程，排除风浪、过船等因素导致的水位波动)，应对遥测水位进行订正。

4. 降水量观测

(1) 每日应检查遥测系统情况(包括设备设施安全、系统运行及数据状况)，发现异常后及时处理，并上报分局水情科和监测中心。

(2) 当发现遥测系统故障时应立即采用人工观测或仪器自记，以满足水情报汛及资料整编需要。

(3) 观测场内应平整无积水，种草或作物高度不超过 20 cm，周边无影响观测的建筑物、树木等障碍物。

(4) 定期检查雨量器(计)承雨器，及时清理杂物，预防堵塞。

(5) 有雨之日按规定进行人工雨量器观测，并记入“降水量人工观测记载簿”，同时与遥测雨量对照检查。

(6) 每月选择无雨之日对雨量器(计)进行一次清洗(承雨器、储水瓶等)。

(7) 翻斗式雨量计每年至少在汛前、汛后按规范要求分别进行一次注水试验，并做好存档工作。

(8) 降雪、冰雹等固态降水期间停止使用遥测雨量观测，及时启用人工观测。

5. 水面蒸发观测

(1) 每日8时应正点观测一次水面蒸发量，按蒸发量(蒸发器水面高度)、降水量(人工雨量器)及溢流水量先后顺序测记；观测后应检查蒸发桶内水面高度是否过低或过高，及时加水或汲水并测记水面高度；如器内有污物或小动物，应在测记蒸发量后捞出，再加、汲水并测记(应附注说明)。

(2) 降暴雨前，应加测蒸发器水面高度，也可再从蒸发器内汲水(应测记汲水后的水面高度)；大暴雨中，应加测溢流水量(及降水量)；降雨停止或转小雨时，应立即加测蒸发器水面高度、降水量及溢流水量。正点观测时若遇暴雨，则蒸发器水面高度的测记可推迟到雨止或小雨时进行，但降水量及溢流水量应测记。

(3) 若结冰期较短，结冰的几天可停止观测，待融化后再正点测记蒸发总量；但当月初或年初蒸发器内结冰时，应测记自由水面高度。

(4) 在蒸发器内结有冰盖期间(器内无自由水面)降雪，如器内干燥，雪止后应及时扫净器内积雪和后续可能落入的吹雪，相应时段内雪量不予统计；如冰面潮湿或雨夹雪时，应及时取出器内积雪并测记取雪量，进行降雪量订正时应减去取雪量；扫雪或取雪应附注说明。

6. 泥沙测验

(1) 根据测站特性，单沙测次能控制含沙量的变化过程，满足推算逐日平均输沙量的需要。连续洪峰、沙量变化剧烈，测次要加密，起涨、转折点、沙峰处皆应有测次。

(2) 采样瓶的进水管与排水管的装置均应与水流平行，采样瓶内要保持清洁，水样瓶要按顺序使用。

(3) 烧杯编号要清楚，烧杯质量每年校核1～2次，称重天平在使用前必须校核。

(4) 水样要及时处理。达到一次烘干要求或水样放置一定时间必须处理一次，称样需要第二次复核，只有两次称样一致，才能洗涤烧杯。

(5) 沙样处理后要及时计算和校核，二校后点绘在水位过程线上，分析是否分布合理，不合理应分析原因。

(6) 单样含沙量测验的垂线布设应经试验确定。断面不稳定且主流摆动的一、二类站，应根据测站条件，按全断面混合法的要求，布设3～5条取样垂线，进行单样含沙量测验。

(7) 一类站和需要枯水季沙量资料的站，应全年施测单样含沙量。其他站枯水期连续三个月以上的时段输沙量小于多年平均输沙量的3.0%时，在该时段内可以停测单样含沙量和输沙率，停测期间的单样含沙量作0处理。

(8) 当含沙量小于0.05 kg/m^{3}时，可将等时距和等容积的水样累积混合处理，作为累积期间各日的单样含沙量。累积时段不宜跨月跨年，当发现河水含沙量有显著变化时，应停止累积。

(9) 在施测含沙量时期，当河水清澈时，可改为目测含沙量作0处理。当含沙量明显增大时，应及时恢复测验。

（10）在水样处理时要将时间、垂线号、瓶号、纸号一一对应，最好将滤纸上的有关数据信息登录后再行处理。

（11）过滤时要按规范要求操作，如实记录取样位置、时间、瓶号、容积，不得刻意将水样容积取整。

7. 植被调查

（1）每15天（每月1日、15日）观测每个径流小区的乔木郁闭度、灌草作物覆盖度、地面覆盖度和植被平均高度。径流小区产流发生后，加测一次，监测时间为产流取样完毕，如小区数量多或者时间不允许，可第二天测量。如连续降雨，则至雨停后观测。

（2）乔木郁闭度、灌草覆盖度和地面覆盖度的观测可用照相法、目估法和样线针刺法三种。建议优先选用照相法。

（3）如选用照相法，每个小区只选择一个代表点，分别观测植被郁闭度/覆盖度。如选用目估法，应选择3个点目估。如果小区内植被差异较大，可选择多点，取平均值。

（4）农作物成熟后，在每个小区的上、中、下部选择3个测点，每点取样1～4㎡，记录样方长和宽，数株数、称鲜重，晒干后称干重并记录。

5.3.2 水文测量

1. 测站考证

（1）测站考证应在逢零逢五年份进行，新设站当年应进行考证。纳入测站考证成果的资料应通过调查、测验、取证确认，做到真实、可靠、清楚。测站考证成果列入当年资料整编内容。

（2）开始测站考证前，应编制测站考证实施方案，并开展包括测站地理位置、所在河流演变、流域自然地理情况、流域工程分布等在内的测站基础信息、流域基础信息的调查、收集、校核工作。

（3）考证结束后，应编制水文测站考证簿和相关成果技术报告。

（4）考证原始记载表应按规范要求和统一格式进行填写。各类填写完成的表格应由专人妥善保管，不得随意涂改、调换、销毁，年终应作为测站运行相关技术档案留存。

2. 地形测量

（1）地形测量应采用平面直角坐标。利用国家或其他部门的控制网时，应采用相应坐标系统。利用国家控制网困难时，可在国家地形图上量出概略坐标与方位角，作为独立坐标的起算数据。

（2）水文测站地形图选用的测图比例尺，应使测验河段在正常水位的水面宽不小于图上3 cm。宜选用1∶1 000、1∶2 000、1∶5 000比例尺，小测区也可选用1∶500测图比例尺。图幅尺寸可选用(长×宽):40 cm×40 cm、40 cm×50 cm 或 50 cm×50 cm。

(3) 进行地形测量作业之前,需对所用仪器、测具进行全面检查校正 。作业时间长的,在作业过程中应进行主要项目的检查与校正。

3. 水准测量

(1) 基本水准点除列入国家一、二、三等水准网的以外,其高程应从国家一、二、三等水准点用不低于三等水准接测。据以引测的国家水准点一经选用,若无特殊情况,不得随意更换。

(2) 校核水准点应从基本水准点采用三等水准接测。

(3) 新设基本水准点应及时进行引测工作,并于一、二年内复测。较稳定的基本水准点应在逢零、逢五年份校测(每 5 年校测一次);校核水准点每年汛前校测一次。当有变动迹象时,应及时校测。

(4) 当上下比降断面附近分别设有校核水准点时,且基本水准点向两个校核水准点分别引测的测距之和与两个校核点之间测距相比相差不大时,应从基本水准点先引测其中一个,再连测另一个。当基本水准点处于上下比降断面校核水准点之间时,可分别引测。

(5) 水尺零点高程的校测次数与时间,应以能掌握水尺零点高程的变动情况,取得准确连续的水位资料为原则。每年汛前应将所有水尺校测一次,汛后应将本年洪水到达过的水尺全部校测一次。冲淤严重或漂浮物较多的测站,将每次洪水到达过的水尺校测一次。当发现水尺变动或在整理水位观测结果时发现水尺零点高程有疑问时,应及时进行校测。

4. 断面测量

(1) 测流断面每年汛前、汛后各施测一次;冲淤变化较大的站增加测次。

(2) 大断面测量包括水下部分的水道断面测量和岸上部分的水准测量。岸上部分应测至历年最高洪水位以上 0.5～1.0 m,或测至堤防背河侧的地面为止。

(3) 大断面岸上部分的高程,应采用四等水准测量,且每年汛前必须施测一次。施测前最好在岸上地形转折点处打入木桩,并顺次编号,以便每次在固定位置测量。

(4) 大断面的起点距,均以高水位时的断面桩(一般为左岸桩)作为起算的零点。两岸断面桩之间的总距离两次测量不符值应不超过 1/500;有条件时,可用测距仪或全站仪测定。

5.3.3 水文巡测

(1) 水文巡测工作严格按照技术规范及规程的要求进行。

(2) 水文巡测任务一般由省局提出,涉及范围仅在一个地级行政区内,也可以由省局直接委托所在地级行政区的水文分局组织实施;各分局也可以根据地方水利及其他部门的需要,自行开展水文巡测工作。

（3）根据巡测目的不同，在开展巡测前应编制巡测方案，明确巡测区基本情况、巡测要素、测次及巡测时机、巡测方法与路线、巡测资源配置方案等。

（4）巡测实施单位具体负责资料的收集与现场勘查。

（5）水文巡测结束后要及时组织开展巡测资料整理，编制巡测报告，并报省局备查。

（6）巡测成果（包括报告、附表、图件等）由专人存档保留。

（7）水文巡测任务每年由省局在当年站网计划中下达。各分局可根据实际情况对巡测站点、监测项目、巡测频次提出调整意见，并于每年年终前报省局批复执行。分局在开展水文巡测任务前，应编制巡测任务实施方案，明确巡测方法与路线、巡测资源配置方案等，并报省局备案。

5.3.4 水文调查

（1）水文调查工作严格按照技术规范及规程的要求进行。

（2）水文调查工作一般由省局提出并组织，如果涉及范围仅在一个地级行政区内，也可以由省局直接委托所在地级行政区的水文分局组织实施；各分局也可以根据地方水利及其他部门的需要，自行开展水文调查工作。

（3）各分局针对管辖区域自然状况及水文情势的变化须向省局提出开展水文调查工作的建议书。

（4）水文调查组织单位要明确提出调查范围、调查内容、技术成果、时间安排、人员配置等，并对调查报告的结论负责。

（5）实施单位具体负责资料的收集、现场勘查、调查走访。

（6）调查成果（包括报告、附表、图件等）需存档保留。

5.3.5 应急监测

1. 应急监测管理制度

制订应急监测管理办法，明确省局为全省水文应急响应的领导机构，负责全省水文应急相关工作的决策。

根据突发水事件严重程度和影响范围，将应急响应级别分为Ⅰ、Ⅱ、Ⅲ三级。突发环境事件发生在易造成重大影响的地区或重要时段时，可适当提高响应级别。应急响应启动后，可视事件损失情况及其发展趋势调整响应级别，避免响应不足或响应过度。

根据不同的响应等级，确定不同的分级响应行动。

应急保障包括装备保障、资金保障、通信保障、应急支援保障和技术保障等。

省局每年至少组织开展一次水文应急监测培训，各水文分局选取3～5名监测技术骨干参与省局组织的水文应急监测培训。

省局适时开展水文应急监测演练，提高应急监测队伍实战经验和水平，提升处置突发事件时的组织指挥、部门协调、现场控制、紧急救援的综合应对能力，确保一旦发生突发事件，能迅速投入应急处置。各分局应按省局要求选派监测技术骨干或应急监测队全员参与演练。

2. 应急监测设备使用管理

水文应急测验仪器系指为直接量测各水文、水质要素所采用的仪器，如雨量计、水位计等。水文应急测报设备系指为水文、水质监测提供的设施设备以及为数据处理、水情预报、传输服务的设施设备，如水质分析仪器设备、测船和通信设备等。水文应急监测保障装备系指为水文应急监测提供基本保障的装备和物资，如水文应急监测保障车、水文应急监测统一标识、基本生活物资和医药物资等。

水文应急监测设备管理实行分级管理的原则。各级水文部门应根据应急监测需要和标准，配备相适应的水文应急监测设备设施，并负责对设备的选购、维护、使用以及报废等工作进行统一管理。省局负责各分局水文应急监测设备设施的监督检查工作。

水文应急监测设备应由专人负责保管。对各种仪器设备从购置到报废应实行全过程管理，重要设备和精密仪器实行专人负责制，一般设备实行保管人员负责制，做到台台设备有人管。

水文应急监测设备档案应做到资料齐全，使用、维修原始记录准确完整。设备档案包括设备设施目录(或明细表)、质量检定书、合格证书、校(检)验方法、检验记录、技术说明书以及相关调用使用记录档案等。所有作为固定资产的设备，都应统一分类编号、建账、立卡，做到账、卡、物相符，及时记录增减情况。

各分局应按规定填报“水文应急监测设备年度统计表”和“水文应急监测设备储备补充申请登记表”，并上报省局备案。同时，加强设备管理方面的资料积累和统计分析工作，合理储存备品配件，做好保管维护工作。

应急监测设备设施清查工作每年进行一次，清查内容包括：账物是否相符、设备使用情况报告等。清查工作以各相关水文应急监测队自查为主，省局根据自查材料进行核实。

应急物资使用和调拨实行“谁使用谁申请、谁申请谁负责”的原则，并应填报“水文应急监测设备调用申请表”，申请内容包括设备类型、数量、申请目的、使用地点、使用性质(永久或临时)等。因故未能及时填报者，应在事后五个工作日内及时补办相应手续。水文应急监测设备使用完毕后，应及时归还，并填报“水文应急监测设备调用登记表”，申请内容包括归还时间和接收人等。

各分局要结合所辖区域突发水事件类型的水文应急监测特点，建立健全水文应急监测队伍，并配备部分先进、实用、高效的仪器设备，加强水文应急监测设备设施使用培训和应急演练工作。

对具有下列情况之一的设备应予以报废(损)更新:已达到使用年限,并丧失使用价值的;经过测试,大修理后技术性能仍不能满足应急监测要求和生产安全的;设备老化、技术落后、耗能高、效率低,大修理后虽能应急监测要求,但不如更新经济的;因事故毁坏,且无法修复的。报废设备,应由设备管理单位填报“水文应急监测设备报废登记表”,上报省局备案,对于价值较高的设备,应上报省局批准后报废。

5.3.6 水文报汛

1. 报汛任务委托下达

(1) 明确报汛任务是水情部门汛前准备工作的重要内容,报汛任务以任务书形式委托下达,主要工作内容包括:需求征集、任务调整、委托下达。

(2) 每年汛后,水情部门应及时梳理当年汛期报汛工作中存在的问题,从情报、预报业务角度提出报汛需求,并向水情需求单位征集报汛需求,优化调整报汛任务。

(3) 报汛任务实行委托制和下达制。对相关流域管理机构、外省(直辖市)水文机构实行报汛任务委托,对省内各相关水情报汛单位实行任务下达。

(4) 报汛任务书经与水情报汛单位协商确认,于汛前1个月内送达。

(5) 报汛任务一旦下达,在报汛周期内原则上不做变动;确因特殊原因需要调整的,履行审批手续后方可执行,并通知相关单位。

2. 水情信息交换

(1) 各水情报汛单位要加强对水情工作的领导,建立健全水情报汛岗位责任制。

(2) 各水情报汛单位要根据报汛任务书的要求认真落实报汛任务,严格执行《水情信息编码》(SL 330—2011)、《水文情报预报规范》(GB/T 22482—2008)和我省报汛工作的有关规定及要求,不得随意调整水情报汛信息要素。

(3) 各水情报汛单位要加强报汛站的管理与维护,建立监控机制,形成工作台账,确保水情信息报送及时、准确。

(4) 当水位或流量达到或超过历史极值、发生超标准洪水等重要水情时,须及时报送过程信息。

(5) 当河道、水库出现超历史极值(最大值或最小值)或保证水位等重要防汛指标以及其他特征值发生变化时,水情报汛单位须将成果以正式文件形式报上级水行政主管部门,并完成对实时雨水情数据库的维护。

(6) 各水情报汛单位要定期组织开展水情报汛人员报汛交换业务的培训。

3. 报汛质量控制

(1) 报汛质量控制应严格执行《水情信息编码》《水文情报预报规范》和我省报汛工作的有关规定及要求,不得随意增减、变更。

（2）报汛质量控制包括接收报汛单位水情信息和向水情需求单位转发所需水情信息，其报送项目、报送方式应符合各站类报汛技术要求。

（3）承担水情信息报送任务的单位对报送水情信息质量负责。

（4）建立报汛质量控制监控机制，形成工作台账，保证报汛质量。

4. 报汛质量考核

水情信息报送质量实行分级考核制度。

（1）省水文局负责考核省内水情报汛单位承担的水情信息报送任务完成情况及报送质量。

（2）地（市）水文机构负责考核所属行政区内水情报汛单位承担的水情信息报送任务完成情况及报送质量；省属水利工程管理等单位负责考核所辖站点水情信息报送任务完成情况及报送质量。

（3）报汛质量考核通常每月进行。汛前、汛后可只进行阶段性考核。

（4）报汛质量考核后应制作考核报告，必要时应在一定范围内通报，责令整改。

5.3.7 资料整编

1. 地表水及地下水资料整编

（1）地表水、地下水资料应做到即时整编，实行日清月结，每月10日前完成上月资料整编工作。

（2）省局每月15日前统计各测站上月资料整编情况，上报至相关流域机构水文局，并通报至各分局（管理处）。

（3）省局每年5月下旬组织开展地表水基本站水尺零高、校核水准点及大断面测量记载表交叉互审工作；11月下旬组织开展1—10月地表水、地下水水文资料复审工作；次年1月中旬组织开展全省地表水、地下水水文资料复审及地表水水文年鉴汇编审查工作。各单位需在相应时间节点前完成相关资料审查（含流量定线）工作，确保资料按时提交。

（4）各单位应明确资料整编、审查环节的工作重点，加强质量控制，注重资料的合理性对照检查。对资料审查、复审中发现的问题，应及时修改错情，并认真做好总结，避免再错。

（5）各单位地表水水文资料整编管理员应按需分配资料整编、审查权限，每月下载本单位资料整编原始、成果等数据，做好数据备份。所有登录资料整编系统（5.0版本）的人员，应定期更换登录密码，确保数据安全。

（6）做好专用站整编。各单位应制订计划，采用资料整编系统（2.0版本）对全省地表水水文站网计划中下达的巡测线及中小河流站等站点水文资料进行同步整编。

2. 水质资料整编

（1）省局年初组织各分局开展上年度水质监测资料整编工作。

（2）水质监测资料整编应按照有关规定对样品采集与保存、检验检测、质量控制等过程进行完整性、规范性、合理性、一致性检查。

（3）整编过程中发现的异常值应按有关规定或流程进行修正，不得随意更改。

（4）省局通过查阅原始资料、现场质询等方式对整编成果进行审查和评价。

（5）成果资料按有关要求报送或归档。

3. 水土保持资料整编

（1）每月 10 日前完成上月监测成果录入，并通过省水土保持监测与管理信息系统完成在站整编。

（2）省局每年 11 月下旬组织开展 1—10 月监测资料复审工作，各分局于次年 1 月下旬上报经复核后的年度整编成果。

（3）上报的监测成果，应附电子版监测说明，内容为本次监测有无缺测、设备异常情况以及本次监测成果。若因故缺测，应附缺测说明并加盖分局公章后报省局水土保持监测科备案。

（4）国家级监测站需按照相应流域要求，做好监测工作，配合完成监测站检查、资料整编、审查、成果上报工作。

（5）各单位应明确资料整编、审查环节的工作重点，加强质量控制，注重资料的合理性对照检查。

5.4 实验室检测

5.4.1 场所管理

（1）检测场所分区、布局应合理清晰。明确各区域责任人，明确各区域环境条件应满足的要求。

（2）实验室窗户要严密、防尘，安装避光窗帘。

（3）检测区域除细菌室与天平室外，地面均铺设耐腐蚀 PVC 地板胶，检测过程中如有试剂洒落，检测人员应及时清理恢复。

（4）明确实验室用水管理人员，负责开启、关闭自来水、纯水系统。每次检测任务结束后，负责检查实验室各水龙头是否完全关闭。

（5）明确实验室用电管理人员，每次检测任务结束后，负责检查实验室各用电设备（包括仪器、电脑、灯、稳压电源等）是否关闭。如发现仪器设备未关闭的，及时通知相应责任人立即关闭；如仪器设备责任人不在，则由仪器设备管理员按作业规程关闭仪器。

（6）明确实验室用气管理人员，每次检测任务前，根据检测人员需求，负责打开气瓶室气瓶阀;检测任务结束后,负责关闭气瓶室气瓶阀;检测人员不得入内私自打开/关闭气瓶阀。

(7) 明确实验室安全通道管理人员,负责打开门锁及锁上门锁。

(8) 检测人员日常检测工作完成后,及时整理恢复检测区域环境;实验室走廊、楼梯等公共区域环境卫生应保持整洁。

(9) 应定期对实验室空调、电路照明系统、通风系统、纯水系统等设施设备进行检查、清洗、保养维护。

(10) 应定期检查实验室顶棚、墙面、窗户是否存在漏水、渗漏。如存在漏水、渗漏,采取临时处置措施后,及时上报局办公室。

(11) 实验室内各类基础设施设备若发生故障,检测人员应及时向技术负责人汇报,由相关专业人员维修排除故障;如不能解决,则上报局办公室。

(12) 实验室各检测区域应配置温湿度计,由专门人员定期对温湿度计进行功能性检查。温湿度计不得摆放在空调出风口处和阳光直射处。

(13) 每月对各检测场所的照明、采光、通风、采暖等环境条件监控一次,填写"实验室环境条件记录表(一)"。

(14) 每日对样品保存区域、检测区域环境条件进行监控,填写"实验室环境条件记录表(二)"。

5.4.2 采样及样品管理

(1) 监测业务室负责制订采样计划。临时任务应在采样前一天之前编制采样计划;常规任务应在监测前一个月制订采样计划。

(2) 采样计划经技术负责人批准后由分析测试室组织实施。

(3) 采样须二人以上同行。

(4) 采样应穿戴反光背心、救生衣、安全绳,摆放"水文作业"等警示标志,在通航河流的桥上采样时应有专人观察来往航行船只,做好充分的安全防护措施。

(5) 采样过程中如遇极端天气、车船故障等突发情况,应停止作业。

(6) 采样原则上应首选单位自备交通工具,禁止使用无证车船。采样人员自行划船采样必须经过专门训练,熟悉水性。

(7) 采样操作过程严格按照《水环境监测规范》(SL 219—2013)执行。

(8) 实验室应指定样品管理员,负责样品接收、分发、保存和处置。

(9) 样品送至样品室时,应做到随到随接收。样品管理员验明标签,清点样品数量,确认无误后与送样人员做好样品交接手续。

(10) 样品接收完成后,样品管理员应对样品进行编号,样品编号按照《程序文件》要求编写。

(11) 将编号后的样品分为测试样品和保留样品，并做好区别标识，分别存放在待测区和留样区。

(12) 分析测试室通知相关检测人员，检测人员至样品管理员处领取测试样品。样品管理员填写“样品分发记录表”，并由领样人员签字确认。

(13) 严禁人员将样品带出样品室。样品室的钥匙由样品管理员保管并负责样品室样品的存储期间的安全及保密。

(14) 样品保存条件严格按照《水环境监测规范》执行。

(15) 样品保留时间应满足不同任务的溯源时效性要求。

(16) 样品保留时间到期后，由样品管理员填写“样品处置记录表”，并及时按照相关技术规范进行样品弃置处理。

5.4.3 检测管理

(1) 检测人员应根据测试任务通知书的要求开展样品检测，根据计量认证能力范围内的参数及标准方法进行前处理和检测工作，并遵守仪器操作规程。

(2) 分中心实验室对常规参数的检测应指定至少 2 名负责人员，当第一人因故不能检测时，应由第二人及时交接负责检测工作。

(3) 检测人员应在规定的检测时间内完成检测任务，监测业务室应及时了解检测情况，督促进度。

(4) 分析测试室主任负责统筹协调检测过程中遇到的问题。

若因突发或特殊情况导致检测工作无法正常开展，相关检测人员应及时向分析测试室主任和技术负责人做情况说明。如仪器设备、环境条件异常，需恢复正常后再开展检测工作。

(5) 检测过程中检测人员应及时填写原始记录，原始记录的填写和复核工作按《记录和档案管理程序》(JSSHJ - CX - 19 - 2019)执行。原始记录要信息完整，可溯源。

(6) 各中心出具的检测报告应客观、准确、清晰、完整，符合客户、检测方法规定和说明的检测结果所必需的要求，确保检验检测结果的有效性。

(7) 检测人员负责及时、准确、完整地提供检测报告所需的原始检测结果；分析测试室负责检测报告的编制；审核人员负责审核检测报告中检测数据的技术符合性和有效性；签发人员(授权签字人)负责检测报告的正确性、合法性，非授权签字人不得签发；监测业务室负责检测报告、证书的登记、盖章、发送、归档。

(8) 检测报告内容应满足《检验检测机构资质认定评审准则》和《检验检测机构资质认定能力评价 检验检测机构通用要求》(RB/T 214—2017)的规定。

(9) 检测报告应加盖检测专用章，使用方法按《国家认监委关于印发检验检测机构资质认定配套工作程序和技术要求的通知》(国认实〔2015〕50 号)附件 6《检验检测机构资质认定检验检测专用章使用要求》执行。

(10) 各中心应按照国家市场监管总局要求在每季度后一个月内上报上一季度出具的全部有效检测报告和证书编号,便于社会公众在网上查询。

(11) 检验检测原始记录、检测委托书、检测报告副本均应归档留存,保证其具有可追溯性,保存期限为长期保存。

5.4.4 质量控制管理

(1) 各中心应按照《检测结果质量控制程序》(JSSHJ－CX－28－2019)对中心的检测结果进行监控。

(2) 检测工作的原始记录应真实、详细、完整并妥善保存,以便对检测结果的有效性进行分析评价。如果可行,应采用统计技术对检测结果进行审查。

(3) 若发现结果偏离预先判据,应采取有效措施纠正出现的问题,防止出现错误的结果。

(4) 各中心对检测结果的监控应有质量控制计划或方案,年度需进行汇总并提出总结工作报告。管理评审时应对监控措施的有效性进行评审。

(5) 各中心须按照资质认定部门和行业主管部门的要求,参加其组织开展的能力验证或者检验检测机构间比对,以保证持续符合资质认定条件和要求。

(6) 各中心应积极参加有关政府部门、国际组织、专业技术评价机构组织开展的检验检测机构能力验证或者检验检测机构间比对。

(7) 参加人员根据能力验证、比对计划的要求,严格按照其作业指导书进行操作。

(8) 能力验证结果出现可疑或不满意时,应查找原因,执行《不符合工作处理程序》(JSSHJ－CX－16－2019)和《纠正措施程序》(JSSHJ－CX－17－2019)予以纠正,并及时申请补测。

(9) 中心应按检测工作的类型和工作量,选择采用下列合适本中心的方法对检测结果的有效性实施监控:

① 定期使用有证标准物质进行内部质量控制。

② 定期使用经过检定或校准的具有溯源性的替代仪器进行比对。

③ 对设备的功能进行检查(如期间核查等)。

④ 运用工作标准与质量控制图。

⑤ 使用相同或不同方法进行重复检测。

⑥ 对保存的样品进行再检测。

⑦ 分析一个样品不同检测项目结果的相关性。

⑧ 对报告数据进行审核。

⑨ 参加能力验证或机构间的比对。

⑩ 运用盲样进行检验检测。

5.4.5 能力提升管理

(1) 各中心技术负责人应根据现有和预期的任务与发展要求，组织制订年度人员教育、培训计划。计划经中心主任批准后由技术负责人根据《人员培训考核程序》(JSSHJ－CX－02－2019)组织实施。

(2) 培训内容包括政策法规、标准知识、质量控制知识、计量理论知识、误差理论、检测技术、新标准、新方法、质量管理、计算机应用和外语等。

(3) 培训方式采取内部培训和外部培训两种，自学为主，授课为辅。不定期举办专业技术讲座和检测方法研讨，有计划、有目的地选派人员参加国内外学术交流、技术研讨等活动。

(4) 各中心应根据现有和预期的任务与发展要求，及时提出基础设施建设升级改造需求，上报局机关。

(5) 各中心应根据现有和预期的任务与发展要求，及时提出仪器设备购置申请，中心监测业务室负责拟购仪器设备的订购、验收、建档。

(6) 当中心开展新的检测工作时应进行相应的策划，配置必要的仪器设备、具备必要的环境设施及检测人员，并执行《开展新检测项目管理程序》(JSSHJ－CX－34－2019)。

(7) 在初次使用标准方法前，应进行验证。在使用非标准方法(含自制方法)前，应进行确认。方法如有变化，应重新进行验证或确认。方法验证或方法确认的过程及结果应形成报告，并附验证或确认全过程的原始记录，保证方法验证或确认过程可追溯。

(8) 中心通过内部审核，验证其运作是否符合管理体系和准则的要求。由中心质量负责人策划内审并制订审核方案，质量体系的全部要素至少每年审核一次，内部审核应覆盖检测工作的全部场所，包括各分中心和临时的检测场所。审核要素可根据风险程度和各中心开展的实际工作有所侧重。审核结果必须报告中心领导。当发生重大质量问题时或有需要时，各中心质量负责人可临时决定增加内审。

(9) 内部审核发现问题应及时采取适当的纠正措施，并验证其有效性。

(10) 为了保证管理体系的适宜性、充分性和有效性，以确保其持续适用和有效，识别改进需求，并进行必要的改进，中心管理层负责开展管理评审，通常每12个月进行一次，视情况适时增加评审频次。

(11) 在管理评审会议上对体系的适宜性、有效性进行评审，并进行必需的更改和改进。根据实际情况制订并实施相应的纠正措施，实施效果由中心技术负责人组织监测业务室进行验证。

5.5 水文信息传输与存储

5.5.1 传输管理

1. 信道管理制度

(1) 省水文局水情中心是省中心自动测报系统信道管理的主管部门。

(2) 各水情分中心是其自动测报系统信道管理的主管部门。

(3) 管理人员应按照管理标准及流程要求对水文自动测报系统的数据传输信道进行日常监视及维护。

(4) 虚拟网(VPDN)数据通信的物联网 SIM 卡及其 VPDN 专线的开通和使用应严格审查其开通属性,严禁互联网、语音和短信等功能的开通和使用。

(5) 短波、超短波信道的使用应按照国家无线电管理的相关条例向属地无线电管理委员会申请及报备。

2. 采集平台管理制度

(1) 省水文局水情中心是省中心自动测报系统采集平台的主管部门。

(2) 各水情分中心是其自动测报系统采集平台的主管部门。

(3) 管理人员应按照管理标准及流程要求对水文自动测报系统的采集平台进行日常监视及维护。

(4) 采集平台所属服务器的管理应遵循国家网络安全、数据安全、密码、保密等相关法律法规要求,确保水利信息资源安全。

(5) 采集平台遇断网、系统崩溃等重大事故时按照江苏省水文自动测报系统应急响应预案处理。

3. 交换平台管理制度

(1) 省局是省级水利数据交换平台的主管部门。

(2) 局属各分局、厅属相关水利工程管理处、各级水行政主管单位等数据交换共享入网单位应明确本单位的数据交换平台主管部门。

(3) 各入网单位应遵循国家网络安全、数据安全、密码、保密等相关法律法规要求,确保水利信息资源安全。

(4) 各入网单位的数据库管理系统、交换前置系统应满足省级水利数据交换平台推荐的相关技术要求。

(5) 入平台共享交换的数据库表结构标准按照国标、省标、行标优先级顺序执行,数据项扩展应在上一级标准上进行，即保持向上兼容。

(6) 地市水情分中心应当依法做好水情、雨情、墒情、地下水、水保、泥沙等信息的采集和维护工作，确保数据的准确和完整；负责所辖测站采集信息质量管理。省水文局站网科负责水文站点站码编制管理工作。

(7) 各入网单位应依据单位职能和业务需求申请共享信息资源，执行"一事一申请"。

(8) 地市水情分中心负责本区域内水行政主管部门数据交换共享申请受理、初审，并报上一级主管部门审批；省水文局站网科负责会相关业务科室进行终审；省水文局信息应用科负责技术实施。

(9) 省水文局负责省水利行业外数据需求单位的共享申请受理、审批；审批通过的，由相关数据生产管理部门列举数据清单，部门主要负责人、省水文局局长签字，并报分管厅长签字。省水文局信息应用科负责技术对接。

申请机关、单位对信息提供方的意见有异议的，可以提交省水利网络安全与信息化工作领导小组办公室协调处理。

(10) 需求单位对信息有长期、稳定需求的，可以签订共享协议，履行相关手续后，通过数据共享交换平台进行共享。

(11) 入网单位应规范平台的日常运行维护和安全管理，监控各节点的信息交换情况，及时发现并解决异常情况或者突发故障，并及时将相关情况报告省局。

5.5.2 存储管理

1. 硬件资源管理

(1) 各分局应根据本单位存储资源现状及发展要求，统筹规划与管理。

(2) 新购或外来设备进场需要进行设备进场登记，每件设备进场均需填写"设备进场登记表"，并由管理人员和设备提供方共同签字。所有设备应按类型进行编号。

(3) 管理人员应每月进行一次设备检查，确保设备的长期稳定运行；建立设备使用状态表，记录设备使用时出现的各种状态，提前做好预防，避免突发设备故障。

(4) 硬件日常维护应由管理人员或外请专业工程师承担，并填写硬件维护表。外来人员维护时，管理人员应全程陪同。

(5) 计算机设备应按规定进行操作，不得擅自改变系统设置，不得擅自拆卸、添加、移动、撤换设备及模块、配件。

(6) 各类计算机设备在未报废前不得转为其他用途，不得私自转让、借出。借用设备应向本单位计算机系统主管部门提交书面申请，获批后进行详细登记。

(7) 各级计算机系统主管部门应根据设备使用年限制订报废计划，合理调配设备资源。未损坏的关键设备在使用至第 4 年时应进入报废程序，同时进行新设备的采购。在新设备购入后,将老设备转移到其他非重点环节使用,直至报废。

2. 数据库管理

(1) 数据库服务器应该置于单独的服务器区域,任何对数据库服务器的物理访问均应受到控制。管理人员统一对数据库安装、设置更改、账号变更、表空间变更、数据对象变更、数据库备份等进行管理。

(2) 管理人员应对数据库系统安装、设置更改、账号变更、表空间变更、数据对象变更、数据库备份等系统维护工作进行记录,须填写“数据库安装调试表”和“数据库维护登记表”。进行数据库参数配置时,必须记录下调整前的各项参数、调整过程、调整后各参数以及调整前后数据库运行情况。

(3) 数据库系统账号、口令由管理人员保管,数据库用户的账号、口令、权限等禁止告知其他人员。各业务应用系统管理人员或其他业务人员需访问数据库时,必须提交书面申请,说明访问方式、用途、时间、权限等,经领导和本单位计算机系统主管部门同意后,由管理人员进行分配并填写“数据库用户申请表”。

(4) 管理人员应定期检查数据库运行状况,查看审计日志中的事件记录,备份日志文件,并填写数据库运行状况表。

(5) 管理人员应制订数据库系统的备份策略,定期对数据库系统进行备份。数据库增量备份每晚由系统自动执行,数据库全备份可选择在非工作日自动进行。

(6) 对数据库系统安装目录及相应文件访问权限进行控制,如禁止对除专用账户外的其他账户进行修改、删除、创建子目录或文件。数据库系统的宿主操作系统除提供数据库服务外,不得提供其他网络服务,如 WWW、FTP、DNS 等。

(7) 管理人员应及时进行数据库管理系统的升级、漏洞检测及修补;对系统异常和系统故障的时间、现象、应急处理方法及结果做详细的记录,填写“数据库维护表”。

5.5.3 服务管理

(1) 历史水文资料,是指江河、湖泊、渠道、水库的水位、流量、水质、水温、泥沙、冰情、水下地形,以及降水量、蒸发量、地下水、墒情等监测调查数据和经整编后的成果资料。

(2) 涉密水文资料的使用和保管,应严格遵照《中华人民共和国保守国家秘密法》《中华人民共和国保守国家秘密法实施办法》的有关规定执行。

(3) 省水行政主管部门所属水文机构负责全省历史水文资料使用监督管理工作。江苏省水文水资源勘测局信息应用科具体负责并承办历史水文资料面向社会服务的统一协调、管理工作。

(4) 历史水文资料使用须执行历史水文资料使用申请审批程序。

(5) 历史水文资料使用申请中,领导批示和会办意见应依据以下原则:

① 本省水文机构内部使用本辖区内水文资料时，应由所属水文机构分管领导批示。

② 本省水文机构内部使用非本辖区内水文资料时，应由省水文机构分管领导批示。

③ 本省水文机构内部使用水文资料，凡使用申请牵涉范围巨大或长系列资料时，应由省水文机构主管领导批示。

④ 非水文机构单位或个人申请使用水文资料时，应由资料所属水文机构主管领导批示；如牵涉范围巨大或长系列资料时，应由省水行政主管部门分管领导批示。

(6) 历史水文资料使用受理应按以下要求进行：

① 对不属于水文资料查询范围或者不符合有关规定的申请，水文机构不予受理。

② 申请材料不齐全或者不符合要求的，水文机构应当当场或在五日内一次性告知申请人需要补正的全部内容。逾期不告知的，自收到申请材料之日起即为受理。

③ 经审核符合条件的，水文机构应当予以受理；并自受理之日起十个工作日内提供水文资料。因水文资料使用牵涉事项重大或者有特殊情况，十个工作日内不能提供的，经水文机构负责人批准，可以延长十个工作日；并将延长期限的理由告知申请人。

(7) 水文资料使用申请受理后，水文机构所提供的资料应当包含资料清单及加盖省水文机构或省水文直属机构水文资料使用专用章的《水文资料使用协议书》《水文资料申请使用保密协议》。

(8) 依据《江苏省水文条例》第二十七条，国家机关决策和防灾减灾、国防建设、公共安全、环境保护等公益事业需要使用水文监测资料和成果的，应当无偿提供；其他情形需要使用水文监测资料和成果的，按照国家有关规定收取费用，并实行收支两条线管理。因经营性活动需要提供水文专项咨询服务的，应当签订有偿服务合同。

(9) 实时水文资料服务应按线下服务与线上服务执行相应的申请审批程序。

5.6 水文分析评价

5.6.1 水资源数量

(1) 水资源数据分析评价实行统筹管理、分层实施及属地负责的原则。省水文局负责全省层面水资源数量的分析评价，及其成果的协调与问题处理；分局负责辖区内水资源数量的分析评价。

(2) 从事水资源数量分析评价的人员必须具有初级以上技术职称和 3 年以上专业工作经验，具备水文水资源的基础理论和专业知识，熟悉有关标准和规程，具有一定的分析、归纳和数据处理能力。

(3) 水资源数量分析评价工作原则上 1 年不少于 1 次，因防汛抗旱、规划建设、水资源管理或其他专项工作需求的，可另行考虑增加频次。全省及区域水资源评价应采用日历年，专项工作中的水资源评价可根据需要采用水文年，计算时段应根据评价目的和要求选取。

(4) 水资源数量评价应按江河水系的流域分区、行政分区进行。流域分区评价应在一级、二级水资源分区评价的基础上，进一步分出三级水资源分区和四级水资源分区；行政分区评价按省、地级市、县(区、市)三级实施。省水文局完成全省及地级市、各级水资源分区的水资源数量分析评价，局属分局完成所辖地级市及县(区)、水资源四级区的水资源数量分析评价。

(5) 水资源数量评价中年度资料于次年1月底前完成整编，省水文局2月底前以地市为单元完成年降水量、地表水与地下水水资源量及主要湖库蓄水动态、湖泊污染物通量分析；3月上旬完成沿江引排、出入省境、入海水量分析，浅层地下水动态、地下水超采区分析，以及相应成果图表制作；3月中旬召集各分局开展年度水资源公报分析成果协调会。局属各分局对照省局时序安排及地方水利(水务)局工作安排，统筹做好相应数据整编、资料报送、成果分析及情况说明。

(6) 水资源评价使用的各项基础资料应具有可靠性、合理性与一致性，分析评价方法应科学、实用，符合相关技术规范(规程)等要求，分析评价成果应进行多方面分析，包括评价区域内外、上下游水体、年际变化、不同水文要素之间及水资源开发利用等，充分检查论证评价结果的合理性。

(7) 水资源数量分析成果严格执行一校二核三审批程序，对外报送成果遵循单位内部信息报送相关管理规定，未经单位允许或确认，个人不得擅自对外提供相关数据、成果或报告。

5.6.2 水资源质量

(1) 水质分析评价包括对地表水水质和地下水水质的分析评价。

(2) 地表水水质分析评价应按河流和湖泊(水库)两种水体类型分别进行评价。水库应根据其水力特性和蓄水规模等因素区分为河流型水库和湖泊型水库。河流型水库按河流评价，湖泊型水库按湖泊评价。

(3) 流域及区域水质评价应按水资源分区和行政分区两种口径分别进行评价。

(4) 水质评价时段应分为旬、月、水期和年度；水期应分为汛期和非汛期，汛期和非汛期的划分应遵循水文规范的有关规定。

(5) 分析评价数据应广泛收集各有关部门的水质监测资料及其他相关基础资料，同时注意统一不同来源数据的评价标准和评价口径。数据不全的地区宜进行补充监测。

(6) 水质评价采用的监测数据应符合以下要求：

① 水质监测数据应由具备计量认证或国家实验室质量认可的监测机构提供。

② 水样的采样布点及监测频率应符合《水环境监测规范》(SL 219—2013)的规定。

③ 监测项目的分析方法应采用国家或行业标准。

④ 水质监测数据的处理应符合《水环境监测规范》的规定。

(7) 水质评价数据应符合以下频次要求：

① 旬、月评价可采用一次监测数据，有多次监测数据时应采用多次监测结果的算术平均值。

② 水期评价应采用 3 次(含 3 次)以上监测数据的算术平均值；年度评价应采用 6 次(含 6 次)以上监测数据的算术平均值。

(8) 当分析评价要求发生改变时，应及时修订技术大纲。

(9) 地表水分析评价方法及成果表述应符合《地表水资源质量评价技术规程》(SL 395—2007)的规定。

(10) 分析评价人员应经过业务培训，熟练掌握评价方法、流程和水质数据库的使用。

(11) 水质分析评价过程应客观、真实，确保评价结果的系统性、科学性、准确性。

(12) 分析评价成果报告实行逐级审查制度。

(13) 成果报告应在规定时间内报送有关部门或单位，确保信息的时效性。

(14) 成果报告及原始资料记录应存档。

5.6.3 水文情报

1. 实时分析

1) 工作任务下达

(1) 每日短信、外网公告应根据要求，由当日值班人员按时制作发布，汛期按需求加报。

(2) 雨水情快报在汛期逐日定时发布；根据水情工情变化需要，应及时增发。

2) 报告编制

(1) 每日短信及外网公告内容相同，由前日雨水情和当前水情组成，文字应当精炼。

(2) 雨水情快报编写内容为雨情、水情、水文预报，编写时应统计面雨量，最大点雨量；当雨量较大时，还应包含区域面积统计，相关流域、区域河湖水情及变化情况，相关流域、区域河湖水位及变化情况预报预测。

(3) 雨水情快报内容调整应由相关部门协商确认。

3) 汇总校核

实况分析报告汇总后，校核人员应对报告中的数据、文字、图表、标点进行合理调整，以确保内容的准确性、合理性。

4) 审查和发布

(1) 实况分析审查发布要严格按照流程执行。对报告的合理性、准确性进行严格审查后方可发布。

(2) 使用纸质方式发布的,应当及时填写收发记录,记录收报人和收报时间。

(3) 使用网络、邮件方式发布的,应及时接收相关部门或人员的反馈,以保证报告发布的及时性。当出现网络、系统故障时,应根据相关预案,及时启用备份系统或方式,按时发布实况分析报告。

(4) 雨水情快报发布后,应以纸质版和电子版两种方式交专人保存或备份。

2. 阶段性分析

1) 工作任务下达

(1) 阶段综合分析制作完成后由科室业务骨干进行初审,科室主要负责人进行复审。年度、汛期分析另需开展专家评审会进行专业评审。

(2) 阶段综合分析发布流程具体分为审核发布单签订、报告印制、报告发布三个步骤。①审核发布单签订。制作报告审核发布单,各级负责人员确认签字。②报告印制。报告达到发布标准后,形成电子发布版和纸质发布版。③报告发布。及时向相关部门或平台发送报告的电子版或分发纸质版。

(3) 场次洪水分析制作完成后由科室业务骨干进行初审,科室主要负责人进行复审。

(4) 场次暴雨洪水发布流程具体分为审核发布单签订、报告印制、报告发布三个步骤。①审核发布单签订。制作报告审核发布单,各级负责人员确认签字。②报告印制。报告达到发布标准后,形成电子发布版和纸质发布版。③报告发布。及时向相关部门或平台发送报告的电子版或分发纸质版。

2) 报告编制

(1) 阶段性分析报告编制前应研究确定具体内容,细化编制任务,明确责任分工,制订编制计划。报告编制过程中遇到问题时,部门内部应及时沟通交流,必要时做出调整。报告编制完成后应认真校核、确认无误。

(2) 阶段性分析报告主体内容必须包含摘要、雨情分析、水情分析。摘要应突出分析期雨水情特点,关键信息全面,语言文字凝练。雨情分析包括降水量分析、降水时空分布分析、与历史比较分析等。水情分析分流域进行,流域一般分为长江流域、太湖流域、淮河流域,重点描述超标准洪水过程,深入分析洪水发生原因,全面梳理重要站点洪水要素(水位、流量、水量)超标准时刻及幅度,分析对比湖库蓄量变化,还原洪水应对措施和成效等。根据阶段性分析类别,添加个性化分析内容,梅雨期总结应添加梅雨期分析,汛期总结、年报应添加重要雨水情事件分析,墒情分析应视具体情况添加。若分析期内有重点水情事件,可单独成章进行分析。阶段性分析报告要内容全面、图文并茂。

(3) 阶段性分析报告各章节由专人负责编制,编制人员应对编制内容有较为全面的认知,分析手段、描述形式多样化,语言客观、凝练。

(4) 报告编制进度要满足任务下达要求和编制计划要求。

3) 汇总校核

(1) 阶段性分析报告由专人负责汇总,对报告中的文字、图表、标点进行合理调整,以确保报告的可读性、连贯性、一致性。

(2) 校核分为一校和二校,均由非编制本人进行。一校由部门其他业务人员进行,二校由部门负责人进行。校核需对报告中的数据、文字、标点等进行仔细核对、校验,确保准确性、权威性。校核人要在发布单上确认签字。

4) 审查和发布

(1) 审查发布要严格按照流程执行。有关权威人士需对报告的合理性、准确性进行严格审查,以确保其达到发布标准。报告达到发布标准后,制作发布单,各级签字后,报告方可发布。

(2) 报告形成电子发布版、纸质发布版。应确保有关部门收到报告;确保报告发布的及时性。

3. 专题分析

1) 工作任务下达

(1) 当发生流域性的暴雨洪水时,事件结束后应及时进行技术总结工作。

(2) 当发生区域性的暴雨洪水时,一般洪水、较大洪水由分局总结,大洪水、特大洪水由省局牵头总结,分局参与。

2) 报告编制

(1) 报告应按照大纲进行编制。

(2) 应根据流域分区,由熟悉流域特性和特征性水情事件的技术骨干开展编写。

3) 汇总校核

(1) 汇总校核工作一般由专题分析技术负责人负责。

(2) 校核工作应由技术负责人根据专题要求安排专业技术人员进行,校核人应熟悉专题涉及的流域水系、雨水情特点和有关技术方法。

(3) 汇总后的报告应具有可读性、连贯性、一致性。

(4) 报告应严格按照要求完成校核(一校、二校):对报告中的数据、文字、标点等内容进行仔细核对、校验,确保其准确性、权威性;校核人应确认签字。

4) 审查和发布

(1) 专题分析报告应进行技术审查。

(2) 报告通过审查后,制作发布单,由编写人员签字—一校签字—二校签字—审核签字—分管领导签字,然后发布。

5.6.4 水土流失状况

(1) 对照上级管理单位及本部门年度工作要求，每年第一季度及时编制年度工作方案，做好人员安排、明确职责分工，制订翔实的工作计划等。

(2) 开展技术培训，参与人员应熟练掌握分析技术、明确关键技术要点、统一数据格式。

(3) 遥感、地理信息数据要做好保密管理和脱密处理。做好预测区域数据全覆盖，杜绝空缺、重复。对数据的时效性、闭合性做好检验。

(4) 监测方法应符合相关技术标准、规范和规程的要求，满足全国或省级水土流失动态监测规划、水土保持综合监管对监测数据的需求。

(5) 为保证监测数据年际之间的可比性和区域之间的协同性，国家级和省级的水土流失动态技术路线和方法、基础数据、成果分析预评价等应统筹协调一致。

(6) 报告结构完整，要素齐全，图文并茂，表述清晰。

(7) 针对部门及专家反馈意见，及时逐条反馈落实。

(8) 采用全面检查、现场抽查、咨询论证等方法审核、审定程序，相应人员均需签字。

(9) 对分析报告再次履行校核、审核及审定程序，最终确定成果报告。

(10) 印制最终成果报告，校核成果最终印制件，校核人员应签字确认。

(11) 履行由相关工作人员、部门及领导等审签程序，提交报告给接收单位，并履行交接人员签字手续。

5.7 水文预测预报

5.7.1 水情预报

1. 预报方案的制订与修编

(1) 省局及各分局根据预报站点的变更提出预报方案的编制要求。

(2) 省局提出预报站点的预报方案修编要求，分局提出预报站点的预报方案修编请求。

(3) 省局下达预报站点预报方案新编与修编的任务。

(4) 一类重要预报站的预报方案一般由省局组织、分局参与共同编制，二类重要预报站及其他预报站的预报方案可以由省局或分局自行编制。

(5) 预报方案经上级或同级专业技术专家组认可后方可实施，报省局留存。

(6) 新编与修编的预报方案必须在汛前完成并通过专家组认可。

(7) 水文预报方案的编制和重大修订应报主管部门正式立项，其成果由主管部门组织专业审查。

(8) 每年汛末根据当年水情情况进行修编，若当年出现较大场次洪水，则要修编方案，次年入汛前要完成方案修编工作，并将方案接入相关业务系统中。

2. 预报任务制定与下达

(1) 每年5月1日前，省局下达全省范围内相关站的预报任务。

(2) 省局确定一类重要预报站和二类重要预报站名录，分局确定其他预报站名录。

(3) 省局及各分局可以对预报站名录提出修改建议，省局及各分局每5年对所管辖预报站点名录进行优化调整，特殊情况可适时调整，省局负责确定一类重要预报站和二类重要预报名录调整，各分局负责其所管辖的其他预报站名录的调整并报省局留存。

(4) 省局及各分局编制相应站点的预报作业指导书。

3. 预报作业的执行

(1) 省水文局和局属各分局按照《江苏省洪水作业预报工作规程(试行)》(水文〔2020〕84号)完成相应的预报工作。

(2) 出现四级水情时，每周一和周四制作洪水作业预报，预见期为2～3天。

(3) 出现三级水情时，每天制作洪水作业预报，每日8时制作，预见期为2～3天。

(4) 出现二级水情时，每天至少制作预报2次，每日8时制作并发布预报，其余根据雨水情、工情变化及时滚动制作预报。

(5) 出现一级水情时，每天至少制作预报4次，每日8时制作并发布预报，其余根据雨水情、工情变化及时滚动制作预报。

4. 预报会商

(1) 发生一级水情时，发布预报之前必须召开会商会；发生二级水情时，发布预报之前应当召开会商会；发生三级水情时，每次发布预报前根据水势发展趋势，相机召开会商会。

(2) 会商会讨论雨水情情势，确定当天预报发布结论。

(3) 二级及以上水情预报成果，预报会商会由省局首席预报员主持，省局预报工作技术组全体成员、相关分局洪水作业预报工作组成员参加。会商综合成果由分片预报组联络员起草，省局首席预报员审核。

(4) 三级水情预报成果，预报会商会由省局各预报小组联络员组织，相应预报小组成员、相关分局洪水作业预报工作组成员参加。会商综合成果由预报员起草，首席预报员审核。

(5) 其他重要预报站预报成果，预报会商由分局自行组织，可邀请相关水情技术人员参加。

(6) 会商成果主要包括会商记录和会商综合成果。会商记录应包括记录会商过程概况、主要内容、与会人员发表的意见、主要结论等；会商综合成果主要为会商形成的结论简报。

(7) 会商结束后，按照相关流程发布预报结论。

5. 预报精度考核

(1) 省局负责对全省站点预报方案进行技术审查和精度考核。

(2) 根据当年预报任务书，省局对全省实时预报完成的频次和预报要素完整性进行考核。

(3) 按照《水文情报预报规范》(GB/T 22482—2008)，每年汛后分局对所属站点预报要素、预报频次和预报完整性进行自查，并形成自查报告，由分局分管负责人签字后上报省局水情科。

5.7.2 水资源数量

(1) 明确职责分工，制订水资源数量预测方案和工作流程。

(2) 开展水资源数量预测培训，预测人员应熟练掌握模型应用方法。

(3) 资料收集应全面、客观，同时加强与气象部门的信息沟通与共享，确保准确掌握预测区域相关信息。

(4) 预测人员应对预测区下垫面及相关参数意义熟练掌握，确保能够精准预测；预测结果应进行合理性分析，经复核后编制预测报告和成果图。

5.7.3 水资源质量

(1) 明确职责分工，各岗位相互配合，做好日常水质变化趋势分析及应急水质变化趋势预测工作。

(2) 制订水资源质量预测基本方案和流程。

(3) 责任部门应定期开展水资源质量预测培训，包括对预测流程、技术方法、结果分析等方面的指导，提升预测人员的业务能力。

(4) 预测人员应熟练掌握多种水质分析预测方法，确保面对不同水环境特征时能够精准预测。

(5) 水环境资料收集应及时、全面、客观，同时加强与气象、环保等部门的信息沟通与共享，确保准确掌握目标水域相关信息。

(6) 发生突发水环境事件时，应及时调查污染性质及主要污染物质。

(7) 预测工作要依据水情变化或水环境事件发展而进行调整。

(8) 预测结果应进行合理性分析，经复核后编制预测报告和成果图。

(9) 预测成果经审核、审定后及时报送有关部门，不得谎报、瞒报。

(10) 预测工作结束后，收集目标水域实测值，并将预测结果与实测值进行分析比对，调整算法与模型，改进技术方法。

5.7.4 水土流失状况

（1）水土流失状况预测主要采用遥感监测、野外调查、模型计算和统计分析相结合的方法，开展水土流失的因子提取、模数计算和动态分析评价。

（2）所采用的技术路线和方法，应符合相关技术标准、规范和规程的要求，满足全国或省级水土流失动态监测规划等对成果数据的要求。

（3）为保证分析数据年际之间的可比性和区域之间的协同性，国家级和省级、省级和市县级的水土流失状况预测技术路线和方法、基础数据、成果分析与评价等应统筹协调一致，省级负责对所属机构进行指导和成果审定。

（4）建立健全内部质量控制体系，加强数据全过程质量控制。严格遥感解译、外业复核环节控制。特别是极强烈、剧烈等侵蚀强度分布应经过复核后确认。

（5）成果应根据任务分工、责任划分，逐层逐级审查，主要包括自查、分级成果审查、成果复核等环节。未经审查通过的监测成果不得进入下一环节。

（6）应加强对水土流失预测成果合理性审核。土壤侵蚀分类、面积、强度分布等特征，与监测区域自然特征、水土流失综合治理、生态文明建设、预防保护以及生态移民、经济社会发展等综合分析结果相符，与监测区域土地利用结构及其调整情况、生产建设活动扰动等分析结果相符。

第六章　管理考核

6.1　一般要求

（1）为强化水文业务工作质量，提升水文业务工作水平，制订水文业务工作管理考核等级。

（2）考核的内容为水文业务中各管理任务清单中的工作事项。

（3）考核分为合格、优秀、不合格三个等级，一般按制度规定、操作流程、标准要求按部就班完成水文业务工作任务的为合格，完成质量好、成果突出的为优秀，不能完成任务或完成任务过程出现严重问题的为不合格。

（4）满足合格或优秀等级中所有要求才能评定为合格或优秀，不合格等级中只要满足一条即为不合格。

（5）考核采用自下而上与自上而下相结合、自评与评议相结合、定量考核与定性考核相结合、阶段性考核与年终考核相结合、工作质量与工作绩效相结合的方式进行。

6.2　水文站网

水文站网管理考核针对设施管理、仪器设备管理、测站环境管理、站务管理、测站任务书管理、站网管理等六个方面进行。

6.2.1　设施管理

1. 合格

（1）每月完成1次建筑物及附属设施日常巡视检查；汛前汛后各开展一次全面系统的建筑物及附属设施检查。

（2）每日完成1次各水文要素观测设施运行状态检查，无人值守站每月不少于3次检查；汛前（3月20日前）、汛后（10月底前）各开展一次全面系统的水文要素观测设施运行状态检查。

(3) 测站建筑物及附属设施状态好，无明显破损、渗漏现象；水文监测要素自记平台、遥测终端运行较好，观测设施各部件无松动现象等；观测设施清淤或上油保养及时。

(4) “房屋、建筑设施巡视检查记录表”及“××观测设施巡视检查记录表”填写及时、准确。

(5) 对现场发现的问题及时上报；设施若出现故障或损坏，能组织人员及时修复或更新，保障测验数据不长时间中断。

2. 优秀

(1) 满足合格等级所有要求。

(2) 对突发情况处置得当，措施得力，较好地保障了测站建筑物及附属设施安全、完好。

(3) 全年未发生因监测设施故障原因造成数据中断或失真情况。

3. 不合格

(1) 其中一项未能满足合格等级要求。

(2) 因其他原因造成测站建筑物及附属设施破损、损坏，且未能及时发现的。

(3) 因监测设施故障原因造成数据中断或失真情况，且未能及时修复的。

6.2.2 仪器设备管理

1. 合格

(1) 每日完成 1 次各水文要素观测仪器设备检查，无人值守站每月不少于 3 次检查；汛前(3 月 20 日前)汛后(10 月底前)各开展一次全面系统的各水文要素测验仪器设备检查。

(2) 测站人员了解相关检查要求；对存在问题的仪器设备，详细记录并及时上报；对以外包方式委托检查的，开展定期检查；对问题清单进行复核，并签字确认。

(3) “××仪器设备巡视检查记录表”填写及时、准确，并有检查人员签名；对维修维护记录进行档案留存。

(4) 仪器设备若出现故障或损坏，能组织人员及时修复或更新，保障测验数据不长时间中断。

2. 优秀

(1) 满足合格等级所有要求。

(2) 全年未发生因仪器设备故障原因造成的数据中断或失真情况。

3. 不合格

(1) 其中一项未能满足合格等级要求。

(2) 因仪器设备故障原因造成数据中断或失真情况，且未能及时修复的。

6.2.3 测站环境管理

1. 合格

（1）每日完成1次测站办公场所环境检查，无人值守站每月不少于3次检查；汛前（3月20日前）、汛后（10月底前）各开展一次全面系统的测站办公场所环境检查。

（2）测站相关制度规范制作并上墙；测站外部环境较好，地面墙面等无损坏开裂；内部环境整洁卫生，档案资料分类管理，整齐有序。

（3）测站二维码按要求粘贴，信息及时更新；标识、标牌若有损坏及时更换。

（4）测验断面附近无堆放杂物、停船、围网；测验断面上下游1000 m范围内无新建涉水工程等影响水文监测的行为。

2. 优秀

（1）满足合格等级所有要求。

（2）对发生影响水文监测的行为能及时采取措施消除影响，并取得较好结果。

3. 不合格

（1）其中一项未能满足合格等级要求。

（2）对发生影响水文监测的行为未能及时采取措施消除影响，并对水文测验造成影响的。

6.2.4 站务管理

1. 合格

（1）制订并及时修订岗位责任制。

（2）仓库做到环境卫生，分类存放，并贴有标识标牌；入库、检定、报废登记等记录完整、准确。

（3）测站档案资料统一存放，记录清楚、完整；涉及保密的资料按保密要求做好管理。

（4）建立安全生产责任制，成立安全生产领导小组，分级签定责任状；安全生产设施及防护设施配备齐全。

2. 优秀

（1）满足合格等级所有要求。

（2）全年未发生涉及人员、设备的安全生产事件。

3. 不合格

（1）其中一项未能满足合格等级要求。

（2）发生一起及以上涉及人员、设备的安全生产事件。

6.2.5 测站任务书管理

1. 合格

(1) 对新设站能及时编制测站任务书。

(2) 5年以内或测站任务发生较大变动时能及时修编。

(3) 测站任务书编制规范,并通过省局审查。

(4) 测站按照任务书开展监测工作。

2. 优秀

(1) 满足合格等级所有要求。

(2) 测站根据实际监测需求提出测站任务书修编,申请需求准确且及时的;编制的测站任务书在省局审查过程中得到好评的。

3. 不合格

(1) 其中一项未能满足合格等级要求。

(2) 测站未能及时提出测站任务书修编,经省局提醒仍未修编的;编制的测站任务书质量不规范的。

6.2.6 站网管理

1. 合格

(1) 每年年底前发文布置全省站网计划。

(2) 站网计划和任务书内容完整、准确,包含监测项目、监测频次、监测时间等。

(3) 及时组织开展站网任务执行情况检查。

(4) 站点布设与调整满足相关规范要求,并及时上报备案。

(5) 及时按行政许可流程办理相关手续的。

(6) 及时开展全省站网规划编制的。

2. 优秀

(1) 满足合格等级所有要求。

(2) 站点布设与调整时效性强,技术分析材料翔实,可行性好的。

3. 不合格

其中一项未能满足合格等级要求。

6.3 水文测验

水文测验管理考核针对常规测验、水文测量、水文巡测、水文调查、应急监测、水文报汛、资料整编等七大方面进行。

6.3.1 常规测验

1. 合格

(1) 新设站当年、工情发生变化或实际需求变化时，及时开展分析论证，并按要求制订测验项目。

(2) 根据水文要素变化情况，准确确定分段分级监测次数。

(3) 根据精度要求，及时开展分析、比选，选择的监测方法便携高效。

(4) 及时开展监测适应性分析、比选，选择的监测设备精度满足要求，自动化程度高。

2. 优秀

(1) 满足合格等级所有要求。

(2) 采用的监测方法或监测设备具备示范作用，有全省推广价值。

3. 不合格

(1) 其中一项未能满足合格等级要求。

(2) 选择的监测设备适应性不强，造成设备资产闲置的。

6.3.2 水文测量

1. 合格

(1) 每年汛前、汛后或洪水过后，及时制订满足要求的测量方案。

(2) 测量方案中仪器设备、人员、安全生产等内容明确、翔实。

(3) 测量资料整理规范，并按固定格式装入数据库。

2. 优秀

(1) 满足合格等级所有要求。

(2) 对测量过程中遇到的问题能及时采取措施解决，且效果较好的。

3. 不合格

其中一项未能满足合格等级要求。

6.3.3 水文巡测

1. 合格

(1) 按每年下达 1 次巡测任务，及时开展修编。

(2) 根据水文情势，及时安排制订巡测方案，组织开展现场巡测，并对巡测任务执行情况进行检查。

(3) 及时按规范要求整理巡测资料。

2. 优秀

(1) 满足合格等级所有要求。

(2) 巡测测验质量较高,资料整理及时、准确;及时开展巡测资料分析、汇编。

3. 不合格

(1) 其中一项未能满足合格等级要求。

(2) 巡测测验质量较差,未及时发现,并造成影响的。

6.3.4 水文调查

1. 合格

(1) 调查对象、范围确定合理;调查方案编制内容翔实、可操作性强。

(2) 现场测量数据,图片资料等丰富、翔实。

(3) 及时开展实测成果对比分析。

(4) 编制调查报告编写提纲并通过技术审查。

2. 优秀

(1) 满足合格等级所有要求。

(2) 编制的调查报告通过技术审查,并获得好评。

3. 不合格

其中一项未能满足合格等级要求。

6.3.5 应急监测

1. 合格

(1) 制订完善的应急管理体系和响应极值。

(2) 熟悉应急监测相关规范,制订完备的应急预案。

(3) 根据应急事件,及时制订应急方案,开展应急监测工作。

(4) 应急监测装备类型丰富、数量满足要求,装备更新及时。

(5) 定期开展应急演练和培训。

2. 优秀

(1) 满足合格等级所有要求。

(2) 开展的应急监测效果显著。

3. 不合格

(1) 其中一项未能满足合格等级要求。

(2) 应急监测期间,发生一起及以上涉及人员设备的安全生产事件。

6.3.6 水文报汛

1. 优秀

符合以下全部条件：

(1) 到报率>90%。

(2) 错报率<0.5%，其中数据错误率<0.05%。

(3) 更正报率≥98%。

(4) 基础数据准确。

2. 良好

符合以下全部条件：

(1) 到报率>80%。

(2) 错报率<1%，其中数据错误率<0.1%。

(3) 更正报率≥95%。

(4) 基础数据准确。

3. 合格

符合以下全部条件：

(1) 到报率≥70%。

(2) 错报率<2%，其中数据错误率<0.2%。

(3) 更正报率≥90%。

(4) 基础数据准确。

4. 不合格

符合以下条件之一：

(1) 到报率<70%。

(2) 错报率>2%，其中数据错误率>0.2%。

(3) 更正报率<90%。

(4) 基础数据出现严重错误，并造成严重影响。

(5) 因报汛工作失误造成不良影响。

6.3.7 资料整编

1. 合格

(1) 每日开展本测站观测资料整理分析，做好数据整理、一算二校，绘制必要图表等，做到“日清”。

(2) 每月组织在站整编及中心资料审查，规范生成成果表，做到“月结”。

(3) 每季度组织在线审查,每年 1 月 12 日前组织上年度全年资料复审。

(4) 每年 1 月 15 日前,完成上一年度资料汇编。

(5) 每年 1 月下旬参加长委水文局、淮委水文局、太湖流域管理局水文局组织的流域水文年鉴审查。

(6) 每月 1 月底前,及时刊印上一年度水文年鉴。

(7) 按相关规范要求及时保存资料或数据库。

2. 优秀

(1) 满足合格等级所有要求。

(2) 水文资料在全省复审、流域审查或全国终审中获优秀。

3. 不合格

其中一项未能满足合格等级要求。

6.4 实验室检测

实验室检测管理考核针对场所管理、采样及样品管理、检测管理、质量控制管理、能力提升管理等五个方面进行。

6.4.1 场所管理

1. 合格

(1) 实验室场所全面满足水质检测的各项外部要求,检测环境整洁明亮。

(2) 通用设施满足日常工作条件,及安全生产的相关要求。

(3) 特殊环境条件控制满足通风、防尘、防振动、防腐蚀、避强磁场等要求。

(4) 应急供水、供电、供气装置能够正常使用,紧急救援器械在有效期内,能够及时有效应对实验室发生的各种突发事件。

(5) "实验室环境条件记录表"等台账完整规范。

2. 优秀

(1) 满足合格等级所有要求。

(2) 满足《检验检测机构资质认定能力评价　检验检测机构通用要求》(RB/T 214—2017)有关场所环境的全部条款。

3. 不合格

(1) 其中一项未能满足合格等级要求。

(2) 发生安全生产事故。

6.4.2 采样及样品管理

1. 合格

(1) 按要求制订并实施年度监测计划和月度采样计划。

(2) 采样人员持证上岗,操作规范。

(3) 样品接收、流转、保存、留样、处置等按规范执行。

(4) “采样计划表”“水质采样记录表”“样品交接单”“样品分发记录表”“样品处置记录表”等台账完整规范。

2. 优秀

(1) 满足合格等级所有要求;

(2) 满足《检验检测机构资质认定能力评价 检验检测机构通用要求》(RB/T 214—2017)有关采样及样品管理的全部条款。

3. 不合格

其中一项未能满足合格等级要求。

6.4.3 检测管理

1. 合格

(1) 按要求制订并实施检测计划。

(2) 检测所需仪器设备的工作状态和环境温湿度条件满足相关要求。

(3) 检测任务的开展遵守仪器操作规程及相关标准开展。

(4) 检测过程满足质量控制要求,检测成果及时准确。

(5) “检测任务计划表”“测试任务通知单”“原始检测记录表”等台账完整规范。

2. 优秀

(1) 满足合格等级所有要求。

(2) 满足《检验检测机构资质认定能力评价 检验检测机构通用要求》(RB/T 214—2017)有关检测流程、设备设施、结果有效性的全部条款。

3. 不合格

其中一项未能满足合格等级要求。

6.4.4 质量控制管理

1. 合格

(1) 按要求制订并实施年度质量控制方案。

(2) 质量控制过程符合《水环境监测规范》(SL 219—2013)相关要求。

（3）定期对质控实施情况进行评估，编写《质量控制工作总结》。

（4）“质量控制统计表”等台账完整规范。

2. 优秀

（1）满足合格等级所有要求。

（2）满足《检验检测机构资质认定能力评价　检验检测机构通用要求》（RB/T 214—2017）有关质量控制的全部条款。

3. 不合格

其中一项未能满足合格等级要求。

6.4.5　能力提升管理

1. 合格

（1）按年度计划或适时开展检测项目扩项和方法拓展工作。

（2）积极推进水质监测基础设施建设及装备更新升级。

（3）制订并实施年度培训计划，积极参与外部培训，及时对培训效果进行评估、考核。

（4）体系文件切合现阶段实验室工作实际。

2. 优秀

（1）满足合格等级所有要求。

（2）满足《检验检测机构资质认定能力评价　检验检测机构通用要求》（RB/T 214—2017）有关能力提升的全部条款。

3. 不合格

其中一项未能满足合格等级要求。

6.5　水文信息传输与存储

水文信息传输与存储考核针对传输管理、存储管理、服务管理等三个方面进行。

6.5.1　传输管理

传输管理考核针对信道和采集平台管理、交换平台管理等两个方面进行。

1. 信道和采集平台管理

1）合格

（1）自动测报数据实时入库完整率≥97%。

（2）管理制度建设与落实、应急备品备件、应急预案、数据备份、台账资料等内容，完成80%以上内容建设或具备80%以上资料。

(3) 年度无责任事故。

2) 优秀

(1) 满足合格等级所有条件。

(2) 自动测报数据实时入库完整率≥99%。

(3) 管理制度建设与落实、应急备品备件、应急预案、数据备份、台账资料等内容,建设完整、资料齐全。

3) 不合格

其中一项未能满足合格等级要求。

2. 交换平台管理

1) 合格

(1) 数据传输完整率≥97%。

(2) 管理制度建设与落实、应急备品备件、应急预案、数据备份、台账资料等内容,完成80%以上内容建设或具备80%以上资料。

(3) 年度无责任事故。

2) 优秀

(1) 满足合格等级所有条件。

(2) 数据传输完整率≥99%。

(3) 管理制度建设与落实、应急备品备件、应急预案、数据备份、台账资料等内容,建设完整、资料齐全;

3) 不合格

其中一项未能满足合格等级要求。

6.5.2 存储管理

存储管理考核针对硬件资源管理、数据库管理等两个方面进行。

1. 硬件资源管理

1) 合格

(1) 已根据本单位存储资源现状及发展要求,统筹规划与管理,明确管理部门、人员及分管领导。

(2) 安排专业人员每日不少于两次对设备进行详细检查,并建立检查台账。

(3) 故障处理流程规范,台账完整。

(4) 每月不少于1次对设施设备进行安全扫描,对有漏洞的系统要责令系统建设单位或部门对清单服务器进行升级加固,并对整改结果跟踪,回归测试,记录台账。

(5) 全年因硬件故障导致软件系统宕机累计小于72小时。

(6)年度未出现安全事件。

2) 优秀

(1) 满足合格等级所有条件。

(2) 本单位网络 IP 地址使用有规划;新设备入场上架操作规范,台账信息完整。

(3) 安排巡检人员每小时进入机房 1 次,通过目视检查设备状态;巡检与处置台账完整。

(4) 已建立异常报告制度。

(5) 全年因硬件故障导致软件系统宕机累计小于 24 小时。

(6)未被安全通报。

3) 不合格

(1) 其中一项未能满足合格等级要求。

(2) 被安全通报,未按要求整改。

(3) 年度出现安全事件,处置不当。

2. 数据库管理

1) 合格

(1) 对本单位数据库资源进行了整合,采取集中式统一管理。

(2) 有实时备份。

(3) 有定期备份,并异机或异地存储。

(4) 有数据库建设、备份、日常管理、故障处理等台账。

(5) 能够自行处理故障。

(6)年度数据库中断时间累计少于 72 小时。

2) 优秀

(1) 满足合格所有条件。

(2) 数据库建设流程规范。

(3) 表空间管理、用户管理、巡检等日常管理流程规范。

(4) 故障处理流程规范。

(5) 数据库建设、备份、日常管理、故障处理等台账完整。

(6)年度数据库中断时间累计少于 24 小时。

(7)数据零丢失。

3) 不合格

(1) 其中一项未能满足合格等级要求。

(2) 数据大量丢失。

6.5.3 服务管理

服务管理考核主要以检查台账为准，考核服务开展情况及流程的合规性。

1. 合格

(1) 开展了数据服务，有单位往来文件。

(2) 有数据服务台账。

2. 优秀

(1) 满足合格等级所有条件。

(2) 台账清晰、完整。

(3) 服务及时有效。

3. 不合格

其中一项未能满足合格等级要求。

6.6 水文分析评价

6.6.1 水资源数量

水资源数量分析评价考核针对方案制订、分析评价、成果协调、报告编制、成果报送五个方面进行。

1. 方案制订

1) 合格

(1) 方案内容基本完整、技术可行、方法正确，内容至少涵盖技术路线、主要分析内容、主要技术方法等方面。

(2) 方案咨询次数不少于1次。

(3) 方案基本满足相关单位或部门愿景需求。

2) 优秀

(1) 满足合格等级所有要求。

(2) 方案表述清晰准确、技术路线科学规范、可操作性强。

3) 不合格

其中一项未能满足合格等级要求。

2. 分析评价

1) 合格

(1) 资料翔实，通过可靠性、一致性、代表性审查。

（2）水资源量分析评价要素齐全、指标参数合理。

（3）分析评价范围完整、数据系列长度合理。

（4）选用模型符合基本要求。

（5）根据模型分析需求，开展参数筛选、率定、验证等工作，参数取值准确、可靠。

（6）满足分析评价时效性要求。

2）优秀

（1）满足合格等级所有要求。

（2）分析手段充分利用新技术，评价模型科学先进，且可多途径验证。

（3）分析评价表现形式丰富，有助于准确、充分阐述分析成果。

3）不合格

其中一项未能满足合格等级要求。

3. 成果协调

1）合格

（1）成果与流域、区域及同期成果总体协调一致，无明显分歧。

（2）成果与同期水资源供用耗排等相关水资源开发利用状况平衡性好，结论合理。

（3）绘制等值线时充分考虑评价范围外的数值，使本评价范围内等值线与相邻区域的等值线相衔接，避免出现明显拐点或缺失。

（4）适线法同一系列不同历时的频率曲线在同一张概率格纸上绘制，曲线之间不应相交，Cv、Cs/Cv 数值一般较为相近。在空间分布上，同一历时系列的成果，绘制 Cv 等值线，应与相邻区域 Cv 等值线相衔接。

（5）区域水资源量成果，如相邻区域的地貌、气候相似，产水模数或径流深应较一致，不应有量级上的突变，如发生较大变化，应分析原因，做进一步复核。

2）优秀

（1）满足合格等级所有要求。

（2）评价成果在各要素成果的合理性检查通过后，与历史上的评价成果和相邻区域的评价成果作比较，准确提供差异性分析及原因说明，同时与水资源开发利用、社会经济发展、有关规划衔接性好、协调性强。

3）不合格

其中一项未能满足合格等级要求。

4. 报告编制

1）合格

（1）报告内容完整、格式规范统一。

（2）论证严谨、充分，有逻辑性。

(3) 表达准确清晰。

(4) 完成时效性符合工作方案要求。

2) 优秀

(1) 满足合格层次所有要求。

(2) 报告要素齐全、语言精练且通俗易懂。

(3) 成果获得专家一致好评或有创新性突破。

3) 不合格

其中一项未能满足合格等级要求。

5. 成果报送

1) 合格

(1) 对部门及专家反馈意见逐条反馈落实。

(2) 对分析报告再次履行校核、审核及审定程序，确定最终成果报告。

(3) 最终报告文本送单位定点专业部门印制，原则上文档处理成 PDF 格式。

(4) 报告、校审签字及相关文档整理登记、归档。

(5) 履行审核、审定程序，签字手续完整。

2) 优秀

(1) 满足合格层次所有要求；

(2) 报告样稿出来后，安排 2 人校核，要求样稿内容与原件完全一致，报告格式符合约定要求；

(3) 报告正式印毕，随机抽取 20%的样本检查无误；

(4) 根据领导及相关部门确定的报告发送单位名单，准确邮寄或以自送方式发送，符合文件或信息管理相关要求。

3) 不合格

其中一项未能满足合格等级要求。

6.6.2 水资源质量

水资源质量分析评价考核针对编制技术大纲、水质分析评价、编制评价报告、审查评价报告、成果报送五个方面进行。

1. 编制技术大纲

1) 合格

(1) 成立评价工作组，且人员职责分工明确。

(2) 及时编制工作方案，技术路线、预期成果、时序安排等内容基本完。

(3) 对方案进行咨询或讨论，充分征询领导专家、学者、管理层意见或建议。

2）优秀

（1）满足合格等级所有要求。

（2）工作方案有创新点。

3）不合格

其中一项未能满足合格等级要求。

2. 水质分析评价

1）合格

（1）基础资料翔实准确，通过可靠性、一致性、代表性检查。

（2）评价标准、评价项目、评价方法、评价时段选用合理。

（3）分析方法或计算模型基本符合要求。

（4）满足分析评价时效性要求。

2）优秀

（1）满足合格等级所有要求。

（2）评价项目全面，分析方法或计算模型先进。

3）不合格

其中一项未能满足合格等级要求。

3. 编制评价报告

1）合格

（1）报告内容完整、格式规范统一。

（2）文字表达清晰，有逻辑性。

（3）结论客观、合理、可信。

2）优秀

（1）满足合格等级所有要求。

（2）报告要素齐全，语言规范精练、准确严谨，图表制作精良。

3）不合格

其中一项未能满足合格等级要求。

4. 审查评价报告

1）合格

（1）评价报告逐级审查，由各级负责人进行校核、审核、审定。

（2）必要时征询相关部门、专家意见。

（3）根据审查过程中的修改意见，认真完善评价报告。

2）优秀

（1）满足合格等级所有要求。

(2) 成果报告获得各级领导或专家学者的充分肯定。

3) 不合格

其中一项未能满足合格等级要求。

5. 成果报送

1) 合格

(1) 成果报送符合相关工作规定和流程。

(2) 报送内容符合相关单位或部门要求。

(3) 成果报送满足时效性。

(4) 相关材料记录归档。

2) 优秀

(1) 满足合格等级所有要求。

(2) 分析评价及成果报送过程沟通顺畅。

3) 不合格

其中一项未能满足合格等级要求。

6.6.3 水文情报

从水文情报分析与评价的任务制订、报告编制、汇总校核、审查和发布等方面对水情分析工作进行考核。

1. 任务制订

1) 合格

(1) 每年制订任务清单,明确实况报告、阶段性报告和专题报告任务内容与要求。

(2) 每年汛期前下达水情分析任务清单。

2) 优秀

每年能根据汛期雨水情特征及各类涉水事务对水文情报分析需求进行修订并下达。

3) 不合格

(1) 未制订水文情报分析任务清单。

(2) 未下达水文情报分析任务。

2. 报告编制

1) 合格

(1) 实况报告(每日短信和外网公告)应在实况资料入库后10分钟内完成制作,30分钟内完成报送;雨水情快报应在事件发生后2小时内完成编制报送;数据正确无误。

(2) 阶段性分析按照任务清单规定的不同类型分析材料所确定的时间节点,按时提交阶段性成果。

(3) 按照任务清单或上级统一部署,按时完成专题分析报告。

2) 优秀

报告编制数据准确,图件清晰,文字流畅。

3) 不合格

(1) 报告编制数据出现重大错误或出现人为延误。

(2) 报告编制过程中未按相关规定规范编制。

3. 汇总校核

1) 合格

(1) 汇总内容全面、重点突出、与大纲要求一致。

(2) 对采用资料系列数据进行审查,数据真实准确、完整、合理可信,无重要数据错误。

(3) 报告整体章节编排合理,文字通顺。

2) 优秀

(1) 各类分析报告逻辑性严谨、数据合理性、论证科学性。

(2) 报告章节体系结构严谨,文字流畅。

3) 不合格

(1) 汇总章节缺漏,不符合任务清单要求。

(2) 报告数据出现重大错误或结构逻辑出现重大疏漏。

4. 审查和发布

1) 合格

(1) 情报分析成果编制流程符合规定。

(2) 审查手续齐备,信息发布流程合规。

2) 优秀

(1) 发布成果被地厅级以上媒体采用或引用。

(2) 发布成果获上级部门通报表扬。

3) 不合格

其中一项未能满足合格等级要求。

6.6.4 水土流失状况

水土流失状况分析评价考核针对方案制订、分析评价、成果协调、审核发布四个方面进行。

1. 方案制订

1) 合格

(1) 方案内容基本完整,包括了资料准备、主要技术方法、外业调查安排、实施进度控制和质量控制。

(2) 方案经过专家技术审查。

2) 优秀

(1) 方案内容完整,技术方法全面具体可行,年度动态分析设计清晰合理,工作布置职责明确。

(2) 明确外业调查的人员安排和时间调度要求。

(3) 成果质量控制有可量化的指标。

(4) 能够针对上年度成果深度分析,提出具体建议。

3) 不合格

其中一项未能满足合格等级要求。

2. 分析评价

1) 合格

(1) 基础资料收集内容、格式、精度符合规范要求。

(2) 遥感解译图斑分类明确,解译准确率在 90%以上。

(3) 外业调查验证图斑抽查比例不低于总图斑数的 0.5%。

(4) 分析计算因子选取准确可靠,赋值合理。

(5) 因子图层数据时空分辨率、精度、格式与成果制式符合规范要求。

(6)满足分析评价时效性要求。

(7)计算成果合理、符合区域实际情况。

2) 优秀

(1) 基础资料收集翔实可靠,规范并具有权威性。

(2) 能够对上一年度细碎图斑、空值和误判图斑进行及时修正。

(3) 因子计算抽查正确率达到 100%。

(4) 水土流失综合分析计算方法和结果正确无误。

(5) 人为扰动侵蚀强度评价分析合理。

(6) 满足分析评价时效性要求。

3) 不合格

其中一项未能满足合格等级要求。

3. 成果协调

1) 合格

(1) 成果完成符合实效性。

(2) 成果内容中土壤侵蚀面积、强度、分布及其动态变化,与监测区域土地利用结构及其调整情况、生产建设活动扰动等分析结果相符。

(3) 成果通过专家审查。

(4) 专题图表符合规范成果要求。

2) 优秀

(1) 成果内容中土壤侵蚀分类、面积、强度分布等特征,与监测区域自然特征、水土流失综合治理、生态文明建设、经济社会发展等综合分析结果匹配良好,科学可靠。

(2) 极强烈、剧烈等侵蚀强度分布符合实际。

(3) 对区域内消长分析情况异常值能够提出明确的变化原因分析。

3) 不合格

未提交完整成果,或成果不符合时效性。

4. 审核发布

1) 合格

(1) 根据专家咨询意见修改完善,形成最终版。

(2) 履行相关工作人员、部门及领导等审签程序。

(3) 按规定存档。

2) 优秀

(1) 根据专家咨询意见能够提交详细的修改说明。

(2) 监测成果按照档案管理的要求,对纸质及电子文档安排专人校核,形成专题档案。

(3) 能够配合水行政主管单位完成监测成果的发布及新闻报道。

(4) 通过专题分析、叠加分析等方式,将水土流失动态监测成果应用于区域水土保持规划目标考核、水土保持综合治理建设等专项工作。

3) 不合格

报送程序不合规,未履行审核、审定程序或缺少两项以上程序。

6.7 水文预测预报

水文预测预报考核针对水情预报、水资源数量预测、水资源质量预测、水土流失状况预测四个方面进行。

6.7.1 水情预报

水情预测考核针对预报方案制订与修编、预报任务下达、预报作业执行、预报会商发布、预报精度考核等五个方面进行。

1. 预报方案制订与修编

1) 合格

(1) 新编和修编预报方案在当年汛期结束至次年汛期开始之前完成的。

(2) 方案采用的模型和与站点所在区域水文气象、自然地理、人类社会活动等基本要素匹配。

(3) 方案采用资料系列长度符合规范要求。

(4) 方案和模型的参数在其物理意义的取值范围内。

(5) 预报方案说明书技术路线可行,操作步骤明确。

2) 优秀

(1) 满足合格等级所有要求。

(2) 新编和修编预报方案在当年年底前完成。

(3) 采用常规方法之外,新增其他预报方案。

(4) 出现突发水情时,能快速形成预报方案并用于实时预报。

3) 不合格

其中一项未能满足合格等级要求。

2. 预报任务下达

1) 合格

(1) 预报任务书在汛前下达。

(2) 预报任务书中预报站点、预报项目、预报频次和起报标准明确。

2) 优秀

(1) 满足合格等级所有要求。

(2) 预报任务书有明确的预报流程。

3) 不合格

(1) 其中一项未能满足合格等级要求。

(2) 预报任务书在主汛期开始尚未下达。

3. 预报作业执行

1) 合格

(1) 根据预报任务书要求的起报标准、预报频次完成测站预报项目的预报。

(2) 日常化预报在当日 10 时之前发布预报成果。

(3) 特殊雨水情的预报在特殊雨水情事件发生后 2 小时内发布预报成果。

2) 优秀

(1) 满足合格等级所有要求。

(2) 发生需要加密预报水情时,及时主动发布预报。

(3) 发生突发雨水情时,能快速构建临时预报方案,并给出预测预估结果。

3) 不合格

其中一项未能满足合格等级要求。

4. 预报会商发布

1）合格

（1）根据《江苏省洪水作业预报工作规程（试行）》（水文〔2020〕84 号）要求，达到启动本级主持会商的水情情况，主动及时启动水情会商机制。

（2）积极主动参加省局、流域机构主持的会商，并给出合理预报预测意见。

（3）会商结束后，及时总结会商意见，组织会商书面结果。

2）优秀

（1）满足合格等级所有要求。

（2）参加会商时，提出的相关建议被防汛部门采纳并发挥防洪效益。

3）不合格

（1）其中一项未能满足合格等级要求。

（2）参加会商，不提供预测预报意见。

5. 预报精度考核

主要是考核预报准确度，根据预报任务书要求，预报误差在规范允许范围内，总合格率大于等于 80％的为优秀；介于 80％～60％之间的为合格，低于 60％为不合格。

1）合格

（1）洪峰流量误差不超过实测误差的 20％。当流量许可误差小于实测值的 5％时，误差不小于实测值的 5％。

（2）河道、湖泊水位误差不超过预见期内实测变幅的 20％。当水位许可误差小于实测洪峰流量的 5％所对应的水位变幅值或者小于 0.10 m 时，预报误差不超过实测洪峰流量的 5％所对应的水位变幅值或者小于 0.10 m。

（3）洪现时间误差不超过预报依据时间到实测洪峰出现时间之间时距的 30％。当许可误差小于 3 小时或者一个计算时段长，预报误差不超过 3 小时或一个计算时段长。

（4）径流深预报许可误差不超过实测值的 20％。当实测值的 20％超过 20 mm 时，预报误差小于 20 mm；实测值的 20％小于 3 mm 时，预报误差小于 3 mm。

（5）以上单次预报合格次数占汛期总预报次数 60％以上。

2）优秀

（1）在允许合理缺项的基础上，满足合格等级所有要求。

（2）阶段性考核按合格等级的（5）考核，合格率高于 80％。

3）不合格

（1）单次预报不满足合格等级的（1）～（4）的要求。

（2）阶段性考核按照合格等级的（5）考核，合格率低于 60％。

6.7.2 水资源数量

水资源数量预测考核针对方案编制、模型建立、资料整理、预测作业、成果报送五个方面进行。

1. 方案编制

1）合格

（1）有专门专业的评价工作组，职责分工明确。

（2）方案符合相关要求和标准。

（3）技术路线正确，方法合理。

（4）方案立项通过专业审查。

2）优秀

（1）满足合格等级所有要求。

（2）技术路线先进。

（3）方案获得业内3位以上专家高度认可。

3）不合格

其中一项未能满足合格等级要求。

2. 模型建立

1）合格

（1）模型成熟易操作。

（2）选取参数合理，通过率定。

（3）模型友好，便于优化。

2）优秀

（1）满足合格等级所有要求。

（2）模型采用新方法、新技术，运行稳定且输出结论准确可靠。

3）不合格

其中一项未能满足合格等级要求。

3. 资料整理

1）合格

（1）资料完整。

（2）通过三性检查。

2）优秀

（1）满足合格等级所有要求。

（2）资料采用数据库模式管理，查询、调用快捷方便。

3）不合格

其中一项未能满足合格等级要求。

4. 预测作业

1）合格

（1）预测流程符合规范标准，操作专业。

（2）预测成果基本合理、可靠。

2）优秀

（1）满足合格等级所有要求。

（2）预测成果精确，获得相关部门或领导高度认可。

3）不合格

其中一项未能满足合格等级要求。

5. 成果报送

1）合格

（1）履行相关工作人员、部门及领导等审签程序。

（2）按规定存档。

2）优秀

（1）满足合格等级所有要求。

（2）及时、准确报送预测成果，手续规范齐全，存档及时。

3）不合格

其中一项未能满足合格等级要求。

6.7.3 水资源质量

水资源质量预测考核针对前景调查、方法确定、结果预测、结果分析四个方面进行。

1. 前景调查

1）合格

（1）成立水资源质量预测工作组，且人员职责分工明确。

（2）基本掌握预测水域历史数据、敏感目标等基础资料。

2）优秀

（1）满足合格等级所有要求。

（2）实地调研预测水域及其周边情况，水环境基础资料收集全面。

（3）调查全面、客观。

3）不合格

其中一项未能满足合格等级要求。

2. 方法确定

1）合格

（1）能够根据水域特点及污染物特征指标，选取适当的评价项目及预测因子。

（2）能够合理筛选模型、训练算法，修正各项参数权重。

（3）模型成熟易操作。

2）优秀

（1）满足合格等级所有要求。

（2）预测方法采用新技术，模型灵活便于优化。

3）不合格

其中一项未能满足合格等级要求。

3. 结果预测

1）合格

（1）利用算法或模型形成初步预测结果。

（2）预测流程符合相关规范或标准。

（3）结果基本合理、可靠。

2）优秀

（1）满足合格等级所有要求。

（2）结果合理、可靠。

3）不合格

其中一项未能满足合格等级要求。

4. 结果分析

1）合格

（1）对预测结果进行合理性检验，预测值基本准确。

（2）预测报告内容基本完整，成果图规范统一。

（3）成果报送满足时效性。

（4）相关材料记录归档。

2）优秀

（1）满足合格等级所有要求。

（2）技术方法进一步优化，预测结果准确性高。

3）不合格

其中一项未能满足合格等级要求。

6.7.4 水土流失状况

水土流失状况预测考核针对方案准备、成果预测分析、成果报送三个方面进行。

1. 方案准备

1）合格

（1）资料序列完成、格式规范。

（2）方案设计合理。

2）优秀

（1）有专门专业的评价工作组，职责分工明确。

（2）方案符合相关要求和标准。

3）不合格

（1）方案不符合相关要求和标准。

（2）技术路线不可行，分析范围模糊。

（3）方案立项没有通过专业审查。

2. 成果预测分析

1）合格

（1）计算方法合理。

（2）选取参数合理。

（3）分析结论可靠。

2）优秀

（1）计算采用新方法、新技术。

（2）对选取参数进行优化。

（3）预测成果能够结合区域自然、经济变化情况进行讨论分析。

3）不合格

（1）计算方法不合理。

（2）参数不合理。

（3）缺少具体的分析结论。

3. 成果报送

1）合格

（1）履行相关工作人员、部门及领导等审签程序。

（2）图件完备，按规定存档。

2）优秀

（1）履行相关工作人员、部门及领导等审签程序。

（2）能够为区域内相关行业规划起到指导作用。

（3）形成专题档案，按规定存档。

3）不合格

（1）没有履行相关工作人员、部门及领导等审签程序。

（2）更改不及时。

后记

经过两年多的努力,《江苏水文精细化管理》一书终于和大家见面了。这本书的出版得益于厅党组的高度重视,也是全体江苏水文人共同努力的结果。

本书是江苏水文深化改革创新、规范标准制度、优化工作方式等一系列生动实践的凝练和升华。近年来,江苏水文强化制度建设、推行规范管理、注重执行落实,不断增强抓好精细化管理的源动力,持续营造精益求精、追求卓越的发展氛围,水文精细化管理的认知度不断提升、认同感不断增强,全体干部职工的工作行为不断规范、工作热情不断激发、创新意识不断提高,江苏水文的行业管理能力得到显著提升。截至 2022 年,40 个监测中心工作手册、532 个水文测站操作手册、13 个实验室工作手册、21 个实验室项目操作手册等系列水文手册均已编制完成,作业流程统一规范,操作标准明晰精准,具有江苏特色的水文精细化管理体系基本构建。

本书从编纂到付印,凝结着许多人的辛勤劳动和无私奉献,闪耀着集体的智慧,镌刻着艰辛的付出。在写作过程中,也得到了众多水文同仁的指教与帮助,在此向他们致以最诚挚的谢意!

踔厉奋发新征程,笃行不怠向未来。江苏水文精细化管理将不断探索、永续创新、至臻至善。

编著者

2022 年 5 月